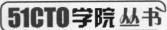

异步图书
www.epubit.com

以 CentOS 7.6 环境为基础介绍 Linux 系统管理
基础知识解析配合章末练习，使读者能够学以致用

Linux系统管理初学者指南
——基于 CentOS 7.6

51CTO 学院策划

曲广平　著

人民邮电出版社

北　京

图书在版编目（ＣＩＰ）数据

Linux系统管理初学者指南：基于CentOS 7.6 / 曲广平著. — 北京 ：人民邮电出版社，2019.10（2023.7重印）
（51CTO学院丛书）
ISBN 978-7-115-51344-1

Ⅰ．①L… Ⅱ．①曲… Ⅲ．①Linux操作系统—指南
Ⅳ．①TP316.85-62

中国版本图书馆CIP数据核字(2019)第172809号

内 容 提 要

　　本书是一本面向零基础读者的入门图书，以 CentOS 7.6 为基础，从系统管理的角度对 Linux 操作系统进行了全面而详细的介绍。本书共分为 7 章，涵盖了解并安装 Linux 系统、文件和目录管理、用户和权限管理、磁盘和文件系统管理、软件包管理、进程和服务管理和 Shell 脚本编程基础等内容。

　　本书中介绍的都是 Linux 的通用知识，适用于系统运维、嵌入式、云计算、大数据和人工智能等专业领域。本书既可以作为高校的授课教材，又可作为广大 Linux 爱好者的自学用书，是学习 Linux 的入门指南。

◆ 著　　　　曲广平
　　责任编辑　陈聪聪
　　责任印制　焦志炜

◆ 人民邮电出版社出版发行　　北京市丰台区成寿寺路 11 号
　　邮编　100164　　电子邮件　315@ptpress.com.cn
　　网址　https://www.ptpress.com.cn
　　北京盛通印刷股份有限公司印刷

◆ 开本：800×1000　1/16
　　印张：18.5　　　　　　　　　　2019 年 10 月第 1 版
　　字数：368 千字　　　　　　　　2023 年 7 月北京第 15 次印刷

定价：69.00 元

读者服务热线：**(010)81055410**　印装质量热线：**(010)81055316**
反盗版热线：**(010)81055315**
广告经营许可证：京东市监广登字 20170147 号

前言

随着开源软件在世界范围内的影响力日益扩大，作为开源界典型代表的 Linux 系统也得到越来越广泛的应用。目前网络中的绝大多数服务器采用了 Linux 操作系统，除服务器领域之外，运行在 Linux 平台上的各种专业应用也越来越多，例如近几年快速崛起的云计算、大数据和人工智能等专业领域，它们所采用的大多是运行在 Linux 系统上的开源软件。目前已逐步形成专业人士使用 Linux 系统、普通用户使用 Windows 系统的局面，这就促使更多的人去学习如何使用 Linux 系统。

相比 Windows，Linux 系统的学习曲线是比较陡峭的，这是由于 Linux 系统中的大多数操作是基于命令行来实现的，可以说命令行就是 Linux 的精髓。在学习 Linux 时，尤其是在刚入门的阶段，必须要下苦功去记忆常用的基本命令，并不断强化练习。对于零基础的读者，入门阶段往往是比较痛苦的，行百里者半九十，很多人就是在这个阶段放弃的。实际上，需要强化记忆的基本命令也就 50 个左右，当熟练掌握这些基本命令并习惯 Linux 系统的风格之后，就会发现它们其实不难记。试想，如果连作为基础平台的 Linux 系统我们都无法掌握和使用，那么还何谈学习大数据、人工智能等专业知识呢？

本书是一本面向零基础读者的入门图书。在编写的过程中，我尽量从初学者的角度组织内容。虽然本书从系统运维的角度来介绍 Linux 系统的使用，但同样也适用于各类以 Linux 为基础平台的专业人员，因为书中所介绍的是 Linux 系统中基础和通用的操作。

本书采用的系统版本为 CentOS 7.6。本书共分为 7 章。

第 1 章，了解并安装 Linux 系统：主要介绍 Linux 系统的发展历史和特点、如何用 VMware Workstation 搭建实验环境并安装 CentOS 系统，以及 Shell 命令的基本格式。

第 2 章，文件和目录管理：主要介绍文件路径、根目录和家目录等基本概念，文件和目录操作、文件内容操作、日期和时间、文件查找等相关命令，以及重定向、管道符、Vi 编辑器的使用方法。

第 3 章，用户和权限管理：主要介绍用户、组、权限等基本概念，同时介绍如何设置权限，以及如何设置 FACL、SET 位和 SBIT 等特殊权限。

第 4 章，磁盘和文件系统管理：主要介绍磁盘分区和格式化等基本概念，以及如何挂载存储设备、配置磁盘配额、配置 RAID 磁盘阵列和配置 LVM 逻辑卷等常用操作。

第 5 章，软件包管理：主要介绍压缩和解压，如何配置 YUM 源，通过 YUM 方式安装软件，同时了解 RPM 以及源码安装。

第 6 章，进程和服务管理：主要介绍进程和服务的概念，帮助读者掌握进程和服务管理的常用工具，并能够配置计划任务。

第 7 章，Shell 脚本编程基础：主要介绍 Shell 脚本编程的基本语法，以及正则表达式和文本处理"三剑客"等工具的使用。

我是一名职业院校的教师，从事 Linux 教学已有 7 个年头了。我认为，一名教师的价值主要应体现在以下两个方面。第一个方面，是要对所教授的内容进行取舍，保证学生能够学有所用。任何一门学科的知识都很丰富，教师必须能够针对学生的层次选取适合他们的内容，而不能事无巨细，把自己掌握的知识一一罗列出来。对于本书中所介绍的每一个知识点，我都经过了反复的斟酌和取舍，尽量避免介绍那些比较冷门、使用较少的概念和操作。第二个方面，是要讲清楚各个知识点，保证学生能够听懂会用。我的授课对象主要是高职的大二学生，绝大部分学生是第一次接触 Linux，有些学生甚至连 Windows 系统都很陌生。因此，本书无论在内容组织还是概念讲解上，都是尽量站在初学者的角度来进行。经过多年的教学实践总结，我发现大部分学生能够掌握课程内容，很多学习优异的学生在毕业后还走上了系统运维、信息安全等专业岗位。如果您正在犯愁如何在众多的 Linux 专业图书中挑选一本适合初学者的入门教程，那么不妨读一读本书。

我在讲课时录制了视频教程，该教程包含了本书中的所有内容，所有的视频教程都已发布在 51CTO 学院。

最后，感谢 51CTO 学院提供了一个非常好的学习交流平台。随着 5G 时代的来临，在线教育必将成为未来教育行业的发展趋势。感谢人民邮电出版社的各位编辑，有了你们的大力支持和辛苦付出，本书才得以顺利出版。感谢王兆斌、于大林、华森、宋明玉、齐明辉、张旭亭等同学，帮助我校对了书稿，并指出了几处错误。当然，还要感谢每一位读者，感谢您在茫茫书海中选择了本书，衷心祝愿您能够从本书中受益，学到真正需要的知识！同时也欢迎您指出书中的不足。我的邮箱为 yttitan@163.com，个人 QQ 为 498921332，随时期待您的热心反馈！

曲广平

资源与支持

本书由异步社区出品，社区（https://www.epubit.com/）为您提供相关资源和后续服务。

配套资源

本书提供如下资源：

● 本书源代码。

要获得以上配套资源，请在异步社区本书页面中点击 配套资源 ，跳转到下载界面，按提示进行操作即可。注意：为保证购书读者的权益，该操作会给出相关提示，要求输入提取码进行验证。

提交勘误

作者和编辑尽最大努力来确保书中内容的准确性，但难免会存在疏漏。欢迎您将发现的问题反馈给我们，帮助我们提升图书的质量。

当您发现错误时，请登录异步社区，按书名搜索，进入本书页面，点击"提交勘误"，输入勘误信息，点击"提交"按钮即可。本书的作者和编辑会对您提交的勘误进行审核，确认并接受后，您将获赠异步社区的 100 积分。积分可用于在异步社区兑换优惠券、样书或奖品。

与我们联系

我们的联系邮箱是 contact@epubit.com.cn。

如果您对本书有任何疑问或建议，请您发邮件给我们，并请在邮件标题中注明本书书名，以便我们更高效地做出反馈。

如果您有兴趣出版图书、录制教学视频，或者参与图书翻译、技术审校等工作，可以发邮件给我们；有意出版图书的作者也可以到异步社区在线提交投稿（直接访问 www.epubit.com/selfpublish/submission 即可）。

如果您是学校、培训机构或企业，想批量购买本书或异步社区出版的其他图书，也可以发邮件给我们。

如果您在网上发现有针对异步社区出品图书的各种形式的盗版行为，包括对图书全部或部分内容的非授权传播，请您将怀疑有侵权行为的链接发邮件给我们。您的这一举动是对作者权益的保护，也是我们持续为您提供有价值的内容的动力之源。

关于异步社区和异步图书

"异步社区"是人民邮电出版社旗下 IT 专业图书社区，致力于出版精品 IT 技术图书和相关学习产品，为作译者提供优质出版服务。异步社区创办于 2015 年 8 月，提供大量精品 IT 技术图书和电子书，以及高品质技术文章和视频课程。更多详情请访问异步社区官网 https://www.epubit.com。

"异步图书"是由异步社区编辑团队策划出版的精品 IT 专业图书的品牌，依托于人民邮电出版社近 30 年的计算机图书出版积累和专业编辑团队，相关图书在封面上印有异步图书的 LOGO。异步图书的出版领域包括软件开发、大数据、AI、测试、前端、网络技术等。

异步社区

微信服务号

目录

第 1 章
了解并安装 Linux 系统

在计算机系统的应用中，Windows 并不是唯一的操作系统，尤其是在服务器和开发环境等领域，Linux 操作系统正得到越来越广泛的应用。在企业级应用中，Linux 操作系统在稳定性、高效性和安全性等方面都具有相当优秀的表现。在生产环境中，Windows Server（微软公司推出的服务器操作系统）主要应用在局域网内部，而众多面向互联网的服务器则更多地采用 Linux 操作系统。

本章将介绍 Linux 系统的发展与特点、Linux 的发行版本等内容，并通过在 VMware 虚拟机中安装 Linux 系统，介绍 Linux 的安装过程及其基本操作。

1.1 Linux 系统的发展与特点

在学习使用 Linux 系统之前，如何选择一个恰当的 Linux 发行版本是需要解决的首要问题。

下面介绍 Linux 系统发展的来龙去脉，这将有助于我们更好地理解和把握 Linux 系统的特点，并能够深入理解"开源"的概念，最终区分 Linux 那些纷繁复杂的发行版本，以及理解众多类 UNIX 系统之间的区别和联系。

1.1.1 Linux 的发展历史

1. Multics 计划

20 世纪 60 年代，那时计算机还没有普及，只有科研院所或者高校中的少数人才有机会使用计算机。当时计算机的操作系统采用批处理方式，就是把一批任务一次性提交给计算机，然后等待处理结果，并且中途不能和计算机交互。这样计算机用户的准备作业往往就需要花费很长时间,并且在这个过程中别人也不能使用计算机,这就导致了计算机资源的浪费。

为了改变这种情况,在 1965 年前后,贝尔实验室 (Bell)、麻省理工学院 (MIT) 以及通用电气 (GE) 联合起来准备研发一个分时多任务处理系统,简单来说,就是实现多人同时使用计算机,并把这个系统取名为 Multics (多路信息计算系统)。但是由于项目太复杂,加上其他原因,项目进展缓慢。1969 年,贝尔实验室觉得这个项目可能不会成功,于是就退出了。

2. UNIX 系统

贝尔实验室中有一位名为 Ken Thompson 的工程师,他在研发 Multics 的时候设计了一个运行在 Multics 上的叫作《星际旅行》(*Space Travel*) 的游戏。在贝尔实验室退出 Multics 计划后,Thompson 就没有了 Multics 的运行环境。为了能够继续开发游戏,他花了一个月的时间,用汇编语言写出了一个小型的模仿 Multics 的操作系统,专门用于运行该游戏。当系统完成之后,Thompson 怀着激动的心情请同事们来玩他设计的游戏。大家玩过之后纷纷表示对他的游戏不感兴趣,但是对他的系统很感兴趣。由于这个系统是在 Multics 的基础上开发的,因此就称它为 UNIX。这个时候已经是 1970 年了,后来就将 1970 年定为 UNIX 元年,并且在 UNIX 系统中将 1970 年 1 月 1 日 0:00 作为计算机时间的起点。

后来 UNIX 系统就在贝尔实验室内部流行开来,并且 Thompson 又在 1972 年与同事 Dennis Ritchie 一起用 C 语言重写了 UNIX 系统,大幅增加了其可移植性,其后 UNIX 系统开始蓬勃发展。

总体来讲,UNIX 操作系统具有以下几个特点。

- 多用户、多任务。
- 强大的网络支持,具有完善的安全保护机制。
- 具有强大的并行处理能力,稳定性好。
- 系统源代码用 C 语言编写,具有较强的移植性。

在 UNIX 发展的早期,任何感兴趣的机构或个人只需向贝尔实验室支付一笔数目极小的名义上的费用就可以完全获得 UNIX 的使用权,这些使用者主要是一些大学和科研机构,它们在 UNIX 原有源代码的基础之上进行扩展和定制,以适应各自的需要。随着 UNIX 系统的不断发展,逐渐出现了一些商业化的 UNIX 版本,如美国加州大学伯克利分校开发的 BSD、IBM 公司开发的 AIX 以及 HP 公司推出的 HP-UX 等,后来贝尔实验室也收回了 UNIX 的版权,并推出了商业化版本 System V。这些不同版本的系统之间展开了激烈的竞争,并且大多数系统至今也仍然在一些大型机或小型机上使用。虽然它们名称各异,但由于都是来自于 UNIX，因而统称其为"类 UNIX 操作系统"。

3. MINIX 系统

由于贝尔实验室收回了 UNIX 系统的版权，而且各个商业化版本的 UNIX 系统价格不菲，因此这就为荷兰阿姆斯特丹自由大学讲授"操作系统原理"课程的 Andrew S. Tanenbaum 教授带来了诸多不便。Tanenbaum 教授在 1987 年仿照 UNIX 自行设计了一款精简版的微型 UNIX 系统，并将其命名为 MINIX，专门用于教学。

MINIX 系统是免费的，至今仍然可以从许多 FTP 上下载。但是它作为一款教学演示用的操作系统，功能非常简单，而 Tanenbaum 教授为了保持系统代码的纯洁性，拒绝了世人对 MINIX 功能进行扩展的要求。这限制了 MINIX 的发展，但同时也为别人开发其他系统提供了机会。

4. Linux 系统

来自芬兰赫尔辛基大学的学生 Linus Torvalds 抓住了这个机会。他在 MINIX 系统的基础上，增加了很多功能使之完善，并于 1991 年将修改之后的系统发布在互联网上。任何人都可以免费下载并使用这个系统，并且 Linus 非常欢迎大家对这个系统进行修改和完善。这个由 Linus 发布的类 UNIX 操作系统就被称为 Linux 系统。

Linux 系统采用市集式（Bazaar）的开发模式，任何人都可以参与其开发及修正的工作，这吸引了大量黑客和计算机发烧友通过 Internet 获取 Linux 系统，并返回自己对系统的改良或研发程序。这使得 Linux 的除错（Debug）及改版速度非常快，稳定性和效率更高，并且资源丰富。这也是 Linux 得以迅速发展并被人广为接受的主要原因。

经过几十年的发展，Linux 目前已成为全球备受欢迎的操作系统之一。它不仅稳定可靠，而且还具有良好的兼容性和可移植性，其市场竞争力日渐增强。在云计算、大数据和人工智能等领域，Linux 也占据着越来越重要的地位。

1.1.2　Linux Kernel

系统内核 Kernel 是 Linux 系统中一个非常重要的概念。所谓系统内核就是负责完成操作系统基本功能的程序。什么是操作系统基本的功能呢？想一想我们平常在用计算机时都会做些什么？无非是用 QQ 聊天、用 Word 打字、用浏览器上网、玩各种游戏……但这些都不是操作系统的功能，而是由应用软件提供的功能。系统内核是实现上述所有这些应用的前提——要想做这些事情，必须先安装操作系统。

那么，到底什么是系统内核？系统内核在计算机中具体又起到了什么作用呢？

从图 1-1 中可以看出，内核直接运行在计算机硬件之上，系统内核的主要作用就是替我们管理计算机中那些形形色色的硬件设备，它是所有外围程序运行的基础，也是计算机硬件跟用户之间的接口或桥梁。通过它，我们才能让 CPU 高效地处理各种数据；通过它，我们才能在硬盘中读写各种数据；通过它，我们才能与网络上的计算机进行通信……

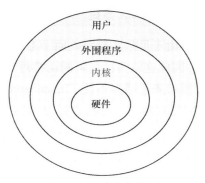

图 1-1   系统内核作用

具体来说，系统内核的主要作用就是负责统一管理计算机中的硬件资源、提供用户操作界面、提供应用程序的运行环境，因而它可以被认为是计算机中所有软件的核心和基础。

Linux 系统中的内核程序被称为 Kernel，当年 Linus Torvalds 在互联网上发布的程序就是 Kernel，而且一直到今天，Linux Kernel 仍是由 Linus 领导的一个小组负责开发更新的。从 Linux Kernel 的官方网站上可以下载已发布的每一个版本的 Kernel 程序。截至 2019 年 2 月，Linux Kernel 的最新稳定版本是 4.20.10。

1.1.3   GNU 计划

Kernel 作为 Linux 系统的核心，只能实现系统的基本功能。但作为一个操作系统，只有内核是远远不够的；对于用户而言，重点是要使用在 Kernel 之上运行的 Web 服务、FTP 服务和 Mail 服务等应用程序，因此一个完整的 Linux 系统应该包括 Kernel 和应用程序两部分。

无论是 Kernel 还是 Linux，其中的绝大部分应用程序具有一个共同的特点——属于一个名为 GNU 的计划项目，都要遵守 GNU 计划中的 GPL 或 LGPL 协议。

GNU 是世界知名的自由软件项目，它决定了 Linux 系统自由、开放的属性；也正是由于它的出现，Linux 系统才形成了版本众多的现状。

GNU 计划是由 Richard M. Stallman 于 1984 年发起并创立的。Stallman 的技术超凡，思维更是超前。他认为对于整个人类而言，知识传播的过程应该是开放的（试想一下，如果一些基本的科学定理或法则都是封闭的，都要求付费以后才能使用，那么我们的世界将会是什么样子？）。计算机软件作为人类智慧的结晶，也是知识的一种，因此它应以源代码的方式呈现，没有人可以独占。软件的开发既没有壁垒，也没有垄断，其主要目的就是满足更多的用户需求，激发更多的创新力量。GNU 计划的标识如图 1-2 所示。

凡是属于 GNU 计划中的软件都是开放源代码的，任何人都可以自由地对其进行使用、修改或传播。而且为了保证 GNU 计划内的软件经传播、改写以后仍然具有"自由"的特性，该计划还专门制定了针对自由软件的授权许可协议 GPL 和 LGPL，正是这些协议为 GNU 计划中的软件提供了统一的使用规范。

应当这样认为，Stallman 的思维在当年是很超前的，因为在那个时期有很多人就是靠卖一两款软件而白手起家的，Bill Gates 更是凭借 DOS 和 Windows 操作系统这两款软件坐上世界首富的宝座。但时代的发展越来越体现出 Stallman 这种思维的正确性，目前开源运动正以不可阻挡之势快速发展。

由于 Linus 是 GNU 计划的坚定拥护者，因此 Linux 系统诞生后不久便加入 GNU 计划。至此，我们可以简单地总结一下：Linux 系统的内核 Kernel 和 Linux 系统中的绝大多数应用软件来自于 GNU 计划，任何人都可以自由地（也可以狭义地理解为免费地）去使用、传播它们，因此 Linux 系统的确切名称应该为"GNU/Linux 操作系统"。

Linux 的标识是一只企鹅（见图 1-3）。企鹅只在南极才有，而南极洲不属于任何国家，企鹅标识也就寓意开放和自由，这也正是 Linux 的精髓。

图 1-2　GNU 计划的标识

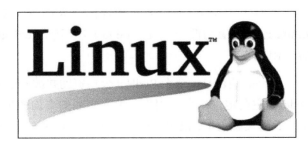

图 1-3　Linux 的标识

1.1.4　Linux 的发行版本

之前提到过，只有内核的系统是无法使用的，作为最终用户，我们使用的其实都是运行在内核之上的各种应用程序。因此，很多公司或组织在 Linux 内核的基础之上添加了各种管理工具和应用软件，这就构成了一个完整的操作系统，像这样将系统内核和应用软件封装在一起的操作系统被称为 Linux 发行版。我们平常所接触和使用的各种 Linux 系统，其实都是 Linux 的发行版。

根据 GNU 的相关协议，任何公司或社团甚至是个人都可以将 Linux 内核和各种自由软件打包成一个完整的 Linux 发行版。据不完全统计，目前各种 Linux 发行版已超过 300 种，虽然每个 Linux 发行版都有单独的名称，但它们所采用的其实都是相同的 Linux 内核，只不过在不同的发行版中安装使用的应用软件有区别，从而使得不同的发行版可以适合不同的用途。但总体而言，这些 Linux 发行版在操作和使用上都是类似的。

下面介绍一些被广泛应用的 Linux 发行版本。

1. RedHat Linux

在各种 Linux 发行版中，较为知名的是 RedHat Linux（见图 1-4）。RedHat 是著名的 Linux 厂商。RedHat Linux 系列发行版具有广泛的企业用户基础，也代表着 Linux 操作系统的事实标准，因此大多数人学习 Linux 是从 RedHat Linux 入手的。

红帽企业系统（RedHat Enterprise Linux，RHEL）
开源技术厂商之一，全世界使用广泛的 Linux 发布套件之一，提供性能与稳定性极强的 Linux 套件系统并拥有完善的全球技术支持。

图 1-4　RedHat Linux

早期的 RedHat Linux 主要面向个人用户，任何人都可以免费使用。但后来 RedHat Linux 逐渐发展为两个分支：Fedora 项目和 RedHat Enterprise Linux（RedHat Linux 企业版，RHEL）。

Fedora 项目是一个由 RedHat 公司资助并被 Linux 社区支持的开源项目，它仍然是免费的。Fedora 主要定位于桌面用户，追求绚丽的桌面效果，使用最新的应用软件。Fedora 其实是 RHEL 的实验版本，很多新技术都要先在 Fedora 上测试，如果稳定的话，再移植到 RHEL 上。

RHEL 则专门面向企业用户，功能更加强大，性能也更优越。RHEL 为很多企业所采用，但需要向 RedHat 付费才可以使用。需要说明的是，这个费用并不用于购买 RHEL 操作系统本身，而是为了得到 RedHat 公司的服务和技术支持，以及专门针对企业应用定制的第三方软件。当然，依据 GNU 的规定，RHEL 系统的源代码依然是公开的。

2. CentOS

CentOS（Community Enterprise Operating System，社区企业操作系统）在业界大名鼎

鼎，其应用的广泛程度甚至可能超过了 RHEL。

CentOS 系统是 RHEL 系统释放出的程序源代码经过二次编译而成的 Linux 系统，命令操作和服务配置方法自然与 RHEL 相同，只是去掉了很多 RedHat 收费的服务套件功能，而且还不提供任何形式的技术支持，出现问题后只能由运维人员自己解决。CentOS 的版本更新也与 RHEL 保持同步，它相当于免费版的 RHEL。

虽然 CentOS 使用了 RHEL 的源代码，但根据 GNU 计划的规定，CentOS 的这种做法是完全合理合法的。CentOS 的用户也不会遇到任何版权问题。事实上，CentOS 组织已于 2014年加入了 RedHat，因而 CentOS 系统也就成为 RedHat 产品系列的一部分。很多人选择用 CentOS 作为学习和实施 Linux 的发行版，尤其是对于一些中小企业和个人，他们并不需要专门的商业支持服务，用 CentOS 以最低的成本就能开展稳定的业务，因此 CentOS 得到了越来越广泛的应用。图 1-5 所示为 CentOS 的标识，本书中所采用的系统是 CentOS 7.6。

图 1-5　CentOS 的标识

3. Debian

Debian 也是一个被广泛应用的 Linux 发行版系列。

Debian 由社区组织负责开发，是一个免费版的 Linux 系统，遵循 GNU 规范。用户可以从 Debian 的官网下载最新版本的 Debian。

Debian 以稳定著称，也有很多服务器采用 Debian 作为操作系统，而在 Debian 基础之上二次开发的 Ubuntu 则是一个非常流行的桌面版 Linux 系统。另外，目前在安全界大名鼎鼎的 Kali Linux，也是一个基于 Debian 的 Linux 发行版。图 1-6 所示为 Debian 和 Ubuntu 的标识。

图 1-6　Debian 和 Ubuntu 的标识

4. SUSE

SUSE 是在欧洲比较流行的 Linux 发行版，它在软件国际化上做出了不少的贡献。现在 SUSE 已经被 Novell 公司收购，发展前景光明。不过与 RedHat 的系统相比，SUSE 并不太适合初级用户使用。

SUSE 也分为两个不同的版本：面向企业用户的 SUSE Linux Enterprise、面向个人用户的 openSUSE。

1.1.5 Linux 系统的特点与应用

Linux 系统较为广泛的应用当属网络服务器，继承了 UNIX 高稳定性的良好传统，Linux 的网络功能特别稳定与强大。此外，由于 GNU 计划与 Linux 的 GPL 授权模式，很多优秀的软件得以在 Linux 上面发展。因此，如果需要搭建一台网络服务器，例如 Web 服务器、FTP 服务器等，则 Linux 是一个不错的选择。以 Linux 为基础的 LAMP（Linux + Apache + MySQL + PHP 组合）或 LNMP（Linux + Nginx + MySQL + PHP 组合）就是使用极为普遍的 Web 服务平台。

随着技术的不断发展，Linux 也被广泛用于各种嵌入式系统，如电视机顶盒、手机、路由器和防火墙等。Android（安卓）手机操作系统也使用经过定制的 Linux 内核。

Linux 的缺点是系统操作主要依靠命令进行，这提高了 Linux 系统的使用门槛。虽然 Linux 也有像 Fedora 和 Ubuntu 这样的桌面版本，但普通用户在操作时还是有诸多不便，因此，专为个人用户设计的桌面版 Linux 系统使用并不广泛。

1.2 利用 VMware Workstation 搭建实验环境

在学习使用 Linux 系统的过程中必然要进行大量的实验操作，这些操作离不开虚拟机软件。本书中的所有实验操作都是基于虚拟机进行的。

1.2.1 VMware Workstation 的基本操作

虚拟化及云计算是目前 IT 领域的热门技术，其中虚拟化技术主要是指各种虚拟机产品的应用。

目前的虚拟机产品主要分为以下两个大类。

一类称为寄居架构，这类虚拟机必须要安装在操作系统上，通过操作系统去调用计算机中的硬件资源，虚拟机本身被看作是操作系统中的一个应用软件。这种虚拟机的性能与原生架构的虚拟机产品有着天壤之别，因而主要用于教学或学习。典型产品是 VMware Workstation 和 VirtualBOX。

另一类称为原生架构，有时也称作裸金属架构。这种类型的虚拟机产品直接安装在计算机硬件上，不需要操作系统的支持，它可以直接管理和控制计算机中的所有硬件设备，因而这类虚拟机拥有强大的性能，主要用于生产环境。典型产品就是 vSphere、Citrix，以及 Linux 系统中自带的 KVM。目前所说的虚拟化技术主要是指这类产品。

图 1-7 所示为这两类产品的架构。

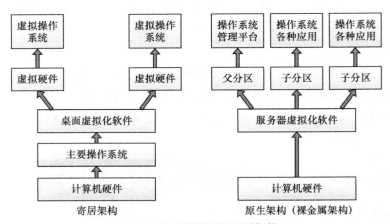

图 1-7　寄居架构和裸金属架构

绝大多数普通用户所接触的是寄居架构的虚拟机产品。其中 VMware Workstation 凭借其强大的性能以及对 Windows 和 Linux 系列操作系统的良好支持，得到了广泛的应用。本书中的绝大部分实验是利用 VMware Workstation（以下简称 VMware）来搭建环境的，所使用的软件版本为 VMware Workstation 15。

1. 安装 VMware Workstation

VMware 的安装过程比较简单，主要步骤如下。

① 运行安装程序，打开安装向导。接受许可协议之后，修改软件的安装位置。建议不要使用默认的安装路径，而是将 VMware 安装到 C 盘以外的分区，比如安装在 D:\vmware 文件夹中。

② 接下来输入序列号进行注册。正确注册之后，VMware Workstation 的安装就完成了。

2. 物理主机的硬件要求

安装完 VMware 之后，就可以创建和使用虚拟机了。在这之前，还必须先保证物理主机的硬件配置要达到相应的要求。

我们目前所用的操作系统分为 32 位和 64 位，它们的主要区别在于内存寻址能力。32 位操作系统采用 32 位的二进制数为内存空间编号，在这类系统中，CPU 能够寻址的最大内存空间为 4GB。而 64 位操作系统则采用 64 位的二进制数为内存空间编号，内存寻址空间扩大到 16EB。

CentOS 7 是 64 位的操作系统，要想在虚拟机中安装 CentOS 7，要求物理主机的 CPU 必须支持硬件虚拟化技术，即 Intel-VT 技术或 AMD-V 技术。AMD 的 CPU 大多支持虚拟化技术，包括 Intel 的酷睿系列 CPU，但一些型号较老的奔腾或赛扬系列 CPU 则有可能不支持虚拟化技术。

另外，在 BIOS 中还必须要开启相关的硬件虚拟化设置选项，这项功能在大多数情况下默认是关闭的。进入物理主机的 BIOS，找到类似 "Intel Virtual Technology" 的设置选项，将其设为 "Enabled"（启用）即可（见图 1-8）。当然，如果 CPU 不支持硬件虚拟化，那么 BIOS 中也就没有这项设置。

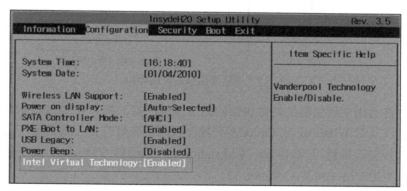

图 1-8　在 BIOS 中开启硬件虚拟化功能

虽然物理主机的内存大小不作为必要条件，但越大越好，一般要确保至少有 4GB 的物理内存。

3. 创建虚拟机

准备工作完毕之后，下面就来创建一台虚拟机。注意，在 VMware 中创建虚拟机需要有管理员权限，建议以管理员身份运行 VMware。

以下是创建虚拟机的主要步骤。

① 在 VMware 主窗口中单击 "创建新的虚拟机" 按钮，打开 "新建虚拟机向导"。

② 选择 "自定义" 模式，对虚拟机中的硬件设备进行定制。

③ 在"安装客户机操作系统"界面中选择"稍后安装操作系统",待创建完虚拟机之后,再单独进行系统的安装。

④ 选择操作系统的"版本(V)"为"CentOS 64 位",如图 1-9 所示。注意,如果物理主机不支持虚拟化技术,或者 BIOS 中没有启用虚拟化选项,那么在这里就无法继续操作了。

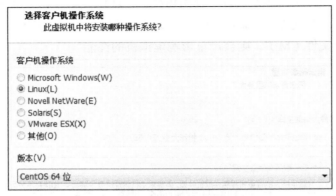

图 1-9 选择安装的操作系统

⑤ 设置虚拟机名称以及虚拟机文件的存储位置,如图 1-10 所示。建议最好在 C 盘以外的专门文件夹中单独存储。

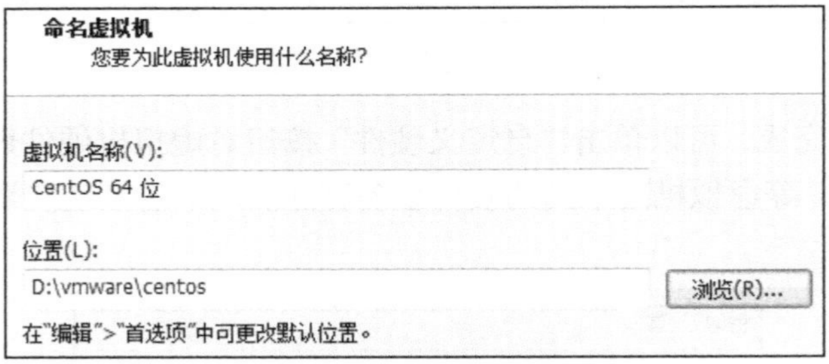

图 1-10 设置虚拟机名称及虚拟机文件的存储位置

⑥ 对虚拟机的 CPU 和内存进行配置。

物理主机的 CPU 现在大多是多核的,一般只给虚拟机配置一个 CPU 核芯。

虚拟机内存可根据物理内存的大小灵活设置,一般建议设为 1GB。

⑦ 网络类型以及 I/O 控制器、磁盘类型选择默认设置即可。

在"选择磁盘"界面中选择"创建新虚拟磁盘"。虚拟磁盘以扩展名为".vmdk"的文件形式存放在物理主机中,虚拟机中的所有数据都存放在虚拟磁盘里。

然后需要指定磁盘容量，默认为 20GB。这里的容量大小是允许虚拟机占用的最大空间，而并不是立即分配使用这么大的磁盘空间。磁盘文件的大小随着虚拟机中数据的增多而动态增长，但如果选中"立即分配所有磁盘空间（A）"，则会立即将这部分空间划给虚拟机使用，不建议选择该项。

另外，强烈建议选中"单个文件存储虚拟磁盘（O）"，如图 1-11 所示。这样会用一个单独的文件来作为磁盘文件，前提是存放磁盘文件的分区必须是 NTFS 分区。如果选择"虚拟磁盘拆分成多个文件（M）"，则会严重影响虚拟机的性能。

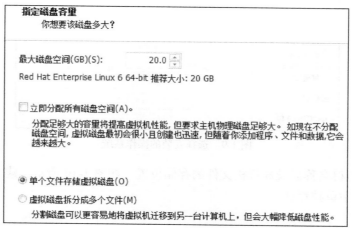

图 1-11　设置虚拟磁盘

⑧ 虚拟机创建完成，可以单击"自定义硬件"按钮对虚拟机硬件做进一步调整。建议将"声卡""打印机"等虚拟机用不到的硬件设备移除，以节省系统资源。调整后的界面如图 1-12 所示。

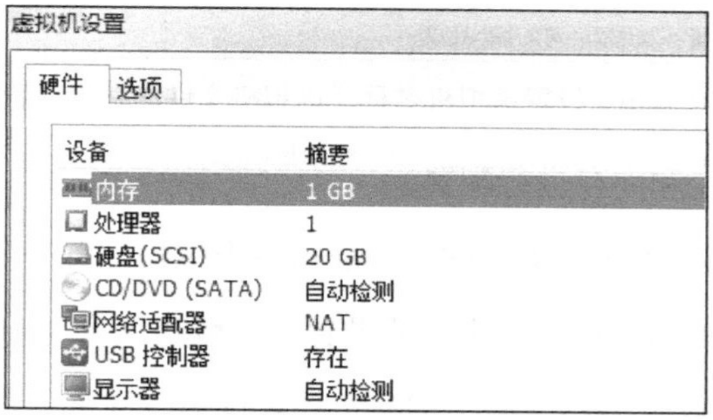

图 1-12　移除虚拟机不必要的硬件设备

至此，一台新的虚拟机就创建好了。

1.2.2 在虚拟机中安装 Linux 系统

安装系统是学习使用 Linux 的第一步。下面介绍如何在虚拟机中安装 CentOS 7 系统。

1. 下载系统镜像

CentOS 作为开源系统，可以很方便地获得它的系统镜像。用户可以从 CentOS 官网或国内的阿里云、搜狐、网易等开源镜像站下载到各种版本的 CentOS。图 1-13 所示就是从阿里云的开源镜像站下载的 "CentOS-7-x86_64-DVD-1810.iso"。在下载时，有很多不同的版本可供选择，推荐选择 DVD 版。该版本中包含大量的常用软件，大小约为 4.5GB。

图 1-13　下载镜像文件

2. 系统安装过程

对于 Linux 初学者来说，安装 Linux 系统的过程可能比安装 Windows 要稍微复杂一些，但是只要理解了 Linux 系统的一些基础知识，掌握安装过程中的关键步骤，将会发现 Linux 操作系统的安装过程具有较大的灵活性和可定制性。

首先在创建好的虚拟机中加载 CentOS 7 的系统镜像文件，打开虚拟机电源，虚拟机会自动从光盘引导，出现安装界面。安装界面中提供了 3 个菜单。

- Install CentOS Linux 7：安装操作系统。

- Test this media & install CentOS Linux 7：在安装系统之前先对系统光盘进行检测。

- Troubleshooting：进入排错模式。

选中任何一个菜单，均可以使用<Tab>键自定义具体的参数设置，这很适合对 Linux 比较熟悉的人士使用。这里选择 "Install CentOS Linux 7"，并按回车键，如图 1-14 所示。

然后进入语言选择界面，选择 "简体中文"。

接下来会进入 "安装信息摘要" 界面，在这里可以集中设置 "日期和时间（T）""软件选择（S）""安装位置（D）"等信息，如图 1-15 所示。

图 1-14　开始系统安装过程

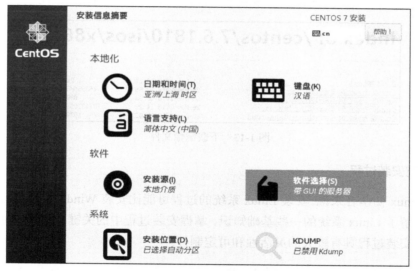

图 1-15　安装信息摘要

　　"软件选择（S）"默认为最小安装，这里建议单击"软件选择（S）"，然后在"基本环境"列表中选择"带 GUI 的服务器"，如图 1-16 所示。设置完成后，单击"完成"按钮即可返回"安装信息摘要"界面。

　　由于 Linux 的发行版就是"Kernel+各种应用软件"，因此在 Linux 的系统安装光盘中已经集成了在 Linux 中可能会用到的绝大部分应用软件，否则系统光盘的体积也不会这么大。当然这些应用软件我们不可能全部都安装，而应根据需要选择性地安装。对于初学者，建议选择"带 GUI 的服务器"，这样系统安装完成后，会进入界面比较友好的桌面环境。如果是在生产环境中使用，则可以根据具体的应用来选择要安装的软件环境，一般建议只安装所需要的基本软件包，系统中安装的软件包数目越少，系统的安全性相应也就越高。

基本环境	已选环境的附加选项

基本环境

- ○ **最小安装**
  基本功能。
- ○ **计算节点**
  执行计算及处理的安装。
- ○ **基础设施服务器**
  用于操作网络基础设施服务的服务器。
- ○ **文件及打印服务器**
  用于企业的文件、打印或存储服务器。
- ○ **基本网页服务器**
  提供静态及动态互联网内容的服务器。
- ○ **虚拟化主机**
  最小虚拟化主机。
- ● **带 GUI 的服务器**
  带有用于操作网络基础设施服务 GUI 的服务器。
- ○ **GNOME 桌面**
  GNOME 是一个非常直观且用户友好的桌面环境。

已选环境的附加选项

PostgreSQL 数据库服务器及相关软件包。

- ☐ **打印服务器**
  允许将系统作为打印服务器使用。
- ☐ **Linux 的远程管理**
  CentOS Linux 的远程管理界面，其中包含 OpenLMI 和 SNMP。
- ☐ **弹性存储**
  集群存储，其中包括 GFS2 文件系统。
- ☐ **虚拟化客户端**
  用于安装和管理虚拟化事件的客户端。
- ☐ **虚拟化 Hypervisor**
  最小的虚拟化主机安装。
- ☐ **虚拟化工具**
  用于离线虚拟映像管理的工具。
- ☐ **兼容性程序库**
  用于在红帽企业版 Linux 的之前版本中构建的应用程序的兼容程序库。

图 1-16 软件环境选择

"安装位置"用于指定将 Linux 安装到哪块硬盘上，这里进入该界面选择硬盘，并设置自动配置分区。需要注意的是，虽然 CentOS 默认采用自动配置分区方式（见图 1-17），但仍然需要用户进入安装位置，然后单击"完成"按钮做一次确认动作。

本地标准磁盘

20 GiB

VMware, VMware Virtual S
sda / 992.5 KiB 空闲

不会对未在此处选择的磁盘进行任何操作。

专用磁盘 & 网络磁盘

添加磁盘(A)...

不会对未在此处选择的磁盘进行任何操作。

其它存储选项

分区

- ● 自动配置分区(U)。　　○ 我要配置分区(I)。
- ☐ 我想让额外空间可用(M)。

图 1-17 选择系统安装位置

在"网络和主机名"中，以太网接口默认是被禁用的，需要手动单击"开启"按钮；网卡设置默认为 DHCP 动态获取 IP，如果需要手动配置网络参数，可以单击"配置"按钮，如图 1-18 所示。

另外，建议关闭 Kdump 内核转储服务。该服务提供了一种内核崩溃时的强制写入机制。当系统崩溃时，Kdump 会自动记录相关信息，这有助于管理员排错。但 Kdump 会占用一部分系统内存，而且是以独立方式占用的，由于我们的虚拟机内存设置得比较小，因此建议关闭该服务，这并不会影响系统使用。

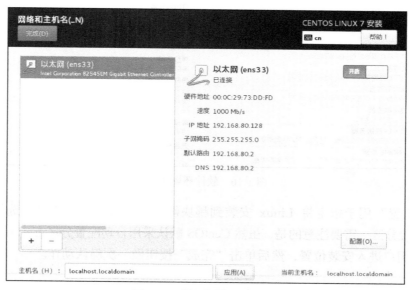

图 1-18 设置网络和主机名

在安装信息摘要中完成设置后，单击"开始"按钮即可安装 CentOS 7 系统，开始安装后需要设置 Root 管理员密码，同时还可以添加额外的普通账户，如图 1-19 所示。

图 1-19 开始系统安装过程

首先为 root 用户设置密码，由于我们只用于学习，因此这里将密码设置为"123"。注意，在生产环境中，一定要让 root 用户的密码足够复杂，否则系统将面临严重的安全问题。Linux 系统对密码的设置要求比较严格，这里会提示密码"Too short"，同时要求单击两次"完成"按钮方可确认，如图 1-20 所示。

然后创建一个名为 student 的普通用户，同样也将密码设置为"123"，如图 1-21 所示。由于 root 用户的权限过大，因此 Linux 希望我们能使用普通用户身份登录系统并处理日常工作，在需要执行系统管理类操作时再切换到 root 用户。不过在学习阶段，还是建议以 root 用户身份登录系统，否则很多操作将无法完成。

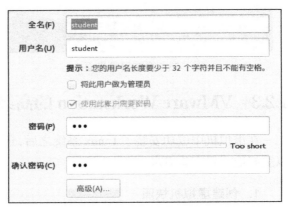

图 1-20　为 root 用户设置密码　　　　图 1-21　创建普通用户 student 并设置密码

系统安装完所有的软件包后，会提示重启计算机。

3. 初始化并登录系统

系统重启之后，第一次启动系统时还需要对系统做一些初始化设置。

在"初始设置"界面中提示"未接受许可证"（见图 1-22），单击"LICENSE INFORMATION"，然后在"许可信息"界面中勾选"我同意许可协议"即可。返回"初始设置"界面后，单击"完成配置"。

图 1-22　接受许可证

接下来会出现系统登录界面，可以看到在登录界面中只有刚创建的 student 用户（见图 1-23），如果想以 root 用户身份登录，那么需要单击"未列出"，然后输入用户名"root"及其密码。

在之后的"欢迎"界面中，选择系统语言为"简体中文"，键盘布局也为"简体中文"，"在线账号"的步骤可跳过，完成这些简单设置之后，出现"一切都已就绪!"的提示，单击"开始使用 CentOS Linux（S）"按钮（见图 1-24），之后会看到 Linux 系统的桌面，系统安装成功完成。

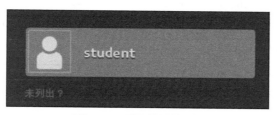

图 1-23　系统登录界面

图 1-24　系统安装完成

1.2.3　VMware Workstation 的高级设置

在虚拟机中成功安装了 Linux 系统之后，还需对 VMware Workstation 做进一步的设置，以更好地满足实验需求。

1. 创建虚拟机快照

通过创建快照可以将系统的当前状态进行备份，以便随时还原。一般在进行一项有一定风险的操作之前，可以为系统创建快照。

在虚拟机菜单栏中依次单击"虚拟机"→"快照（N）"→"拍摄快照（T）…"，可以为当前状态创建一个快照。图 1-25 所示是以日期为名创建了一个快照，以后可以随时将虚拟机还原到快照创建时的状态。

图 1-25　快照管理

2. 克隆虚拟机

搭建网络实验环境一般需要多台虚拟机，如果每台虚拟机都要经过安装系统等操作之后才能使用，则过于烦琐，而且需要占用大量的磁盘空间。通过虚拟机克隆可以很好地解决这个问题，也就是说，既可以快速得到任意数量的相同配置的虚拟机，省去了系统安装的过程，又由于所有克隆的虚拟机都是在原来的虚拟机基础之上增量存储数据，因此也节省了大量的磁盘空间。

克隆操作必须在虚拟机关机的状态下进行。在 Linux 图形界面中，单击右上角的下拉箭头，然后单击关机图标按钮，将系统关机，如图 1-26 所示。

选中已关闭的虚拟机，单击右键，在弹出的快捷菜单中选择"管理"→"克隆"，打开"克隆虚拟机向导"。在"克隆类型"中，"克隆方式"建议选择"创建一个链接克隆（L）"（见图 1-27），这样克隆出的虚拟机将会以原有的虚拟机为基础增量存储数据，可以极大地节省磁盘空间。

图 1-26　将系统关机

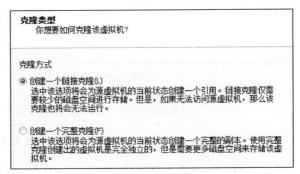

图 1-27　选择"克隆方式"

为克隆的虚拟机起一个名字，并指定存储位置，如图 1-28 所示。

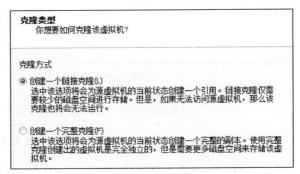

图 1-28　设置克隆虚拟机的名字和存储位置

这样就创建出了一台名为 CentOS 1 的克隆虚拟机，它与原有的虚拟机功能一模一样。需要注意的是，一定要确保原有虚拟机运行正常。如果它出现了问题，那么所有以它为基础创建的克隆虚拟机也都会出现错误。因此，建议原有的虚拟机最好不要再使用，而是将其闲置起来，之后所有的实验操作都基于克隆虚拟机进行。

3. 利用虚拟硬盘文件创建虚拟机

在物理主机上的操作系统被重新安装或 VMware 软件被卸载之后，当我们再次用到虚拟机时，之前创建好的那些虚拟机是否可以继续使用呢？如果我们已经把那些虚拟机的磁盘文件完好地保存了下来，那么完全可以利用这些磁盘文件快速地还原虚拟机。

　　在 VMware 中选择新建虚拟机，虚拟机的创建过程与前面相同，只是要注意在"选择磁盘"的步骤中要选择"使用现有虚拟磁盘（E）"（见图 1-29），并指定已有的".vmdk"文件为虚拟机的硬盘。

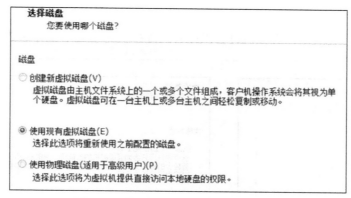

图 1-29　使用已有磁盘文件创建虚拟机

　　由于虚拟机中的所有数据都保存在".vmdk"磁盘文件中，因此通过这种方式创建出来的虚拟机与之前的完全相同。

4．设置虚拟机的网络环境

　　虚拟机之间必须进行正确的网络设置，使之可以互相通信，然后才能进行各种网络实验。

　　打开虚拟机设置界面，选中网络适配器，可以看到虚拟机有"桥接模式（B）""NAT模式（N）""仅主机模式（H）""自定义（U）""LAN 区段（L）"共 5 种不同的网络连接模式，每种网络模式都对应了一个虚拟网络，如图 1-30 所示。注意，必须要保证勾选了"设备状态"中的"已连接（C）"，否则就相当于虚拟机没有插接网线。

　　（1）桥接（bridged）模式

　　在桥接模式下，虚拟机就像是一个独立主机，与物理主机是同等地位，可以通过物理主机的网卡访问外网，外部网络中的计算机也可以访问此虚拟机。为虚拟机设置一个与物理网卡在同一网段的 IP 地址，则虚拟机就可以与物理主机以及局域网中的所有主机进行自由通信。桥接模式如图 1-31 所示。

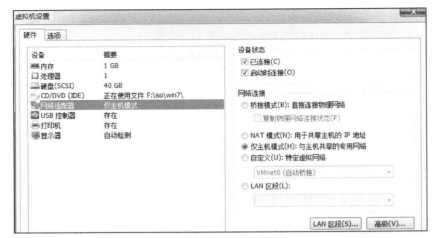

图 1-30　网络设置模式

图 1-31　桥接模式

桥接模式对应的虚拟网络名称为"VMnet0"。在桥接模式下，虚拟机其实是通过物理主机的网卡进行通信的。如果物理主机有多块网卡（如一块有线网卡和一块无线网卡），那么还需注意虚拟机实际桥接到了哪块物理网卡。

在"编辑"菜单中打开"虚拟网络编辑器"，可以对 VMnet0 网络桥接到的物理网卡进行设置，如图 1-32 所示。

（2）仅主机（host-only）模式

仅主机模式对应的是虚拟网络"VMnet1"。VMnet1 是一个独立的虚拟网络，它与物理网络之间是隔离开的（见图 1-33）。也就是说，所有设为仅主机模式的虚拟机之间以及虚拟机与物理主机之间可以互相通信，但是它们与外部网络中的主机无法通信。

安装了 VMware 之后，在物理主机中会添加两块虚拟网卡：VMnet1 和 VMnet8，其中 VMnet1 虚拟网卡对应了 VMnet1 虚拟网络。也就是说，如果物理主机要与仅主机模式下的虚拟机进行通信，那么需要保证虚拟机的 IP 地址与物理主机 VMnet1 网卡的 IP 地址在同一网段。

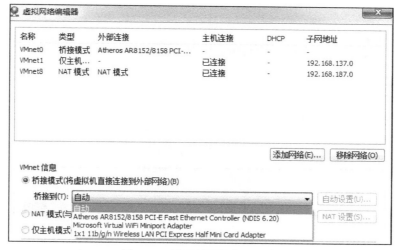

图 1-32 设置桥接的物理网卡

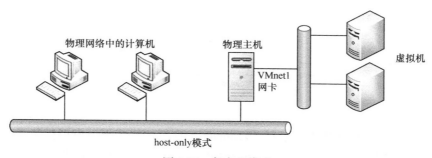

图 1-33 仅主机模式

虚拟网络所使用的 IP 地址段是由系统自动分配的。为了便于统一管理，建议在"虚拟网络编辑器"中将"VMnet1"网络所使用的 IP 地址段设置为 192.168.10.0/24，如图 1-34 所示。

（3）NAT（网络地址转换）模式

NAT 模式对应的虚拟网络是"VMnet8"，这也是一个独立的网络。在此模式下，物理主机就像一台支持 NAT 功能的代理服务器，而虚拟机就像 NAT 的客户端一样，虚拟机可以使用物理主机的 IP 地址直接访问外部网络中的计算机，但是由于 NAT 技术（网络地址转换）的特点，外部网络中的计算机无法主动与 NAT 模式下的虚拟机进行通信，也就是说，只能是由虚拟机到外部网络计算机的单向通信。

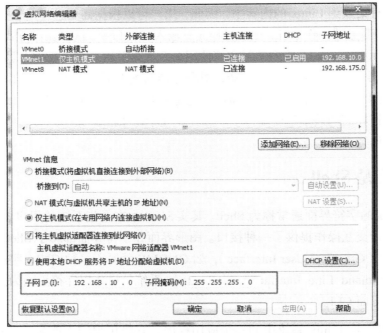

图 1-34 为 VMnet1 网络指定 IP 地址段

当然，物理主机与 NAT 模式下的虚拟机是可以互相通信的，前提是虚拟机的 IP 地址要与 VMnet8 网卡的 IP 地址在同一网段。同样，为了便于统一管理，建议将"VMnet8"网络所使用的 IP 地址段设置为 192.168.80.0/24。

如果物理主机已经接入 Internet，那么只需将虚拟机的网络设为 NAT 模式，虚拟机就可以自动接入 Internet。因此，如果虚拟机需要上网，那么非常适合设置为 NAT 模式。

1.3 Linux 系统的基本操作

下面在 VMware 中克隆一台 Linux 虚拟机进行操作，将虚拟机命名为 CentOS_01，虚拟网络采用 NAT 模式。

Linux 系统安装完成后，默认会进入图形界面下的桌面环境。之前曾提到过，一个完整的 Linux 系统是由 Kernel 和各种应用软件组成的，Linux 系统的桌面环境（称为 X Window）也是由应用软件来提供的。负责提供 X Window 桌面环境的软件主要有两个：GNOME 和 KDE。CentOS 以 GNOME 作为默认的桌面环境。

虽然图形界面提供了更为友好的操作方式，但 X Window 只是 Linux 系统中的一个应用软件，并没有集成到 Linux 的内核中，因此，用户可以根据需要选择是否运行图形界面。Linux 作为一种服务器操作系统，在字符界面中输入各种命令，这种操作方式更加有利于自动化运维，因而在 Linux 系统中学习如何使用命令才是关键。尤其在服务器应用领域，很多 Linux 服务器甚至不需要提供显示器，对服务器的绝大部分管理维护操作是通过远程登录的方式进行的。虽然图形界面操作简单，但是需要占用更多的系统资源，不利于远程传输数据，而字符界面的效率则要高得多。因此，在学习 Linux 系统的过程中，要以学习字符界面中的操作为主。

1.3.1 什么是 Shell

Linux 系统的字符界面通常称为 Shell。其实 Shell 本来是指系统的用户界面，它为用户与系统内核进行交互操作提供了一种接口。图形界面和字符界面都属于 Shell，图形界面的 Shell 称为 GUI（Graphical User Interface），如 GNOME 就属于一种 GUI；字符界面的 Shell 称为 CLI（Command Line Interface）。由于 Linux 系统的操作以字符界面为主，因此 Shell 通常专指字符界面 CLI。

Shell 其实也是 Linux 系统中的一个应用程序，它将用户输入的命令解释成系统内核能理解的语言，命令执行之后再将结果以用户可以理解的方式显示出来，其功能如图 1-35 所示。

图 1-35　Shell 功能

Linux 系统中负责提供 Shell 功能的软件有很多，如 sh、Csh、Zsh 和 Bash 等。在 CentOS 系统中默认使用的 Shell 称为 Bash，这也是目前应用较为广泛的一种 Shell。在本书后续的内容中所提到的 Shell 默认都是指 Bash。

1.3.2 启动 Shell

Linux 是一个真正的多用户操作系统。它可以同时接受多个用户登录，而且还允许同一个用户从不同的终端进行多次登录。每个用户登录之后，都会自动启动 Shell，打开命令行界面。

通常我们将一套键盘、鼠标及显示器这样的输入/输出设备称为一个终端，直接连接在计算机主机上的称为物理终端。在使用安装 Windows 系统的计算机时，通常只有一个物理终端和一个操作界面。Linux 系统支持虚拟终端，在使用安装 Linux 系统的计算机时，虽然用户面对的也是一个物理终端设备，但可以在这一个物理终端上通过虚拟终端打开多个互不干扰、独立工作的界面。

Linux 中提供的虚拟终端默认有 6 个，其中第 1 个是图形界面，第 2～6 个则是字符界面。用户可以通过<Ctrl+Alt+F1～F6>组合键在不同的虚拟终端之间进行切换，比如 Linux 启动之后默认进入了第 1 个虚拟终端中的图形界面，此时按组合键<Ctrl+Alt+F2>就进入了第 2 个虚拟终端，这就是一个字符界面了。在输入用户名和密码登录之后，就启动了 Shell，可以输入命令对系统进行操作。需要注意的是，在 Linux 的字符界面下输入密码，将不会出现明文显示，这种方式进一步提高了系统的安全性。

虚拟终端的缩写为 tty，在字符界面下执行"tty"命令就可以显示用户目前所在的终端编号。

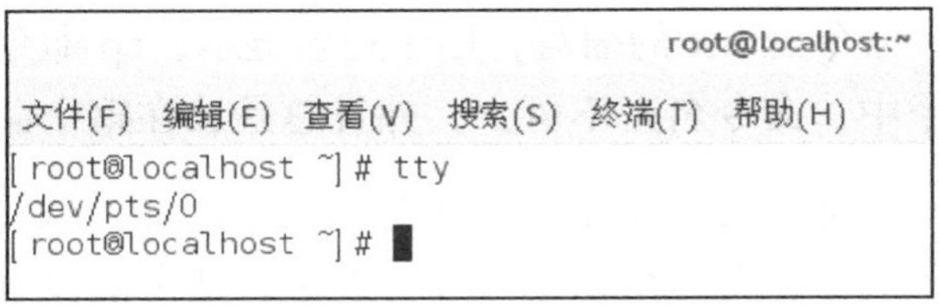

```
[root@localhost ~]# tty
/dev/tty2
```

同样的，在字符界面下按组合键<Ctrl+Alt+F1>就可以返回到图形界面。在字符界面下执行"startx"命令，也可以进入图形界面。

除虚拟终端之外，还有一种启动 Shell 的方式称为伪终端，它的缩写为 pts。例如，在图形界面中，用鼠标右键单击桌面空白处，然后选择"在终端中打开"，会弹出一个运行在图形环境中的字符界面窗口，这就是一个伪终端。在其中执行"tty"命令，发现显示的结果为"/dev/pts/0"，表示这是系统启动的第一个伪终端（伪终端的编号从 0 开始），如图 1-36 所示。

另外，通过之后将要介绍的 XShell 之类的工具远程登录 Linux 系统，所打开的也是伪终端。

图 1-36　伪终端

无论是虚拟终端还是伪终端，都为我们提供了一种启动 Shell 的方法，因而实际上任何一个可以输入命令的交互式接口，都可以被称为终端。相关概念在第 6 章中还有更详细的介绍。

1.3.3 命令提示符

启动 Shell 之后，首先可以看到类似于"[root@localhost ~]#"的命令提示符。

命令提示符是 Linux 字符界面的标志，其中的"root"表示当前登录的用户账户名；"localhost"表示本机的主机名；"~"表示用户当前所在的位置，也就是工作目录，"~"是一个特殊符号，泛指用户的家目录，root 用户的家目录就是/root；最后的"#"字符表示当前登录的是管理员用户，如果登录的是普通用户，则最后的"#"字符将变为"$"。

由于在 Linux 系统中，用户使用某个账号登录系统后，还可以使用相应的命令将用户身份转换为其他角色，以实现不同权限的操作，因此命令提示符是用户判断当前身份状态的重要依据。例如，执行"su - student"命令，可以切换到 student 用户，此时就可以发现命令提示符最后的"#"变成了"$"。

```
[root@localhost ~]# su - student        #切换到 student 用户
[student@localhost ~]$                   #命令提示符最后的#变成了$
[student@localhost ~]$ su - root         #切换回 root 用户
密码：
[root@localhost ~]#                      #命令提示符最后的$变成了#
```

一旦出现了命令提示符，就可以输入命令名称及命令所需要的参数来执行命令。如果一条命令花费了很长时间来运行，或者在屏幕上产生了大量的输出，可以按<Ctrl+C>组合键发出中断信号来中断此命令的运行。

1.3.4 Shell 命令格式

Shell 命令由命令名、选项和参数共 3 个部分组成，基本格式如下。

命令名 [选项] [参数]

命令名是描述命令功能的英文单词或缩写。例如，date 命令用于查看系统日期和时间；ls 命令是 list 的缩写，用于列表显示；cp 命令是 copy 的缩写，用于复制文件。在 Shell 命令中，命令名必不可少，并且总是放在整个命令行的起始位置。

选项的作用是调节命令的具体功能，同一命令采用不同的选项，其功能各不相同。选项既可以有一个，也可以有多个，还可能没有。选项通常以"-"开头，当有多个选项时，可以只使用一个"-"符号，如"ls -l -a"命令与"ls -al"命令功能完全相同。部分选项以"--"开头，这些选项通常是一个单词或词组，如"ls --help"。还有少数命令的选项不需要"-"符号，如"ps aux"。

参数是命令的处理对象，通常情况下参数可以是文件、目录或用户账号等内容。

注意：命令名、选项和参数之间必须用空格分隔。

在 Shell 中，一行可以输入多条命令，命令之间用分号分隔。另外，如果在一行命令后加上"\"符号，就表示另起一行继续输入。

使用命令时需要注意，在 Linux 中，命令区分大小写，即同一个命令，大写和小写代表不同的含义。通过上下方向键可以找出曾执行过的历史命令。

1.3.5 关机与重启命令

下面介绍几个简单的关机与重启命令，以帮助读者熟悉在字符界面下的操作。

Linux 中的关机和重启命令分别是 poweroff 和 reboot。用这两个命令关闭和重启系统时，会把当前用户对系统的更改写入磁盘，但是其他用户登录系统时却无法同步更新信息，这可能会导致用户数据丢失，因而这两个命令更适合在没有其他用户登录系统时使用。

```
[root@localhost ~]# poweroff                    #关机
[root@localhost ~]# reboot                      #重启
```

除这两个命令之外，还有许多命令可以实现关机与重启的功能。例如，shutdown 命令既可以用来关机又可以用来重启，而且还有很多其他的扩展功能。

例如，立即关闭系统。

```
[root@localhost ~]# shutdown -h now
```

例如，立即重启系统。

```
[root@localhost ~]# shutdown -r now
```

例如，在 15min 以后自动关闭系统。

```
[root@localhost ~]# shutdown -h +15
```

例如，在 10min 以后自动重启系统，同时将"The system will be rebooted!!"发送给已登录到本机中的各用户。

```
[root@localhost ~]# shutdown -r +10 'The system will be rebooted!!'
```

对于延时运行的关机、重启操作，必要时可以执行"shutdown –c"命令或按<Ctrl+C>组合键取消。

相比于 poweroff 和 reboot 命令，shutdown 命令在关闭或重启系统之前会给所有登录用户发送警告信息，因而要更加安全。

1.3.6　远程登录 Linux

在生产环境中，管理员一般通过网络远程登录 Linux 服务器并对其进行管理。要实现远程登录，需要为 Linux 系统设置 IP 地址。

执行 ifconfig 命令，如图 1-37 所示。ifconfig 与 Windows 中的 ipconfig 命令类似，用于查看和配置 IP 地址信息。执行 ifconfig 命令会显示 3 个部分的信息，其中第一部分的 ens33 就是系统中的网卡名称，第二部分的 lo 代表回环地址 127.0.0.1，第三部分的 virbr0 则是一个虚拟网卡。

```
[root@localhost ~]# ifconfig
ens33: flags=4163<UP,BROADCAST,RUNNING,MULTICAST>  mtu 1500
        ether 00:0c:29:fa:b0:fb  txqueuelen 1000  (Ethernet)
        RX packets 469  bytes 44715 (43.6 KiB)
        RX errors 0  dropped 0  overruns 0  frame 0
        TX packets 121  bytes 16745 (16.3 KiB)
        TX errors 0  dropped 0 overruns 0  carrier 0  collisions 0

lo: flags=73<UP,LOOPBACK,RUNNING>  mtu 65536
        inet 127.0.0.1  netmask 255.0.0.0
        inet6 ::1  prefixlen 128  scopeid 0x10<host>
        loop  txqueuelen 1  (Local Loopback)
        RX packets 24  bytes 2040 (1.9 KiB)
        RX errors 0  dropped 0  overruns 0  frame 0
        TX packets 24  bytes 2040 (1.9 KiB)
        TX errors 0  dropped 0 overruns 0  carrier 0  collisions 0

virbr0: flags=4099<UP,BROADCAST,MULTICAST>  mtu 1500
        inet 192.168.122.1  netmask 255.255.255.0  broadcast 192.168.122.255
        ether 52:54:00:75:28:7d  txqueuelen 1000  (Ethernet)
        RX packets 0  bytes 0 (0.0 B)
        RX errors 0  dropped 0  overruns 0  frame 0
        TX packets 0  bytes 0 (0.0 B)
```

图 1-37　执行 ifconfig 命令查看网络配置信息

由于虚拟机的网络设置采用的是 NAT 模式，物理主机上 VMnet8 虚拟网卡的 IP 地址默认是 192.168.80.1，因此这里需要为虚拟机指定一个相同网段的 IP 地址，才可实现与物理主机之间的通信。

例如，为虚拟机指定临时 IP 地址 192.168.80.128/24。

```
[root@localhost ~]# ifconfig ens33 192.168.80.128/24
```

此时 Linux 虚拟机就可以与物理主机直接通信了，可以用 ping 命令进行测试。需要注意的是，Linux 系统中的 ping 命令会不间断地发送数据包，需要用户通过<Ctrl+C>组合键强制终止。如果在 Linux 虚拟机中 ping 不通物理主机，可能是因为物理主机的防火墙进行了拦截，可以从物理主机 ping 虚拟机进行测试。

```
[root@localhost ~]# ping 192.168.80.1
PING 192.168.80.1 (192.168.80.1) 56(84) bytes of data.
```

```
64 bytes from 192.168.80.1: icmp seq=1 ttl=64 time=0.250 ms
64 bytes from 192.168.80.1: icmp_seq=2 ttl=64 time=0.172 ms
64 bytes from 192.168.80.1: icmp_seq=3 ttl=64 time=0.175 ms
^C
--- 192.168.80.1 ping statistics ---
3 packets transmitted, 3 received, 0% packet loss, time 2000ms
rtt min/avg/max/mdev = 0.172/0.199/0.250/0.036 ms
```

为 Linux 系统设置 IP 地址之后，接下来就可以进行远程登录了。远程登录以前大多采用 telnet 方式，但因为 telnet 的数据以明文方式在网络中传输，安全性不高，所以现在主要采用 SSH（Secure Shell）方式，默认端口号为 TCP22。

可以实现远程登录的工具有很多，比如 XShell、SecureCRT 和 PuTTY 等。本书推荐使用 XShell。它是一款商业软件。在撰写本书时，最新版本为 XShell 6，可以从官网下载免费的评估版本。

首先在物理主机上安装 XShell，软件运行之后选择新建会话，"名称（N）"可以随意设置，比如 "CentOS"，"协议（P）"选择 "SSH"，在 "主机（H）"中输入虚拟机的 IP 地址 "192.168.80.128"，"端口号（O）"设置为 "22"，如图 1-38 所示。

图 1-38　用 XShell 远程登录 Linux

单击"确定"按钮之后，会提示是否保存 Linux 主机的密钥，这里单击"接受并保存（S）"按钮，如图 1-39 所示。

然后输入管理员账号 root 以及相应的密码，就可以远程登录 Linux，如图 1-40 所示，当然，这里只能是字符界面。以后我们的绝大多数操作是在这样的字符界面下进行。

在 XShell 的"工具"菜单中选择"配色方案"，用户可以选择自己喜欢的界面风格，如图 1-41 所示，本书选择"ANSI Colors on White"，界面看起来会更加清晰。另外，还可以在工具栏中对字体大小进行设置。

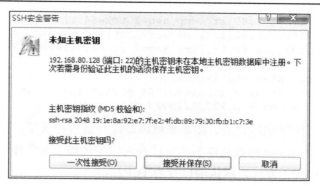

图 1-39　接受并保存密钥

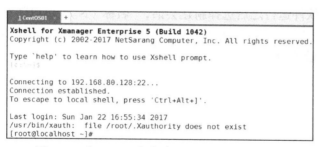

图 1-40　在 XShell 中成功远程登录 Linux 主机

图 1-41　选择配色方案

思考与练习

1. 上网查询以了解 BSD、GPL 和 Apache 术语分别是指什么。

2. Linux 发行版目前主要分为哪几个阵营？简述它们各自的主要特点。

3. 安装 VMware Workstation，新建一台虚拟机，并安装一款 Linux 操作系统。

4. 熟悉进入 Linux 字符界面的不同方式，并练习关机和重启命令的使用。

5. 以 root 用户身份登录 Linux 系统字符界面，指出 CentOS 7 中默认使用的是什么 Shell？默认的 Shell 命令提示符为 "[root@localhost ~]#"，指出命令提示符中各部分的具体含义。

第 2 章
文件和目录管理

第 1 章初步介绍了 Linux 系统的命令行界面。命令是 Linux 系统操作的根本，熟练使用各种命令对系统进行管理和操作，是 Linux 系统运维人员必备的技能。但是 Linux 中的命令多达上千条，初学者不可能全面掌握所有的命令。本书将精选较为常用的一些 Linux 命令，对于这些命令以及它们的常用选项，必须要进行强化记忆并反复练习，这是 Linux 入门必须要经历的一个过程。

本章将介绍 Linux 系统中的一些文件和目录管理类命令，以及如何通过 Vi 编辑器来建立或修改文本文件。

2.1 Linux 系统的设计思想

从本章开始，我们将正式学习如何配置使用 Linux 系统。在学习之前，有必要先从整体上了解一下 Linux 系统的设计思想，这些都是 Linux 有别于 Windows 系统的一些关键特征，也是我们在之后的学习过程中需要反复领会和理解的一些关键内容。

（1）一切皆文件

在 Linux 系统中，不只数据以文件的形式存在，其他资源（包括硬件设备）也被组织为文件的形式。例如，硬盘以及硬盘中的每个分区在 Linux 中都被视为一个文件。

（2）整个系统由众多的小程序组成

在 Linux 中，很少有像 Windows 系统中那样动辄几 GB 的大型程序，整个 Linux 系统是由众多单一功能的小程序组成的。每个小程序只负责实现某一项具体功能，我们之后要学习的绝大多数 Linux 命令，其实各自有一个相应的小程序。如果要完成一项复杂任务，只需将相应的命令组合在一起使用即可。

（3）尽量避免与用户交互

避免与用户交互，是指在对系统进行管理操作的过程中，要尽量减少用户的参与。Linux（尤其是 CentOS）系统，是主要用作服务器的操作系统，其操作方式与我们平常在 PC 上使用的 Windows 系统有很大区别。由于服务器管理员不可能全天候地守护在服务器旁边，而且一名管理员往往需要同时管理成百上千台服务器，因此在服务器上执行的操作最好通过编写脚本程序来完成，从而使其自动化地完成某些功能。

（4）使用纯文本文件保存配置信息

无论是 Linux 系统本身还是系统中的应用程序，它们的配置信息往往都保存在一个纯文本的配置文件中。如果需要改动系统或程序中的某项功能，那么只需编辑相应的配置文件。

2.2　文件和目录的相关概念

在 Linux 系统中，如何存储和管理众多的文件？这就需要借助于目录。如果类比一下人类社会，则文件相当于某个具体的个人，而目录则相当于省市区等行政区划，比如"企业/山东省/烟台市/高新区/烟台职业学院/曲广平"就很明确地指向了一个具体的个人。与此类似，Linux 中的"/etc/httpd/conf/httpd.conf"指向了一个具体的文件。

对文件和目录的管理是 Linux 系统运维的基础工作，下面介绍 Linux 系统中文件和目录管理的一些基本概念。

2.2.1　Linux 的目录结构

在 Windows 系统中，为每个磁盘分区分配一个盘符，在资源管理器中通过盘符就可以访问相应的分区。每个分区使用独立的文件系统，在每个分区中都会有一个根目录，如 C:\、D:\等。

Linux 系统则不然，由于 Linux 的发行版本众多，因此为了规范统一，绝大多数的 Linux 发行版遵循 FHS（Filesystem Hierarchy Standard）文件系统层次化标准，采用统一的目录结构。也就是说，无论我们使用哪种 Linux 发行版，这些系统中的目录结构都是一致的。按照 FHS 标准，整个 Linux 文件系统是一个倒置的树形结构，系统中只存在一个根目录，所有的目录和文件都在同一个根目录下。

在 Linux 系统中定位文件或目录时，使用"/"进行分隔（区别于 Windows 中的"\"）。

在整个树形目录结构中，使用"/"表示根目录，根目录是 Linux 文件系统的起点。在根目录下，按用途的不同划分，有很多子目录。Linux 系统的目录结构是固定的，跟磁盘分区没有任何关系，遵循 FHS 标准的典型目录结构如图 2-1 所示。

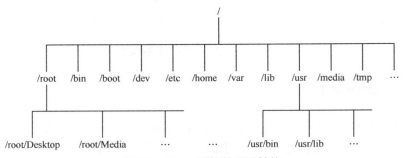

图 2-1　Linux 系统的目录结构

Linux 系统的目录结构由系统自动创建，每个目录都有其特定的用途。下面简单介绍 CentOS 7 中一些常见的目录及其作用。

- /boot：存放 Linux 系统启动所必需的文件，Kernel 被存放在这个目录中。

- /etc：存放 Linux 系统和各种程序的配置文件，Linux 中的很多操作和配置都是通过修改配置文件实现的。/etc 目录的作用类似于 Windows 系统中的注册表。

- /dev：存放 Linux 系统中的硬盘、光驱和鼠标等硬件设备文件。

- /bin：存放 Linux 系统中常用的基本命令，任何用户都有权限执行。

- /sbin：存放 Linux 系统基本的管理命令，只有管理员权限才可以执行。

- /usr：软件的默认安装位置，类似于 Windows 中的 Program Files 目录。

- /home：普通用户家目录（也称为主目录）。例如，用户账号"student"对应的家目录位于"/home/student"。

- /root：超级用户 root 的家目录。

- /mnt：一般是空的，用来临时挂载存储设备。

- /media：用于系统自动挂载可移动存储设备。

- /tmp：临时目录，用于存放系统或程序运行时产生的一些临时文件，可供所有用户执行写入操作。

- /var：存放系统运行过程中经常变化的文件，如/var/log 用于存放日志文件、/var/spool/mail 用于存放邮件等。

- /lib、/lib64：存放各种链接库文件。链接库也是一种二进制文件，只不过没有独立的执行入口，而只能被其他程序所调用。

- /proc：基于内存的虚拟文件系统，用于存储系统内核和进程的相关信息。

- /run：用于存放进程产生的临时文件，系统重启后会消失。

- /lost+found：存放系统意外崩溃或关机时产生的文件碎片。

2.2.2 根目录和家目录

下面介绍一个非常简单的命令 pwd（print working directory），该命令用于显示用户当前所在的工作目录路径。使用 pwd 命令可以不添加任何选项或参数。

例如，在命令提示符后面直接执行 pwd 命令，可以看到用户当前所在的工作目录为"/root"。

```
[root@localhost ~]# pwd
/root
```

这里解释一下"/root"目录。

- /：是 Linux 系统的根目录，也是其他所有目录的起点。

- /root：根目录下的一个子目录，它的用途是作为管理员 root 用户的家目录。家目录主要用于存放用户的各种个人数据。

Windows 中所有的用户配置文件夹都统一存放在"C:\Users\"下以用户名命名的子文件夹中，如用户"jerry"的用户配置文件夹是"C:\Users\jerry"。Linux 系统中普通用户的家目录默认集中存放在"/home"目录中，同样也是以用户名命名，如用户 student 的家目录是"/home/student"。例外的是 root 用户，这个在 Linux 中具有"至高无上"权限的用户，其家目录也是单独的"/root"，以区别于其他普通用户。

2.2.3 绝对路径和相对路径

下面介绍一个基本命令 cd（change directory），该命令用于切换工作目录，语法格式如下。

cd 目录名

例如，要将工作目录更改为/boot/grub，并使用 pwd 命令查看当前所处位置。

```
[root@localhost ~]# cd /boot/grub
[root@localhost grub]# pwd
/boot/grub
```

如果只是单纯执行 cd 命令，那么默认将返回到当前用户的家目录。

```
[root@localhost grub]# cd
[root@localhost ~]# pwd
/root
```

可以看到，在执行 cd 命令后，命令提示符变成了"[root@localhost ~]"，其中的符号"~"表示当前用户的家目录。

又如，要切换到系统根目录，可以执行命令"cd /"；执行"cd –"命令可以在最近工作过的两个目录之间切换。

在 Linux 系统中表示某个目录（或文件）的位置时，根据其参照的起始目录不同，可以使用两种不同的表示形式：绝对路径和相对路径。

- 绝对路径：这种方式是以根目录"/"为起点，如"/boot/grub"。因为 Linux 系统内核访问文件或目录时都是从根目录开始，而根目录只有一个，所以无论当前处于哪个目录中，使用绝对路径都可以准确地表示一个文件或目录所在的位置。但是如果路径较长，那么输入的时候会比较烦琐。

- 相对路径：这种方式一般是以当前的工作目录为起点，在开头不使用"/"符号，因此输入的时候更加简单，如"grub.conf"表示当前目录下的 grub.conf 文件，而"/grub.conf"则表示根目录下的 grub.conf 文件。

因此，如果当前目录是"/root"，要进入当前目录下的一个名为 test 的子目录，就可以使用相对路径"cd test"，也可以使用绝对路径"cd /root/test"。

对于初学者，建议在初始时尽量使用绝对路径，以便于理解和区分。

2.3 文件和目录操作命令

Linux 用户日常的操作几乎都是围绕着文件系统来进行的，熟练掌握文件管理的相关操作就跟学习 Windows 系统首先要掌握如何使用鼠标一样，这些操作是 Linux 系统中的基本操作。

2.3.1 ls 命令——列表显示

ls（list）是 Linux 中的常用命令，主要以列表的方式显示一个目录中包含的内容，可以用来查看一个文件或目录本身的信息（类似于 Windows 中查看文件或文件夹的属性）。

ls 命令的语法格式如下。

ls [选项] [目录名或文件名]

例如，要查看一下在当前目录（我们一般习惯以 root 用户的家目录"/root"作为当前工作目录）中都包含哪些内容，可以直接执行 ls 命令。

```
[root@localhost ~]# ls
anaconda-ks.cfg          公共   视频   文档   音乐
initial-setup-ks.cfg     模板   图片   下载   桌面
```

ls 显示结果以不同的颜色来区分文件类别。蓝色代表目录，灰色代表普通文件，绿色代表可执行文件，红色代表压缩文件，浅蓝色代表链接文件。

又如，想查看/etc 目录都有什么内容，可以用指定的路径作为命令参数。

```
[root@localhost ~]# ls /etc
```

单纯的 ls 命令只能显示一些基本信息。下面将介绍一些 ls 命令的常用选项，结合这些选项，ls 可以实现更为强大的功能。

（1）"-a"选项，显示所有文件，包括隐藏文件

```
[root@localhost ~]# ls -a
.                 .bash_profile   .dbus        .tcshrc      视频   桌面
..                .bashrc         .esd_auth    .viminfo     图片
......
```

执行"ls -a"命令后会发现多出了很多以"."开头的文件或目录，在 Linux 系统中，以"."开头的就是隐藏文件或隐藏目录。通常，隐藏文件都是 Linux 系统中比较重要的文件，将这些文件隐藏的目的主要是防止用户对它们进行误操作。

另外，在所有的目录中执行"ls -a"命令都会发现两个特殊符号："."和"..",这是两个用于表示路径的特殊符号。

- "."表示当前目录，例如"./anaconda-ks.cfg"表示当前目录下的 anaconda-ks.cfg 文件。

- ".."表示当前目录的上一级目录（父目录），例如，若当前处于"/root"目录中，则"../etc"等同于"/etc"。

可以思考一下"cd .."这个命令是什么意思？如执行下列操作。

```
[root@localhost ~]# cd /etc/ssh
[root@localhost ssh]# cd ..
[root@localhost etc]# pwd
/etc
```

可以看出，"cd .."就是进入当前目录的上一级目录。

（2）"-l"选项，以长格式（内容更详细）显示文件或目录的详细信息

```
[root@localhost ~]# ls -l
总用量 8
-rw-------. 1 root root 1768 1月  22 07:32 anaconda-ks.cfg
-rw-r--r--. 1 root root 1816 1月  22 07:42 initial-setup-ks.cfg
drwxr-xr-x. 2 root root    6 1月  22 07:46 公共
drwxr-xr-x. 2 root root    6 1月  22 07:46 模板
......
```

输出的详细信息共分为 7 组，每组的含义分别如下。

- 第 1 组，文件类别和文件权限。其中第 1 个字符代表文件的类别，这里 "-" 代表普通文件，"d" 代表目录，"l" 代表符号链接，"c" 代表字符设备，"b" 代表块设备。其余 6 个字符代表文件的权限。

- 第 2 组，被硬链接的次数，文件默认为 1，目录默认为 2。

- 第 3 组，文件所有者。

- 第 4 组，文件所属组。

- 第 5 组，文件大小（单位为字节）。需要注意的是，对于目录，这里只显示目录本身的大小，而不包括目录中的文件以及下级子目录的大小。

- 第 6 组，文件被创建或最近一次被修改的时间。

- 第 7 组，文件名。

这些信息的具体含义将在后续章节中详细介绍，这里只解释一下第一组信息中的文件类别。

普通文件以 "-" 作为标识符，这是 Linux 系统中极为常见、数量较多的文件类型，主要由文本文件和二进制文件组成，系统中大多数的配置文件、代码文件是以普通文件的形式存在的。

目录以 "d" 作为标识符，由于目录在 Linux 系统中也被看作文件，因此我们可以通过标识符来判断某个文件到底是目录还是普通文件。

链接文件以 "l" 作为标识符，Linux 中的链接文件绝大多数属于软链接，也被称作符号链接。链接文件的作用类似于 Windows 系统中的快捷方式。关于链接文件的具体内容将在 2.8.1 节进行介绍。

字符设备文件的标识符为 "c"，块设备文件的标识符为 "b"，它们都用来表示某种硬件设备。之前曾提到过，硬件设备在 Linux 系统中都以文件的形式存在，用户可以像使用普通文件那样对设备进行操作，从而实现设备无关性。设备文件都统一存放在/dev 目录中。设备文件主要分为块设备和字符设备两种。块设备支持随机访问，而字符设备则只能线性访问。例如，硬盘就是一个块设备，假设在硬盘中存放了 10 个文件，我们可以随机打开其中任何一个文件，而不必遵循先后顺序，这就称为随机访问。而键盘则是一个字符设备，我们在键盘上按下按键之后，键盘必须按照先后顺序将其输入计算机中，因而称为线性访问。

例如，查看/dev 目录中的详细信息，可以发现硬盘 sda 以及硬盘分区 sda1、sda2 属于块设备，而虚拟终端 tty 等属于字符设备。

```
[root@localhost ~]# ls -l /dev
brw-rw----. 1 root disk      8,  0 4 月  11 05:59 sda
brw-rw----. 1 root disk      8,  1 4 月  11 05:59 sda1
brw-rw----. 1 root disk      8,  2 4 月  11 05:59 sda2
crw-rw-rw-. 1 root tty       5,  0 4 月  11 05:59 tty
crw--w----. 1 root tty       4,  0 4 月  11 05:59 tty0
crw--w----. 1 root tty       4,  1 4 月  11 05:59 tty1
……
```

（3）"-d"选项，显示目录本身的属性，而非其内部的文件列表

例如，查看/dev 目录本身的属性信息。

```
[root@localhost ~]# ls -l -d /dev
drwxr-xr-x. 20 root root 3260 1 月  22 16:54 /dev
```

如果不用 "-d" 选项，则显示/dev 目录中所有文件和子目录的详细信息。

上面这条命令也可以简写成 "ls -ld /dev"。可以将多个选项结合在一起使用，一般也习惯使用这种简写的形式。

（4）"-h"选项，人性化显示容量信息，以 K（KB）、M（MB）、G（GB）等单位表示文件大小

例如，以人性化显示的形式查看/boot 目录中所有文件和子目录的详细信息。

```
[root@localhost ~]# ls -lh /boot
总用量 133M
-rw-r--r--. 1 root  root 135K 11 月 23 2016 config-3.10.0-514.el7.x86_64
drwxr-xr-x. 2 root  root  27  1 月  22 2017 grub
drwx------. 6 root  root 111  1 月  22 2017 grub2
-rw-------. 1 root  root 30M  1 月  22 2017 initramfs-3.10.0-514.el7
.x86_64.img
……
```

2.3.2　touch 命令——创建空文件

touch 命令用于创建空文件或修改已有文件的时间戳，其命令格式如下。

touch [选项] 文件名

执行该命令后，如果所输入的文件名不存在，那么就会创建相应的空文件。

例如，在当前目录下创建名为 test1 的空文件。

```
[root@localhost ~]# touch test1
[root@localhost ~]# ls -l
-rw-r--r--  1 root root     0 04-13 23:59 test1
```

如果 touch 命令中所指定的文件已存在，那么就会将文件的时间戳更新为系统当前时间。

2.3.3 mkdir 命令——创建目录

mkdir（make directory）命令用于创建新的空目录，命令的语法格式如下。

mkdir [选项] 目录名

例如，在当前目录中创建名为 test 的子目录。

```
[root@localhost ~]# mkdir test
```

例如，在根目录中创建名为 public 的子目录。

```
[root@localhost ~]# mkdir /public
```

mkdir 命令也可以同时创建多个目录。

例如，在当前目录中同时创建 a、b、c 共 3 个子目录。

```
[root@localhost ~]# mkdir a b c
```

mkdir 命令的常用选项是"-p"（parent）。通过该选项可以创建嵌套的多级目录结构。

例如，在/root 目录下创建子目录 media，并在 media 目录中再建立子目录 cdrom。

```
[root@localhost ~]# mkdir -p /root/media/cdrom
```

执行上面的命令后，系统将首先创建/root/media 目录，然后在它下面再创建 cdrom 目录。

2.3.4 rmdir 命令——删除空目录

rmdir（remove directory）命令的作用与 mkdir 正好相反，使用 rmdir 命令可以删除指定的目录，而且同样可以使用"-p"选项删除多级目录。

例如，一次性删除目录/root/media 及其子目录/root/media/cdrom。

```
[root@localhost ~]# rmdir -p /root/media/cdrom
```

注意，rmdir 命令所删除的必须是空目录（目录中没有任何文件和子目录）。

由于系统中还提供了功能更为强大的 rm 命令，因此 rmdir 命令在实践中用的并不是太多。

2.3.5   cp 命令——复制文件或目录

通过 cp（copy）命令可以复制文件或目录，命令的语法格式如下。

cp [选项] 源文件或目录 目标文件或目录

在使用 cp 命令时，需要特别注意目标文件或目录。下面列举了几种典型应用。

（1）如果目标文件不存在，那么将生成新的文件

例如，将/etc/fstab 文件复制到/tmp 目录中，并重命名为 hi.txt。

```
[root@localhost ~]# cp /etc/fstab /tmp/hi.txt
```

在上面这条命令中，由于目标文件/tmp/hi.txt 并不存在，因此将生成这个新的文件。

（2）如果目标文件已存在，那么将覆盖目标文件

例如，将/etc/issue 文件复制到/tmp/hi.txt。

```
[root@localhost ~]# cp /etc/issue /tmp/hi.txt
cp: 是否覆盖"/tmp/hi.txt"? y
```

在上面这条命令中，由于目标文件/tmp/hi.txt 已存在，因此系统会提示是否将文件覆盖，按"y"确认的话，则会覆盖文件。

（3）如果目标文件是一个目录，那么将在这个目录中创建一个与源文件同名的文件

例如，创建目录/tmp/test，并将/etc/issue 文件复制到/tmp/test 目录中。

```
[root@localhost ~]# mkdir /tmp/test              #创建目录/tmp/test
#将文件/etc/issue 复制到目录/tmp/test 中
[root@localhost ~]# cp /etc/issue /tmp/test
[root@localhost ~]# ls /tmp/test                 #查看复制后新生成的文件
issue
```

在用 cp 命令进行复制操作时，为了区分文件和目录，建议最好在目录名的后面加上"/"。

cp 命令的常用选项如下。

（1）"-r"选项，复制目录时必须使用此选项，表示递归复制所有文件及子目录

例如，将目录/etc/rc.d 复制到/root 目录下。

```
[root@localhost ~]# cp /etc/rc.d /root/          #未使用-r 选项，提示错误
cp: 略过目录"/etc/rc.d"
[root@localhost ~]# cp -r /etc/rc.d /root/       #使用-r 选项后，可成功复制
```

（2）"-p"选项，复制时保留原文件的属性不变

在进行复制操作时，有时可能会出现复制后产生的目标文件与源文件的属性不一致的

情况，比如下面的操作。

```
#源文件/home/student 的所有者和所属组都是 student
[root@localhost ~]# ls -ld /home/student
drwx------. 3 student student 78 2月  13 14:53 /home/student
#将/home/student 复制到/tmp 目录中
[root@localhost ~]# cp -r /home/student /tmp/
#复制后生成的/tmp/student 的所有者和所属组都变成了 root
[root@localhost ~]# ls -ld /tmp/student/
drwx------. 3 root root 78 5月  12 14:55 /tmp/student/
```

使用"-p"选项，就可以保持源文件的属性不变。

```
#再次将/home/student 复制到/tmp 目录中，并改名为 student2
[root@localhost ~]# cp -rp /home/student /tmp/student2
#复制后生成的/home/student2 保留了原有的属性
[root@localhost ~]# ls -ld /tmp/student2/
drwx------. 3 student student 78 2月  13 14:53 /tmp/student2/
```

2.3.6 mv 命令——移动文件或目录

mv（move）命令用来移动文件或对文件重命名，命令的语法格式如下。

mv [选项] 源文件或目录 目标文件或目录

需要说明的是，如果第二个参数中的目标是一个目录，则 mv 命令会将源文件移动到该目录中；若第二个参数中的目标是一个文件，则 mv 命令将对源文件进行重命名。

例如，将/root/test 目录中的文件 test1.txt 改名为 test2.txt。

```
[root@localhost ~]# mv /root/test/test1.txt /root/test/test2.txt
```

例如，将文件/root/test/test2.txt 移动到/tmp 目录中。

```
[root@localhost ~]# mv /root/test/test2.txt /tmp/
```

mv 命令的用法与 cp 命令基本类似，但需要注意的是，如果 mv 命令移动的对象是一个目录，并不需要像 cp 命令那样加上"-r"选项，而是可以直接移动。

例如，将/tmp/student2 目录移动到/root 目录中。

```
[root@localhost ~]# mv /tmp/student2 /root/
```

2.3.7 rm 命令——删除文件或目录

在 Linux 系统中，无论删除文件还是删除目录，多数是用 rm（remove）命令。

rm 命令的语法格式如下。

rm ［选项］ 文件名或目录名

例如，将/tmp 目录中的 test2.txt 文件删除。

```
[root@localhost ~]# rm /tmp/test2.txt
rm: 是否删除普通空文件 "/tmp/test2.txt"? y
```

常用的选项如下。

（1）"-f"选项，强制删除，无须用户确认

在系统的默认状态下，rm 命令会对每个要删除的文件进行一一询问。如果用户确定要删除这些文件，则可以使用"-f"选项来避免询问。

例如，强制删除/tmp 目录中所有文件名后缀为 txt 的文件（这里用到了通配符"*"，在 2.3.8 节中将会解释）。

```
[root@localhost ~]# rm -f /tmp/*.txt
```

（2）"-r"选项，删除目录时必须使用此选项，表示递归删除整个目录

一般在删除目录时会将"-r"和"-f"选项一起使用，以避免麻烦。

例如，强制删除/root/rc.d 目录。

```
[root@localhost ~]# rm -rf /root/rc.d
```

注意，"-rf"选项功能强大，应谨慎使用。在生产环境中，如果要删除某个文件或目录，建议先用 mv 命令将它们移动到某个专门设置的回收目录中，过一段时间之后，确认不再需要这些文件或目录，再用 rm 命令将其彻底删除。

2.3.8 通配符和扩展符

在 Linux 系统中执行命令时，可以通过一些特殊符号来对多个文件进行批量操作，从而提高操作效率。下面分别介绍在 Linux 系统中经常用到的通配符和扩展符。

1．通配符

顾名思义，通配符就是通用的匹配信息的符号，Linux 中常用的通配符主要有星号（*）、问号（?）和中括号（[ ]）。

（1）星号（*）

通配符星号（*）可以匹配任意数量的任意字符。

例如，列出/etc 目录下所有以"pa"开头的文件或目录，其中目录只显示其本身，而不显示其中的内容。

```
[root@localhost ~]# ls -d /etc/pa*
/etc/pam.d  /etc/passwd  /etc/passwd-
```

例如，显示/etc 目录下所有名字中包括"conf"的文件或目录。

```
[root@localhost ~]# ls -d /etc/*conf*
```

例如，删除/root/test 目录中的所有内容。

```
[root@localhost ~]# rm -rf /root/test/*
```

例如，删除/tmp 目录中所有文件名后缀为 txt 的文件。

```
[root@localhost ~]# rm -f /tmp/*.txt
```

（2）问号（?）

通配符问号（?）可以在相应位置上匹配任意单个字符。

例如，以长格式列出/dev 目录中所有以"sd"开头并且文件名只有 3 个字符的文件信息。

```
[root@localhost ~]# ls -lh /dev/sd?
brw-rw----. 1 root disk 8, 0 11月  3 21:14 /dev/sda
```

（3）中括号（[]）

通配符（[]）可以匹配指定范围内的任意单个字符。

"[]"中的字符范围可以是几个字符的列表，如"[abc]"表示 a、b、c 任意一个字符。"[]"中的字符也可以是使用"-"给定的一个取值范围，如"[a-z]"表示任意一个小写字母，"[0-9]"表示任意一个数字。

例如，列出/dev 目录中所有以"d"或"f"开头并且文件名为 3 个字符的文件。

```
[root@localhost ~]# ls /dev/[df]??
/dev/dvd  /dev/fb0
```

例如，列出/dev/目录中以"a""b""c"开头的所有文件。

```
[root@localhost ~]# ls /dev/[a-c]*
```

例如，列出/dev/目录中文件名的第 4 个字符是数字的所有文件。

```
[root@localhost ~]# ls /dev/???[0-9]*
/dev/dm-0   /dev/tty13  /dev/tty22  /dev/tty31  /dev/tty40  /dev/tty5
/dev/tty59  /dev/vcs2/dev/dm-1   /dev/tty14  /dev/tty23  /dev/tty32
/dev/tty41  /dev/tty50
    ......
```

在"[]"中还可以用"!"或"^"表示不在指定字符范围内的其他字符。

例如，列出/dev 目录中不是以"f""h""i"开头的所有文件。

```
[root@localhost ~]# ls /dev/[!fhi]*
/dev/agpgart     /dev/ram10     /dev/tty17  /dev/tty53
/dev/autofs      /dev/ram11     /dev/tty18  /dev/tty54
```

需要强调的是，"*"可以匹配的字符数量没有限制，可以是 0 个、1 个或多个；而"?"和"[]"可以匹配的字符数量只能是 1 个，这一点在具体应用时需要注意。

2. 扩展符

在扩展符（{}）中可以包含一个以逗号分隔的列表，并将其自动展开为多个路径或文件名。例如"/tmp/{a,b}"相当于"/tmp/a"和"/tmp/b"。

例如，一次性创建/tmp/a、/tmp/b、/tmp/c 这 3 个目录。

```
[root@localhost ~]# mkdir /tmp/{a,b,c}
```

例如，一次性创建/tmp/1.txt、/tmp/2.txt、/tmp/3.txt 这 3 个文件。

```
[root@localhost ~]# touch /tmp/{1,2,3}.txt
```

另外，在"{}"中还可以使用".."表示一个连续的空间，比如"{1..5}"就相当于"{1,2,3,4,5}"，"{a..e}"相当于"{a,b,c,d,e}"。

例如，查看/tmp/1.txt、/tmp/2.txt、/tmp/3.txt 这 3 个文件的详细信息。

```
[root@localhost ~]# ls -l /tmp/{1..3}.txt
-rw-r--r--. 1 root root 0 12 月 13 10:59 /tmp/1.txt
-rw-r--r--. 1 root root 0 12 月 13 10:59 /tmp/2.txt
-rw-r--r--. 1 root root 0 12 月 13 10:59 /tmp/3.txt
```

例如，在/tmp 目录中一次性创建 test1.txt、test2.txt、…、test10.txt 共 10 个文件。

```
[root@localhost ~]# touch /tmp/test{1..10}.txt
[root@localhost ~]# ls /tmp/*.txt
/tmp/test10.txt  /tmp/test2.txt  /tmp/test4.txt  /tmp/test6.txt  /tmp/
test8.txt
   /tmp/test1.txt  /tmp/test3.txt  /tmp/test5.txt  /tmp/test7.txt  /tmp/
test9.txt
```

2.3.9　文件和目录操作技巧

下面介绍在 Linux 系统中常用的操作技巧。掌握并灵活使用这些技巧，有助于提高我们的工作效率。

1. 命令或路径补全

在输入命令或路径时，如果无法记住完整的命令或路径，可以使用<Tab>键对命令或路径自动补全，以简化输入。

<Tab>键所要补全的命令或路径要求具有唯一性，比如在使用<Tab>键来自动补全 systemctl 命令时，要求至少输入"systemc"这几个字符，然后按<Tab>键就可以自动把剩 余的部分补全。如果在补全一个命令时，被补全的部分不具备唯一性，那么这时连续按两 次<Tab>键，就可以列出所有以指定字符开头的命令。

```
[root@localhost ~]# system   #连续按两次 Tab 键，可以列出所有以 system 开头的命令
system-config-abrt        systemd-coredumpctl        systemd-notify
system-config-printer     systemd-delta              systemd-nspawn
……
```

当然，如果连续多次按<Tab>键而没有输出任何信息，就说明当前要执行的命令或所指 定的路径是不存在的。

2. 调用上一条命令的路径

由于绝大多数的文件和目录操作类命令都需要指定路径，因此在 Linux 系统中可以用 符号"!$"或者组合键<Esc+.>（先按<Esc>键，再按点号键）来调用上一条命令所使用的 路径，从而简化操作。

```
#查看/etc/sysconfig/network-scripts 目录中的内容
[root@localhost ~]# ls /etc/sysconfig/network-scripts/
ifcfg-ens33 ifdown-ipv6    ifdown-TeamPort  ifup-ippp   ifup-routes
network-functions    ifcfg-lo   ifdown-isdn ifdown-tunnel ifup-ipv6
……
#通过!$调用上一条命令所使用的路径
[root@localhost ~]# cd !$
cd /etc/sysconfig/network-scripts/
```

2.4 文件内容操作命令

Linux 系统中的大多数文件都是文本文件。系统中提供了多个文件内容查看命令，以 满足用户在不同情形下查看文本文件内容的要求。另外，通过 grep 命令还可以在某个文本 文件中找到需要的内容。

2.4.1 cat 命令——显示文本文件的内容

cat（concatenate）命令本来用于连接多个文件的内容，但在实际使用中更多地用于查 看文本文件内容。cat 是应用较为广泛的文本文件内容查看命令。使用该命令时，只需要指 定文件名作为参数。

例如，查看/etc/redhat-release 文件中的内容，获知系统版本号。

```
[root@localhost ~]# cat /etc/redhat-release
CentOS Linux release 7.6.1810 (Core)
```

cat 命令的常用选项如下。

"-n"选项，显示行号，包括空白行。

例如，查看/etc/passwd 文件中的内容，了解 Linux 系统中的用户信息。

```
[root@localhost ~]# cat -n /etc/passwd
     1  root:x:0:0:root:/root:/bin/bash
     2  bin:x:1:1:bin:/bin:/sbin/nologin
     3  daemon:x:2:2:daemon:/sbin:/sbin/nologin
......
```

cat 在显示文本文件的内容时不进行停顿，对于内容较长的文件，在快速滚屏显示之后，只有最后一页的文件内容保留在屏幕中显示，因此 cat 不适合用于查看长文件。

2.4.2　more 命令和 less 命令——分页显示文件内容

使用 more 命令和 less 命令可以进入阅读模式，采用全屏的方式分页显示文件内容，当内容满屏时便会暂停，按空格键继续显示下一页面或按<Q>键退出，因此更适合用来阅读长文件。

例如，分页显示/etc/passwd 文件中的内容。

```
[root@localhost ~]# more /etc/passwd
......
saslauth:x:996:76:Saslauthd user:/run/saslauthd:/sbin/nologin
abrt:x:173:173::/etc/abrt:/sbin/nologin
rtkit:x:172:172:RealtimeKit:/proc:/sbin/nologin
--More--(45%)
```

less 命令的用法与 more 命令类似，例如使用 less 命令查看/etc/passwd 文件的内容。

```
[root@localhost ~]# less /etc/passwd
......
saslauth:x:996:76:Saslauthd user:/run/saslauthd:/sbin/nologin
abrt:x:173:173::/etc/abrt:/sbin/nologin
rtkit:x:172:172:RealtimeKit:/proc:/sbin/nologin
/etc/passwd
```

less 和 more 命令之间的区别：在 less 命令的阅读环境中可以前后翻页，而在 more 命令的阅读环境中只能向后翻页；另外，当文件内容显示到文件末尾时，more 命令会自动退出阅读环境，而 less 命令不自动退出。因此，less 命令更有利于对文件内容进行反复阅读，而 more 命令更多时候是与其他命令结合使用，例如通过之后将要介绍的管道操作符将前一个命令的执行结果分屏显示。

2.4.3 head 命令和 tail 命令——显示文件开头或末尾的部分内容

head 命令和 tail 命令用于显示文件的局部内容，默认情况下，head 命令显示前 10 行内容，tail 命令显示后 10 行内容。

例如，查看/etc/passwd 文件的前 10 行内容。

```
[root@localhost ~]# head /etc/passwd
root:x:0:0:root:/root:/bin/bash
bin:x:1:1:bin:/bin:/sbin/nologin
daemon:x:2:2:daemon:/sbin:/sbin/nologin
......
```

例如，查看/etc/passwd 文件的后 10 行内容。

```
[root@localhost ~]# tail /etc/passwd
......
ntp:x:38:38::/etc/ntp:/sbin/nologin
tcpdump:x:72:72::/:/sbin/nologin
student:x:1000:1000:student:/home/student:/bin/bash
```

常用选项介绍如下。

（1）"-n" 选项，指定显示的具体行数

例如，查看/etc/passwd 文件的前两行内容。

```
[root@localhost ~]# head -2 /etc/passwd
root:x:0:0:root:/root:/bin/bash
bin:x:1:1:bin:/bin:/sbin/nologin
```

例如，查看/etc/passwd 文件的后 3 行内容。

```
[root@localhost ~]# tail -3 /etc/passwd
ntp:x:38:38::/etc/ntp:/sbin/nologin
tcpdump:x:72:72::/:/sbin/nologin
student:x:1000:1000:student:/home/student:/bin/bash
```

（2）"-f" 选项，实时显示文件增量内容

"-f" 是 tail 命令的一个常用选项。在生产环境中，tail 命令更多地被用于查看系统日志文件，以便观察相关的网络访问、服务调试等信息。配合 "-f" 选项可以用于跟踪日志文件末尾的内容变化，实时显示更新的日志内容。

例如，查看系统公共日志文件/var/log/messages 最后 10 行的内容，并在末尾跟踪显示该文件中实时更新的内容（按<Ctrl+C>组合键终止）。

```
[root@localhost ~]# tail -f /var/log/messages
......              #省略显示内容
```

2.4.4   wc 命令——文件内容统计

wc（word count）命令用于统计指定文件中的行数、单词数和字节数。

例如，依次统计/etc/resolv.conf 文件中的行数、单词数和字节数，结果显示/etc/resolv.conf 文件中共有 3 行、8 个单词和 73 个字节。

```
[root@localhost ~]# wc /etc/resolv.conf
 3  8 73 /etc/resolv.conf
```

wc 命令的常用选项包括-l（统计行数）、-w（统计单词数）和-c（统计字节数）。其中比较常用的是"-l"选项。

例如，统计当前系统中的用户数量（/etc/passwd 文件中的行数）。

```
[root@localhost ~]# wc -l /etc/passwd
43 /etc/passwd
```

2.4.5   echo 命令——输出指定内容

echo 命令通常用于输出指定的字符串或者变量的值。

例如，在屏幕上输出"Hello World"。

```
[root@localhost ~]# echo "Hello World"
Hello World
```

例如，新建一个名为 day 的变量，初始内容设置为 Sunday。

```
[root@localhost ~]# day="Sunday"
```

通过在变量名称前添加前导符号$，可以引用一个变量的值，使用 echo 命令可以输出变量的值。

```
[root@localhost ~]# echo $day
Sunday
```

在 Linux 系统中还有一类由系统定义的变量，称为环境变量。为了与用户自定义的变量相区分，环境变量通常采用大写。例如，SHELL 变量里存放系统当前所使用的 Shell。

```
[root@localhost ~]# echo $SHELL
/bin/bash
```

echo 命令经常与 2.9 节中所要介绍的输出重定向符号">"或">>"结合在一起使用，

其中重定向符号">"可以将 echo 输出的内容覆盖保存到指定的文件中（文件中原有的内容会被覆盖）；重定向符号">>"可以将 echo 输出的内容追加保存到指定的文件中（文件中原有的内容仍然保留）。

例如，创建一个名为 1.txt 的文件，文件内容为"a"。

```
[root@localhost ~]# echo 'a' > 1.txt
```

例如，向 1.txt 文件中追加内容"aa""AAA"。

```
[root@localhost ~]# echo 'aa' >> 1.txt
[root@localhost ~]# echo 'AAA' >> 1.txt
```

echo 命令的常用选项是"-n"。echo 命令在输出时，使用"-n"选项可以不追加换行符。

```
[root@localhost ~]# echo "hello world"          #默认情况下，会自动换行
hello world
[root@localhost ~]# echo -n "hello world"       #使用"-n"选项后，不再自动换行
hello world[root@localhost ~]#
```

2.4.6　grep 命令——文件内容查找

grep 命令用于在文本文件中查找并显示包含指定字符串的所有行。通过该命令，我们可以从众多杂乱的信息中找到所需要的部分。

grep 命令的语法格式如下。

grep [选项] 查找条件 目标文件

例如，在/etc/passwd 文件中查找包含"root"字符串的行。grep 命令默认会将匹配到的字符串标注为红色。

```
[root@localhost ~]# grep "root" /etc/passwd
root:x:0:0:root:/root:/bin/bash
operator:x:11:0:operator:/root:/sbin/nologin
```

需要注意的是，grep 命令不支持"*"和"?"这些普通意义上的通配符，而是通过使用正则表达式来设置所要查找的条件。正则表达式定义了很多表示不同含义的符号，如符号"^"表示以指定的字符开头，符号"$"表示以指定的字符结尾，因而"^word"就表示以"word"字符串开头，"word$"表示以"word"字符串结尾。虽然正则表达式中也有"*"和"?"，但是所表达的含义与通配符不同。关于正则表达式的具体内容，将在 7.6.1 节中介绍，这里只介绍"^"和"$"这两个比较简单的正则表达式符号。

需要说明的是，如果 grep 命令所使用的查找关键字中不包含正则表达式或空格等特殊

符号，那么关键字是否加引号都无所谓；如果关键字中出现了这些符号，那么建议为关键字加上引号。

例如，在/etc/passwd 文件中查找所有以"root"字符串开头的行。

```
[root@localhost ~]# grep "^root" /etc/passwd
root:x:0:0:root:/root:/bin/bash
```

例如，在/etc/passwd 文件中查找所有以"bash"字符串结尾的行。

```
[root@localhost ~]# grep "bash$" /etc/passwd
root:x:0:0:root:/root:/bin/bash
student:x:1000:1000:student:/home/student:/bin/bash
……
```

也可以将"^"和"$"组合在一起使用，如"^$"表示空白行，"^word$"表示整行匹配，即整行内容中只有指定的关键字，除此之外，没有其他内容。

例如，在/etc/fstab 文件中查找所有空白行。

```
[root@localhost ~]# grep "^$" /etc/fstab
```

例如，在/etc/passwd 文件中增加字符串"root"作为单独一行，然后以"^root$"作为关键字进行查找，那么将只找出该行。

```
[root@localhost ~]# echo "root" >> /etc/passwd
[root@localhost ~]# grep "^root$" /etc/passwd
root
```

grep 命令的常用选项如下。

（1）"-n"选项，输出符合查找条件的行及其行号

```
[root@localhost ~]# grep -n root /etc/passwd
1:root:x:0:0:root:/root:/bin/bash
10:operator:x:11:0:operator:/root:/sbin/nologin
```

（2）"-v"选项，反转查找，输出与查找条件不相符的行

例如，在/etc/fstab 文件中查找所有不以"#"开头的行。

```
[root@localhost ~]# grep -v "^#" /etc/fstab
```

例如，在/etc/fstab 文件中查找所有不是空白的行。

```
[root@localhost ~]# grep -v "^$" /etc/fstab
#
# /etc/fstab
# Created by anaconda on Tue Feb 13 14:53:01 2018
……
```

（3）"-i"选项，不区分大小写

例如，在当前目录下的 1.txt 文件中不区分大小写查找含有字母 a 的行。

```
[root@localhost ~]# grep -i "a" 1.txt
a
aa
AAA
```

（4）"-w"选项，精确匹配单词

例如，在 2.txt 文件中精确匹配含有单词 num 的行。

```
[root@ localhost ~]# cat 2.txt            #查看文件 2.txt 的内容
The num is 10
number
[root@ localhost ~]# grep "num" 2.txt     #从文件 2.txt 中查找含有 num 的行
The num is 10
number
[root@ localhost ~]# grep -w "num" 2.txt  #从文件 2.txt 中精确查找含有 num 的行
The num is 10
```

2.4.7　diff 命令——文件内容对比

diff 命令用于比较多个文本文件之间的差异，这在系统安全防范中非常重要。例如，在黑客入侵系统之后，往往会修改一些系统配置文件，从而留下"后门"。运维人员最好事先将一些重要文件备份，然后定期执行 diff 命令进行对比，从而确认文件是否被改动过。

例如，先将 root 家目录中的隐藏文件 ".bashrc" 备份。

```
[root@localhost ~]# cp   .bashrc   .bashrc.bak
```

然后通过 echo 命令在 ".bashrc" 文件的末尾增加一行 "cd /tmp"。

```
[root@localhost ~]# echo "cd /tmp" >> .bashrc
```

下面用 diff 命令对 ".bashrc" 和 ".bashrc.bak" 文件进行比较。

```
[root@localhost ~]# diff   .bashrc   .bashrc.bak
13d12
< cd /tmp
```

在显示结果中，字母 "a" "d" "c" 分别表示添加、删除及修改操作。其中，以 "<" 开始的行属于文件 1，以 ">" 开始的行属于文件 2。

命令执行后显示的结果表示，文件 1（也就是 ".bashrc"）的第 13 行在文件 2（也就是 ".bashrc.bak"）中被删除了，被删除的行的内容是 "cd /tmp"。

如果将两个文件的位置互换，结果就会不同。

```
[root@localhost ~]# diff  .bashrc.bak  .bashrc
12a13
> cd /tmp
```

这里的结果就显示文件 ".bashrc" 相比 ".bashrc.bak" 增加了一行内容。

diff 命令的常用选项是 "--brief"，通过该选项可以确认两个文件是否不同。

```
[root@localhost ~]# diff --brief .bashrc.bak .bashrc
文件 .bashrc.bak 和 .bashrc 不同
```

2.5 日期和时间的相关命令

下面介绍如何在 Linux 系统中查看并修改系统时间，以及如何查看文件的时间戳。

2.5.1 date 命令——显示或修改日期和时间

直接执行 date 命令将按照系统默认的格式显示日期和时间。

```
[root@localhost ~]# date
2019 年 02 月 18 日 星期一 08:03:35 CST
```

date 命令提供了很多格式符，通过格式符可以用不同的方式来显示日期或时间。这些格式符都是以%开头，并用 "+" 调用。

例如，只显示日期，用到格式符%F。

```
[root@localhost ~]# date +%F
2019-02-18
```

例如，只显示时间，用到格式符%T。

```
[root@localhost ~]# date +%T
08:05:29
```

例如，日期和时间一起显示，并在中间用空格分隔。

```
[root@localhost ~]# date +"%F %T"
2019-02-18 08:05:58
```

格式符%Y、%y、%m、%d、%H、%M、%S 分别用于显示 4 位数字格式的年份，以及两位数字格式的年份、月份、日、小时、分钟、秒，对这些格式符可以任意组合使用。

例如，以 "月-日 时:分" 的格式显示日期和时间。

```
[root@localhost ~]# date +"%m-%d %H:%M"
02-18 08:08
```

date 命令的格式符非常多，我们没有必要去记忆这些格式符，执行"date --help"命令查看 date 命令的帮助信息，就可以看到所有格式符及其含义。因而，当我们要输出指定格式的日期或时间时，只需查看 date 命令的帮助信息。

```
[root@localhost ~]# date --help
......
给定的格式 FORMAT 控制着输出，解释序列如下：

  %%     一个文字的 %
  %a     当前 locale 的星期名缩写 (例如：日代表星期日)
  %A     当前 locale 的星期名全称 (例如：星期日)
  %b     当前 locale 的月名缩写 (例如：一代表一月)
  %B     当前 locale 的月名全称 (例如：一月)
......
```

date 命令也可用来修改日期和时间，日期和时间设置的标准格式如下，即按照"月日小时分钟年份"的格式设置，其中年份可以为 4 位，也可以为两位。

date MMDDhhmm[CC]YY

例如，将当前日期和时间修改为"2019 年 2 月 18 日 8:13"。

```
[root@localhost ~]# date 021808132019
2019 年 02 月 18 日 星期一 08:13:00 CST
```

2.5.2 hwclock 命令——显示或修改硬件时钟

在 Linux 系统中存在两套时钟，使用 date 命令查看的是系统时钟。除此之外，还有一套记录在计算机 BIOS 中的硬件时钟。由于系统自身的原因，因此这两套时钟所显示的时间有时会不一致。

如果需要修改日期和时间，只执行 date 命令还不够，还必须再用 hwclock 命令来更新硬件时钟。因为每次重启系统的时候，系统都会重新从 BIOS 中将时间读取出来，所以硬件时钟才是重要的时间依据。

例如，显示硬件时钟。

```
[root@localhost ~]# hwclock
2019 年 02 月 18 日 星期一 08 时 15 分 19 秒  -0.430391 秒
```

如果发现系统时钟与硬件时钟的时间不一致，那么可以以正确的时钟为基准进行调整。hwclock 命令有两个常用选项：-w 选项可以将系统时钟写入硬件时钟，-s 选项可以将硬件时钟写入系统时钟。

```
[root@localhost ~]# hwclock -w            #将系统时钟写入硬件时钟
[root@localhost ~]# hwclock -s            #将硬件时钟写入系统时钟
```

2.5.3 stat 命令——查看文件元数据

Linux 系统中的每个文件都包括两类数据，一类是数据本身，例如用 cat、more、less 等命令所查看到的就是这类数据；另一类称为元数据（metadata），元数据用于描述文件的属性，主要包括文件大小、存储位置、访问权限以及时间戳等信息。

使用 stat 命令可以查看文件的元数据，比如查看/etc/passwd 文件的元数据。

```
[root@localhost ~]# stat /etc/passwd
  文件: "/etc/passwd"
  大小: 2268          块: 8          IO 块: 4096    普通文件
设备: fd00h/64768d    Inode: 18065512    硬链接: 1
权限: (0644/-rw-r--r--)  Uid: (    0/    root)  Gid: (    0/    root)
环境: system_u:object_r:passwd_file_t:s0
最近访问: 2019-02-18 07:30:12.465033913 +0800
最近更改: 2019-02-14 08:36:22.674853382 +0800
最近改动: 2019-02-14 08:36:22.675853381 +0800
创建时间: -
```

stat 命令所显示的最后 3 行称为文件的时间戳，其中时间戳包括以下 3 种。

- 最近访问时间（access time）：查看、读取文件内容的时间。

- 最近更改时间（modify time）：文件内容改变的时间。

- 最近改动时间（change time）：文件元数据改变的时间。

例如，我们执行"cat /etc/passwd"命令查看文件内容，那么就会更改最近访问时间；如果在系统中新建了某个用户账号，改变了/etc/passwd 文件的内容，那么就会更改最近更改时间；如果将文件重命名或修改了文件的权限，那么就会更改最近改动的时间。另外，由于元数据包括文件大小等信息，因此，通常情况下只要文件内容发生了改变，文件的元数据也多半会相应发生改变。也就是说，只要文件的更改时间改变了，通常改动时间就会随之变化，而反之则未必。

需要注意的是，为了避免对硬盘频繁进行写入，Linux 系统对时间戳的修改进行了优化，尤其是访问时间，往往并不会实时改变。另外，如果时间戳某两次变化的时间间隔非常短，那么系统也将不会对时间戳进行修改。

2.6 文件查找命令

因为在 Linux 系统中一切皆文件，所以在系统运维的过程中，可能经常需要在系统中查找各种文件。若能快速准确地找到所需的文件，那么将有效提高工作效率。

下面介绍 Linux 中常用的几个文件查找命令。需要注意的是，这些命令所查找的目标是文件或目录，而之前介绍的 grep 命令查找的目标是文件中的字符串，它们之间有着本质的区别。

2.6.1 locate 命令——简单快速的文件查找命令

locate 是一个简单快速的文件查找命令。它的查找速度非常快，而且无须指定查找起始路径。

例如，找出文件 sshd_config 的所在路径。

```
[root@localhost ~]# locate sshd_config
/etc/ssh/sshd_config
```

然而，locate 只能实现模糊查找，比如我们想查找 passwd 文件的路径，执行"locate passwd"命令将会找出很多条结果，因为它会将所有的名字甚至是路径中包含"passwd"的目录和文件全部查找出来。因此，通过 locate 命令无法实现精确查找。

另外，locate 命令的查找结果依赖于事先构建好的索引数据库，而索引数据库默认情况下主要是由系统根据周期性任务计划来自动更新，因而 locate 命令只能查找到索引数据库更新之前的文件，其查找结果也未必准确。

例如，新建一个文件，使用 locate 命令就无法找到该文件。

```
[root@localhost ~]# touch test1.txt            #新建文件 test1.txt
[root@localhost ~]# locate test1.txt           #locate 无法找到该文件
```

因此，我们推荐使用功能更强大的文件查找命令——find。

2.6.2 find 命令——强大的文件查找命令

find 是 Linux 系统中功能强大的文件查找命令。它可以实现文件的精确查找，但用法相对较为复杂。find 命令的语法格式如下。

find [查找路径] [选项] [查找条件] [处理动作]

- 查找路径：默认为当前目录，可以根据需要指定任意目录作为查找路径。如果指定为"/"，那么表示在整个硬盘中进行查找。

- 查找条件：指定的查找标准，可以根据文件名、文件大小、文件类型、从属关系和权限等进行设置，默认为找出指定路径下的所有文件。

● 处理动作：对符合查找条件的文件要执行的操作，如复制、删除等，默认为输出到
屏幕。

在使用 find 命令时，最重要的是如何设置查找条件。下面介绍常用的查找条件设置选项。

（1）"-name" 选项，按名称查找，允许使用通配符

例如，在/etc 目录中查找所有名称以 "net" 开头、以 ".conf" 结尾的文件。

```
[root@localhost ~]# find /etc -name "net*.conf"
/etc/dbus-1/system.d/net.reactivated.Fprint.conf
/etc/sane.d/net.conf
```

（2）"-iname" 选项，按名称查找，不区分大小写

例如，在/etc 目录中查找所有名称中包含字符串 "net" 的文件或目录，不区分大小写。

```
[root@localhost ~]# find /etc -iname "*net*"
etc/issue.net
/etc/dbus-1/system.d/org.freedesktop.NetworkManager.conf
/etc/dbus-1/system.d/net.reactivated.Fprint.conf
......
```

（3）"-empty" 选项，查找空文件或目录

例如，查找系统中所有的空文件或目录。

```
[root@localhost ~]# find / -empty
```

（4）"-type" 选项，按文件类型查找

文件类型指的是普通文件（f）、目录（d）、符号链接文件（l）、块设备文件（b）和字
符设备文件（c）等。

例如，在/boot 目录中查找所有的子目录。

```
[root@localhost ~]# find /boot -type d
```

例如，在/etc 目录中查找所有的符号链接文件。

```
[root@localhost ~]# find /etc -type l
```

但是这样查找出来的结果只显示文件名，如果我们还想查看每个符号链接文件具体指
向什么源文件，那么可以在 find 命令中加上处理动作。处理动作 "-ls" 表示对查找到的文
件执行 "ls -l" 命令，输出文件的详细信息。

例如，在/etc 目录中查找所有的符号链接文件，并显示其详细信息。

```
[root@localhost ~]# find /etc -type l -ls
 16777284  0 lrwxrwxrwx  1 root  root  17 1 月 22 07:16 /etc/mtab ->
/proc/self/mounts
```

（5）"-size" 选项，按文件大小查找

一般使用 "+" "−" 号分别设置大于和小于指定的文件大小作为查找条件。常用的容量单位包括 k（注意是小写，即 KB）、M（MB）和 G（GB）。

例如，在/etc 目录中查找大小在 1MB 以上的文件。

```
[root@localhost ~]# find /etc -size +1M
```

例如，在/boot 目录中查找大小在 10KB 以下的文件。

```
[root@localhost ~]# find /boot -size -10k
```

（6）"-not" 选项，取反

例如，在/boot 目录中查找所有文件类型不是普通文件的文件，并显示其详细信息。

```
[root@localhost ~]# find /boot -not -type f -ls
    2     2 dr-xr-xr-x   5 root     root         1024 9月    2 00:36 /boot
65025     2 drwxr-xr-x   2 root     root         1024 9月    2 00:36 /boot/grub
65032     0 lrwxrwxrwx   1 root     root           11 9月    2 00:36 /boot/grub/
menu.lst -> ./grub.conf
```

（7）按时间戳查找

find 命令还支持按照文件时间戳进行查找，根据用户需求的不同，可以分别指定以"天"和"分钟"作为查找单位。如果以"天"为单位，那么相应的选项分别为-atime（访问时间）、-mtime（更改时间）、-ctime（改动时间）；如果以"分钟"为单位，那么相应的选项分别为-amin（访问时间）、-mmin（更改时间）、-cmin（改动时间）。同 "-size" 选项一样，也可以使用 "+" "−" 号对时间进行设置。

例如，在/tmp 目录中查找 7 天内没有被访问过的文件。

```
[root@localhost ~]# find /tmp -atime -7 -type f
```

例如，在/etc 目录中查找最近 1 天之内被改动过的文件。

```
[root@localhost ~]# find /etc -mtime -1 -type f
```

例如，在/etc 目录中查找最近 3 小时之内被修改过状态信息的文件。

```
[root@localhost ~]# find /etc -cmin -180 -type f
```

例如，在系统中查找两天前被更改过的文件。

```
[root@localhost ~]# find / -mtime -2 -type f
```

（8）"-exec" 选项，对查找到的结果进行进一步处理

"-exec" 选项后面要跟进一步处理所要执行的命令，在命令中可以使用 "{}" 表示

find 命令查找到的结果，而且最后必须添加 " \;" 表示命令结束（注意，前面有个空格）。

例如，查找/boot 目录下的以 "init" 开头的文件，并将其复制到/tmp 目录。

```
[root@localhost ~]# find /boot -name "init*" -exec cp {} /tmp \;
```

例如，在/etc 目录中查找大小在 1MB 以上的文件，并人性化显示其详细信息。

```
[root@localhost ~]# find /etc -size +1M -exec ls -lh {} \;
……
-r--r--r--. 1 root root 7.6M 9月   5 18:53 /etc/udev/hwdb.bin
-rw-r--r--. 1 root root 1.4M 4月  11 09:32 /etc/brltty/zh-tw.ctb
```

（9）同时指定多个查找条件

在 find 命令中可以同时指定多个查找条件，各个条件之间默认是逻辑 "与" 的关系。

例如，在 boot 目录中查找大小超过 1024KB，而且文件名以 "init" 开头的文件。

```
[root@localhost ~]# find /boot -size +1024k -name "init*"
```

2.6.3 xargs 命令——find 辅助命令

当在 find 命令中利用-exec 选项对查找到的结果进行进一步处理时，可能会出现问题。这是因为-exec 是将 find 命令所找到的结果一次性地传送给后面的命令进行处理，有时 find 命令可能会找到大量的文件，超出了后面的命令所能处理的参数范围，就会出现溢出错误，错误信息通常是 "参数列太长" 或 "参数列溢出"，这时就可以使用 xargs 命令。虽然 xargs 命令本身是一个独立的 Linux 命令，但它通常与 find 命令配合使用。通过 xargs 命令，可以将 find 命令所找到的结果分批次地传送给之后的命令进行处理，从而避免出现溢出问题。

xargs 命令需要通过管道与 find 命令配合使用，管道符 "|" 的具体用法将在 2.9.5 节中具体介绍。xargs 的命令格式为 "find…| xargs commands"。

下面我们先准备一个测试文件。

```
[root@localhost ~]# mkdir /tmp/pass
[root@localhost ~]# echo "password:123" >> /tmp/pass/test.txt
```

假设在/tmp 目录中存放了大量的文件，并在其中的某个文件中存放了一个密码，关键字为 "password"，我们现在希望能够将这个存放密码的文件找出来。

如果利用 find 命令的 "-exec" 选项，那么可以执行下面的命令。

```
[root@localhost ~]# find /tmp -type f -exec grep "password" {} \;
password:123
```

可以发现，虽然通过上面的命令找出了密码，但并没有显示存放该密码的文件名。下面使用 xargs 命令来实现该要求。xargs 命令就可以将关键字所在的文件一并显示出来。

```
[root@localhost ~]# find /tmp -type f | xargs grep "password"
/tmp/pass/test.txt:password:123
```

又如，我们希望将/tmp 目录及其子目录中，以 ".txt" 作为扩展名的文件都复制到/root 目录中。如果用 find 命令的 "-exec" 选项来实现，代码如下。

```
[root@localhost ~]# find /tmp -name "*.txt" -exec cp {} /root \;
```

如果用 xargs 命令来实现，那么同样需要用 "{}" 来代指 find 命令查找到的结果，并且需要为 xargs 命令添加 "-i" 选项。

```
[root@localhost ~]# find /tmp -name "*.txt" | xargs -i cp {} /root
```

通过这几个实例可以发现，xargs 命令与 find 命令的 "-exec" 选项的功能基本相同，因此，如果 "-exec" 选项可以满足要求，那么无须使用 xargs 命令。xargs 命令的主要作用是可以对 find 命令找到的结果分批处理，避免出现溢出错误。

例如，在/etc 目录中一共有 2507 个普通文件。

```
[root@localhost ~]# find /etc -type f | wc -l
2507
```

如果我们希望找出/etc 目录中所有包含关键字 "PermitRootLogin" 的文件，那么可以分别用这两种方法来实现。

```
[root@localhost ~]# find /etc -type f -exec grep "PermitRootLogin" {} \;
#PermitRootLogin yes
# the setting of "PermitRootLogin without-password".
[root@localhost ~]# find /etc -type f | xargs grep "PermitRootLogin"
/etc/ssh/sshd config:#PermitRootLogin yes
/etc/ssh/sshd_config:# the setting of "PermitRootLogin without-password".
```

可以发现，在使用 "-exec" 选项的方法实现时，出现了明显的卡顿，如果数据量再大一些的话，可能就会导致溢出。而用 xargs 命令来实现，一方面更为快速，另一方面不会出现溢出问题，而且显示的内容也更为详细。因此，在进行这类操作时，推荐使用 xargs 命令。

2.7 内部命令和外部命令

2.7.1 什么是内部命令和外部命令

Linux 系统中的命令总体上分为内部命令和外部命令两大类。

- 内部命令：指的是集成在 Shell 中的命令，属于 Shell 的一部分。只要 Shell 被执行，内部命令就自动载入内存，用户可以直接使用，如 cd、pwd、echo 命令等。

- 外部命令：考虑到运行效率等原因，不可能把所有的命令都集成在 Shell 中，更多的 Linux 命令是独立于 Shell 之外的，这些就称为外部命令，如 cp、ls 等都属于外部命令。

Linux 系统中的绝大多数命令属于外部命令，而每个外部命令都对应了系统中的一个可执行的二进制程序文件（binary file）。这些二进制程序文件主要存放在下列目录中。

- 普通命令：/bin、/usr/bin 和/usr/local/bin。

- 管理命令：/sbin、/usr/sbin 和/usr/local/sbin。

其中，普通命令是指所有用户都可以执行的命令，而管理命令则只有管理员 root 才有权限执行。

Linux 系统默认将外部命令程序文件的存放路径保存在一个名为 PATH 的环境变量中，执行 "echo $PATH" 命令可以显示出 PATH 变量里保存的目录路径（路径之间用 ":" 间隔）。

```
[root@localhost ~]# echo $PATH
/usr/lib64/qt-3.3/bin:/usr/local/sbin:/usr/local/bin:/sbin:/bin:/usr/sbin:
/usr/bin:/root/bin
```

当用户输入命令并执行时，Shell 首先检查命令是否是内部命令，若不是，Shell 就会从 PATH 变量所保存的这些路径中寻找外部命令所对应的程序文件。只有找到了程序文件，才能正确地去执行命令。这也就意味着，如果把一个外部命令所对应的程序文件删除，或者存放外部命令程序文件的目录没有被添加到 PATH 变量里，这会导致外部命令无法正常执行。

当然，如果用户每执行一条命令都要去 PATH 变量中查找程序文件路径，那么势必会影响命令执行效率，因而 Linux 系统会将用户在当前 Shell 中所执行的外部命令程序文件路径缓存下来，这样当再次执行同样的命令时，就会直接从缓存中调用，而无须在 PATH 变量中查找。

执行 hash 命令可以查看当前 Shell 所缓存的命令程序文件路径。

```
[root@localhost ~]# hash
命中          命令
   3          /usr/sbin/fdisk
   3          /usr/bin/cat
   1          /usr/bin/ls
   1          /usr/bin/vimtutor
   1          /usr/sbin/partprobe
```

2.7.2　type 命令——判断是内部命令还是外部命令

Linux 系统中的绝大多数命令属于外部命令。用户可以通过 type 命令来判断一个命令到底是内部命令还是外部命令。

```
[root@localhost ~]# type cd
cd 是 shell 内嵌
```

提示信息"cd 是 shell 内嵌"表明 cd 是一个内部命令。

```
[root@localhost ~]# type find
find 是 /usr/bin/find
```

提示信息"find 是 /usr/bin/find"显示 find 命令所对应的程序文件路径。这表明 find 是一个外部命令。

对于初学者，不必刻意地去分辨一个命令到底是内部命令还是外部命令，只需了解相关概念。

2.7.3　which 命令——查找外部命令所对应的程序文件

Linux 系统提供了一个专门用于查找外部命令所对应的程序文件的命令——which，其搜索范围由环境变量 PATH 决定。

例如，查找 ls 命令所对应的程序文件。

```
[root@localhost ~]# which ls
alias ls='ls --color=auto'
/bin/ls
```

执行 which ls 命令后，首先显示出系统中所设置的 ls 命令的别名，然后是 ls 命令的程序文件"/bin/ls"。

2.8　其他辅助命令

Linux 系统中还有一些命令，用法和功能都比较简单，放在这里集中介绍。

2.8.1　ln 命令——为文件或目录建立链接

ln 命令用于为文件或目录建立快捷方式（在 Linux 系统中称为链接文件）。

ln 命令的语法格式如下。

ln [选项] 源文件 目标文件

链接文件分为硬链接和软链接两种类型，主要区别是既不能对目录创建硬链接，也不能跨越不同分区创建硬链接文件，而软链接则没有这些限制，因此，平时使用的大多是软链接。在创建软链接时，需要使用"-s"选项。

例如，在"/root"目录中为 SSH 服务配置文件"/etc/ssh/sshd_config"创建一个名为"ssh"的软链接。

```
[root@localhost test]# ln -s /etc/ssh/sshd_config /root/ssh
```

查看这个链接文件的详细信息，可以看到其对应的源文件。

```
[root@localhost ~]# ls -l /root/ssh
lrwxrwxrwx. 1 root root 20 1月  29 08:03 /root/ssh -> /etc/ssh/sshd_config
```

同 Windows 中的快捷方式一样，对链接文件所做的操作都会对应到源文件上。但是，如果使用 rm 命令删除链接文件，那么将只删除该链接文件，而实际的源文件仍然存在。

2.8.2　alias 命令——设置命令别名

命令别名通常是命令的缩写，对于经常使用的命令，通过设置别名可以简化操作，提高工作效率。

alias 命令的语法格式如下。

alias [别名='标准 Shell 命令行']

单独执行 alias 命令可以列出当前系统中已经存在的别名命令。

```
[root@localhost ~]# alias
alias cp='cp -i'
alias l.='ls -d .* --color=auto'
alias ll='ls -l --color=auto'
alias ls='ls --color=auto'
alias mv='mv -i'
alias rm='rm -i'
```

可以发现其中有一个系统定义的别名命令"ll"，执行"ll"就相当于执行"ls -l"命令。

例如，设置命令别名 cpd，其功能是查看/etc/passwd 文件的内容。

```
[root@localhost ~]# alias cpd='cat /etc/passwd'
```

在执行这个命令时，需要注意："="的两边不能有空格，在标准命令的两端要使用单引号。这样以后只要执行 cpd 就相当于执行了"cat /etc/passwd"命令。

如果要取消所设置的别名命令，那么可以使用 unalias 命令。

```
[root@localhost ~]# unalias cpd
```

需要注意的是，利用 alias 命令设定的别名命令仅对当前 Shell 进程有效，其有效期限持续到用户退出登录为止。当用户下一次登录系统时，该别名命令已经无效。如果希望别名命令在用户每次登录时都有效，就应该将 alias 命令写入相应的配置文件中。这里具体又分为两种情况：如果希望别名命令对系统中所有的用户都有效，那么应该修改全局配置文件"/etc/bashrc"；如果希望别名命令仅对指定的用户有效，那么应该修改相应用户家目录中的".bashrc"文件。另外，修改完配置文件后，所做的配置并不会立即生效，还需要用 source 命令重新加载相应的配置文件，如"source ~/.bashrc"，具体内容将在 7.2.2 节中介绍。

2.8.3 history 命令——查看命令历史记录

Shell 进程会在会话中保存此前用户曾经执行的命令。在 Bash 中查看命令历史记录的方法是使用上下方向键，而要查看所有或部分的命令历史记录，则使用 history 命令。

直接执行 history 命令可以列出用户登录后曾执行的所有命令。另外，history 命令还有以下用法。

（1）指定所要查看的历史命令范围

history 命令后加上数字就可以指定列出哪些范围内的历史命令，如"history 3"就是要列出最近执行过的 3 条历史命令。

```
[root@localhost ~]# history 3          #列出最近执行过的 3 条历史命令
15 wc /etc/resolv.conf
16 wc -l /etc/passwd
17 history 3
```

（2）重新执行某条历史命令

在每一个执行过的 Shell 命令行前均有一个编号，代表其在历史列表中的序号。如果想重新执行其中某一条命令，那么可以采用"!序号"的格式。

```
[root@localhost ~]#history !16         #把第 16 条命令重新执行一遍
```

（3）删除指定的历史命令

"-d"选项可以删除指定的历史命令。例如，删除第 16 条历史命令。

```
[root@localhost ~]#history -d 16       #删除第 16 条历史命令
```

（4）删除缓存中的历史命令

"-c"选项可以删除当前缓存中的所有历史命令。

```
[root@localhost ~]#history -c              #删除缓存中的历史命令
```

系统中默认可以保存多少条历史命令呢？这个参数值保存在环境变量 HISTSIZE 中，通过 echo 命令查看变量的值，可以看到默认是 1000 条。

```
[root@localhost ~]# echo $HISTSIZE         #查看系统可以保存的历史命令条数
1000
```

系统重启之后，之前执行过的历史命令并不会丢失，这是由于这些命令都保存在指定的文件中。环境变量 HISTFILE 中存放了用于保存历史命令的文件路径。

```
[root@localhost ~]# echo $HISTFILE         #查看保存历史命令的文件路径
/root/.bash_history
```

可以看到，这个文件是在用户家目录下的 ".bash_history" 文件（隐藏文件），需要说明的是，这个文件中并不会保存用户刚刚执行的命令，因为这些命令在用户退出时才会自动保存到文件中。

（5）将缓存中的历史命令保存到文件中

执行 "history –w" 命令可以将缓存中的历史命令保存到 ".bash_history" 文件中。

```
[root@localhost ~]# history -w             #将缓存中的历史命令保存到文件中
```

（6）将文件中的历史命令读取到缓存中

执行 "history –r" 命令可以将 ".bash_history" 文件中的历史命令读取到缓存中。

```
[root@localhost ~]# history -r             #将".bash_history"文件中的历史命令读
#取到缓存中
```

因而，如果要清除系统中所有的历史命令，那么既需要执行 "history -c" 清除缓存中的命令，又需要清除 "~/.bash_history" 文件中存放的命令。

2.8.4　help 命令——查看命令帮助信息

Linux 系统中有如此多的命令，如果在日常工作中遇到了一个不熟悉的 Linux 命令，那么我们如何了解它的作用及可用选项呢？这就要用到帮助命令。

在默认情况下，通过 help 命令可以查看内部命令的帮助信息。

例如，查看 pwd 命令的帮助信息。

```
[root@localhost ~]# help pwd
pwd: pwd [-LP]
    打印当前工作目录的名字
```

```
        选项：
          -L      打印 $PWD 变量的值，如果它命名了当前的
        工作目录
          -P      打印当前的物理路径，不带有任何的符号链接
        ......
```

当用 help 查看外部命令的帮助信息时，会报错。

```
[root@localhost ~]# help ls
-bash: help: 没有与 'ls' 匹配的帮助主题。尝试 'help help' 、'man -k ls' 或
者 'info ls'.
```

对于外部命令，可以使用一个通用的命令选项"--help"，以查看命令的简要帮助信息。

例如，使用"--help"选项查看 ls 命令的简要帮助信息。

```
[root@localhost ~]# ls --help
用法: ls [选项]... [文件]...
List information about the FILEs (the current directory by default).
Sort entries alphabetically if none of -cftuvSUX nor --sort is specified.
......
```

2.8.5　man 命令——查看命令帮助手册

help 命令查看的帮助信息较为简略，如果要查看更为详尽的帮助信息，那么可以使用 man（manual）命令。

例如，查看 ls 命令的帮助手册。

```
[root@localhost ~]# man ls
```

执行 man 命令后，将进入类似于 less 命令的阅读环境，按<Q>键可以退出。

无论是内部命令还是外部命令，都可以使用 man 命令查看其帮助手册。

2.8.6　clear 命令——清屏

clear 命令可以清除当前终端屏幕的内容，另外，<Ctrl+L>组合键也可以起到相同的效果。

2.9　重定向和管道

重定向和管道是 Linux 系统进程间的一种通信方式，在系统管理中起着举足轻重的作用。

2.9.1 标准输入与输出

Linux 系统中的绝大多数程序在运行时要进行输入和输出的操作。输入操作告诉程序所要处理的数据，输出操作则将程序的处理结果显示出来。由于 Linux 中一切皆文件，因此负责输入和输出的硬件设备也被视为系统中的一个文件。在用户通过操作系统处理信息的过程中，包括以下 3 类交互设备文件。

- 标准输入（Stdin）：默认的设备是键盘，文件描述符为 0，程序从标准输入文件中读取在执行过程中需要的数据。

- 标准输出（Stdout）：默认的设备是显示器，文件描述符为 1，程序将执行后的输出结果发送到标准输出文件。

- 标准错误（Stderr）：默认的设备是显示器，文件描述符为 2，程序将执行时产生的错误信息发送到标准错误文件。

标准输入、标准输出和标准错误默认使用键盘和显示器作为关联的设备，因此，当执行命令时，会从键盘接收用户的输入数据，并将执行结果显示在屏幕上。如果命令执行错误，那么也会将错误信息显示在屏幕上反馈给用户。

一个 Linux 程序通常从标准输入中得到输入数据，并将正常数据输出到标准输出，将错误信息输出到标准错误。图 2-2 是标准输入与输出的相关示意图。

图 2-2 标准输入与输出示意图

在某些情况下，我们可能会希望从键盘以外的其他输入设备读取数据，或者将数据传送到显示器以外的其他输出设备，这种情况就称为重定向。Shell 中的输入/输出重定向主要依靠重定向符号来实现，重定向的目标通常是一个文件。简单用一句话来概括：使用输入重定向能够把文件导入命令中，而输出重定向则能够把原本要输出到屏幕的信息写入指定文件中。

管道则为输入和输出重定向的结合，一个程序向管道的一端发送数据，而另一个程序从该管道的另一端读取数据，即"把前一个命令原本要输出到屏幕的数据当作后一个命令的标准输入"。管道为不同命令之间的协同工作提供了一种机制，其符号是"|"。

2.9.2 标准输出重定向

相比输入重定向，输出重定向的使用要更频繁。通常所说的重定向默认是指输出重定向。

　　输出重定向是将命令的输出结果重定向到一个文件中，而不是显示在屏幕上。在很多情况下可以使用这种功能。例如，编写一个对系统运行情况进行监控的脚本，脚本运行之后会输出一些信息，我们可以将这些输出信息重定向到一个文件中，以备随时查看。

　　输出重定向使用">"和">>"操作符，分别用于覆盖、追加文件内容。

　　如果">"重定向符后指定的文件不存在，那么在命令执行过程中将新建该文件，并将命令结果保存到文件中。如果">"重定向符后指定的文件存在，那么命令执行时将清空文件的内容并将命令结果保存到文件中。

　　例如，查看/etc/passwd 文件的内容，并将输出结果保存到 pass.txt 文件中。

```
[root@localhost ~]# cat /etc/passwd > pass.txt
```

　　执行该命令后，会在当前目录下生成一个名为 pass.txt 的文件。文件中的内容就是"cat /etc/passwd"命令执行的结果。

　　如果">"重定向的目标是一个已经存在的文件，那么就会将文件中的原有内容清空。因此，在使用">"重定向时应慎重，确保不会丢失重要数据。">>"重定向操作符可以将命令执行的结果重定向并追加保存到指定文件的末尾，而不覆盖文件中原有的内容。

　　例如，查看/etc/shadow 文件的后 3 行内容，并将输出结果追加保存到 pass.txt 文件中。

```
[root@localhost ~]# tail -3 /etc/shadow >> pass.txt
```

　　灵活使用重定向可以实现很多其他功能。例如，执行下面的命令就可以将 1.txt 和 2.txt 这两个文本文件的内容合并到文件 3.txt 中。

```
[root@localhost ~]# cat 1.txt 2.txt > 3.txt
```

　　执行下面的命令可以将文件 1.txt 的内容复制到 2.txt 中，2.txt 中原有的内容将被覆盖。

```
[root@localhost ~]# cat 1.txt > 2.txt
```

　　执行下面的命令可以将文件 1.txt 的内容追加到 2.txt 中。

```
[root@localhost ~]# cat 1.txt >> 2.txt
```

2.9.3　标准输入重定向

　　输入重定向就是将命令接收输入的途径由默认的键盘重定向为指定的文件，输入重定向需要使用"<"操作符。

　　例如，通过输入重定向查看/etc/passwd 文件的内容。

```
[root@localhost ~]# cat < /etc/passwd
root:x:0:0:root:/root:/bin/bash
bin:x:1:1:bin:/bin:/sbin/nologin
daemon:x:2:2:daemon:/sbin:/sbin/nologin
……
```

可以发现，命令的执行结果与不使用重定向是完全一样的，这是因为对于 cat 命令，它的标准输入设备是键盘，我们之前所执行的命令 "cat /etc/passwd" 本身就是将输入重定向到了文件，相当于默认使用 "<" 操作符。

又如，我们直接执行 cat 命令，那么就会从标准输入设备（也就是键盘）上获取数据。此时，屏幕上会原样显示我们在键盘上输入的信息，直至按<Ctrl+D>组合键结束。

```
[root@localhost ~]# cat
how are you
how are you
happy every day
happy every day
```

除 "<" 之外，输入重定向的操作符还有 "<<"，表示在此处创建文档。例如，我们执行下面的命令。

```
[root@localhost ~]# cat << EOF
> Hello World
> How are you
> Bye
> EOF
Hello World
How are you
Bye
```

在上面这条命令中，使用了重定向操作符 "<<"，在它后面可以接一个结束标记（这里用的是 EOF）。在执行 "cat << EOF" 命令之后，我们就可以像写一篇文档一样从键盘上输入数据。如果要结束输入，那么就输入结束标记 EOF，这时系统就会把我们刚才所输入的信息原样显示在屏幕上。

利用该功能，我们可以将一段连续的信息输入指定的文档中。例如，将之前输入的信息存放到 test.txt 文件中。

```
[root@localhost ~]# cat > test.txt << EOF
> Hello World
> How are you
> Bye
> EOF
[root@localhost ~]# cat test.txt
```

```
Hello World
How are you
Bye
```

该功能还经常被用来制作 Shell 脚本的输出标题。

```
[root@localhost ~]# cat << EOF
>         ************************
>              欢迎使用测试脚本
>         ************************
> EOF
        ************************
             欢迎使用测试脚本
        ************************
```

注意，结束标记并非只能使用 EOF（End Of File），而是可以根据需要自行定义。当要结束输入时，结束标记必须要在最后一行的行首顶格书写。

2.9.4　标准错误重定向

标准错误重定向就是将命令执行过程中出现的错误信息重新定向并保存到指定的文件中，而不是直接显示在屏幕上。由于标准错误所对应的设备也是显示器，因此为了与标准输出进行区分，标准错误重定向的表示符号是 "2>"，2 是标准错误输出的文件描述符。其实之前在使用标准输入重定向、标准输出重定向时也应分别使用 0、1 描述符，只是因为这是默认值，所以通常会省略。

例如，执行下面的 find 命令，命令执行后既有正确查找结果，又有错误提示信息。

```
[root@localhost ~]# find / -user student
find: '/proc/55112/task/55112/fd/6': 没有那个文件或目录
find: '/proc/55112/task/55112/fdinfo/6': 没有那个文件或目录
find: '/proc/55112/fd/6': 没有那个文件或目录
find: '/proc/55112/fdinfo/6': 没有那个文件或目录
/var/spool/mail/student
/home/student
/home/student/.mozilla
......
```

我们将上面这条命令的执行结果重定向保存到一个指定的文件 find1.txt 中，但是屏幕上依然出现了错误信息。这是由于在默认情况下只能重定向标准输出而无法重定向标准错误。查看 find1.txt 文件，其中保存的也仅有正确查找结果。

```
[root@localhost ~]# find / -user student > find1.txt
find: '/proc/55121/task/55121/fd/6': 没有那个文件或目录
find: '/proc/55121/task/55121/fdinfo/6': 没有那个文件或目录
find: '/proc/55121/fd/6': 没有那个文件或目录
```

```
find: '/proc/55121/fdinfo/6': 没有那个文件或目录
```

但是，在某些情况下，我们所关注的可能恰恰就是错误输出信息，比如需要将某个程序运行过程中产生的错误信息都保存到指定的文件中，这时就需要专门针对错误信息进行重定向了。我们再次执行这条命令，并将错误信息重定向保存到 find2.txt 文件中，这时在屏幕上就只显示正确查找结果，而在 find2.txt 文件中则专门存放错误信息。

```
[root@localhost ~]# find / -user student 2> find2.txt
/var/spool/mail/student
/home/student
/home/student/.mozilla
......
```

有时我们还可能需要将程序运行的所有信息，无论其是正确还是错误，都保存到指定文件中，这时就可以使用符号"&>"或"&>>"来合并正常输出和错误输出。

```
[root@localhost ~]# find / -user student &> find3.txt
```

在 Linux 中，还提供了一个特殊的设备文件/dev/null，这是一个被称为"黑洞"的空设备文件，任何进入该设备的数据都将被"吞并"。如果我们将重定向的目标指向它，那么系统将不会有任何的反应或显示，相当于将这部分信息被丢弃了。有的命令在执行过程中会产生一些错误信息，而我们并不关心这些错误信息，只想看到正常执行的结果，这时就可以通过将标准错误重定向到/dev/null 文件，来过滤这些错误信息。

例如，只显示 find 命令查找的正确结果，过滤错误信息。

```
[root@localhost ~]# find / -user student 2> /dev/null
/var/spool/mail/student
/home/student
/home/student/.mozilla
......
```

对于黑洞文件/dev/null，也可以灵活使用，比如清空一个文件的内容。

```
[root@localhost ~]# cat /dev/null > test.txt
```

2.9.5 管道符"|"

通过管道符"|"，可以把多个简单的命令连接起来以实现更加复杂的功能。

管道符"|"用于连接左右两个命令，将"|"左边命令的执行结果作为"|"右边命令的输入，这样"|"就像一根管道一样连接着左右两条命令，并在管道中实现数据从左至右的传输。

例如，ls 命令与 more 命令通过管道符组合使用，便可以实现目录列表分页显示的功能。

例如，分页显示/etc 目录下所有文件和子目录的详细信息。

```
[root@localhost ~]# ls -lh /etc | more
```

ls 命令与 grep 命令通过管道符组合可以只显示目录列表中包含特定关键字的列表项。

例如，显示/etc 目录下包含"net"关键字的所有文件和子目录的详细信息。

```
[root@localhost ~]# ls -lh /etc | grep net
-rwxr-xr-x. 1 root root 1.3K 4 月 10 2012 auto.net
-rw-r--r--. 1 root root 74 5 月 31 2012 issue.net
-rw-r--r--. 1 root root 767 11 月 30 2009 netconfig
-rw-r--r--. 1 root root 58 5 月 23 2012 networks
drwxr-xr-x. 2 root root 4.0K 1 月 8 19:14 xinetd.d
```

例如，查看/etc/ssh/sshd_config 文件中除了以"#"开头的行和空行的内容。

```
[root@localhost ~]# grep -v "^#" /etc/ssh/sshd_config | grep -v "^$"
HostKey/etc/ssh/ssh_host_rsa_key
HostKey/etc/ssh/ssh_host_ecdsa_key
HostKey/etc/ssh/ssh_host_ed25519_key
……
```

例如，从/etc/passwd 文件中取出第 10 行。

```
[root@localhost ~]# head /etc/passwd | tail -1
operator:x:11:0:operator:/root:/sbin/nologin
```

2.10 Vi 编辑器的使用

在 Linux 系统中，一般使用配置文件来控制服务的运行，因而很多服务功能需要通过修改配置文件来实现。在字符界面下修改文件的内容要用到一个名叫 Vi（Visual interface）编辑器的工具。Vi 是 Linux 系统中使用极为广泛的文本编辑器。它可以在任何 Shell、字符终端或基于字符的网络连接中使用，能够高效地在文件中进行编辑、删除、替换和移动等操作。

Vi 是一个基于 Shell 的全屏幕文本编辑器，它没有菜单，全部操作都基于命令。Vim 是 Vi 编辑器的增强版本，在 Vi 编辑器的基础上扩展了很多实用的功能，但是习惯上也将 Vim 称作 Vi。实际上我们平常使用的大多是 Vim。

Vi 编辑器本身的命令格式很简单，具体如下。

```
vim [文件名]
```

如果指定的文件不存在，则 vim 命令会创建文件并进入编辑状态；如果文件存在，则进入编辑状态对其进行编辑。

2.10.1　Vi 编辑器的工作模式

由于 Vi 是一个工作在字符界面下的编辑器，因此它的大部分功能都是通过命令或快捷键来实现的，操作相对于那些图形界面下的编辑工具要复杂一些。当用户熟悉了 Vi 的常用操作之后，将会发现 Vi 的使用也是非常灵活和便捷的。

在 Vi 编辑界面中，有 3 种不同的工作模式：命令模式、插入模式和末行模式。如图 2-3 所示，不同的工作模式所具备的功能不同。

- 命令模式。启动 Vi 编辑器后默认进入命令模式，主要完成光标移动、字符串查找、删除、复制和粘贴等操作。不论用户处于何种模式，只要按<Esc>键，即可进入命令模式。

- 插入模式。在命令模式下，输入"i"（a 或 o）或按<Insert>键就可以切换到插入模式。该模式中的主要操作就是输入文件内容，可以对文件正文进行修改，或者添加新的内容。处于插入模式时，Vi 编辑器的最后一行会出现"-- 插入 -- "的状态提示信息。

- 末行模式。在命令模式下，输入":"即可进入末行模式，可以保存文件、退出编辑器，以及对文件内容进行查找、替换等操作。当处于末行模式时，Vi 编辑器的最后一行会出现":"提示符。

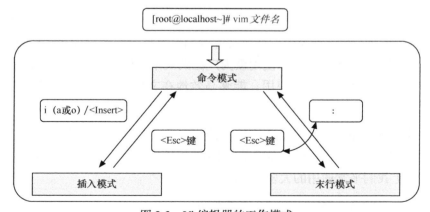

图 2-3　Vi 编辑器的工作模式

Vi 编辑器中涉及的命令和快捷键非常多。下面以一个具体的实例来介绍一些常用的操作。

将 SSH 服务的配置文件/etc/ssh/sshd_config 复制到/root 目录中，以它为对象用 Vi 编辑器进行编辑。

```
[root@localhost ~]# cp /etc/ssh/sshd_config ./
[root@localhost ~]# vim sshd_config
```

2.10.2　命令模式的基本操作

在命令模式下可以完成光标移动，删除、复制和粘贴，文件内容查找，撤销编辑等操作。

1. 光标移动

在命令模式下，可以直接使用键盘方向键完成光标移动，也可以使用<PgUp>或<PgDn>向上或向下翻页。

图 2-4 列出了一些光标移动的常用快捷键。

为了便于查看行间跳转效果，可以先进入末行模式，执行":set nu"显示行号，然后使用"1G"或"gg"可以跳转到第 1 行，使用"G"可以跳转到最后一行，使用"3G"可以跳转到第 3 行，使用"5G"可以跳转到第 5 行等。

❖ **光标移动**

操作类型	操作键	功能
光标方向移动	↑、↓、←、→	上、下、左、右
翻页	PgDn或Ctrl+F	向下翻动一整页内容
	PgUp或Ctrl+B	向上翻动一整页内容
行内快速跳转	Home键或输入 "^"、数字 "0"	跳转至行首
	End键或输入 "$"	跳转到行尾
	#→	向右移动#个字符
	#←	向左移动#个字符
行间快速跳转	1G或者gg	跳转到文件的首行
	G	跳转到文件的末行
	#G	跳转到文件中的第#行
行号显示	:set nu	在编辑器中显示行号
	:set nonu	取消编辑器中的行号显示

图 2-4　光标移动常用快捷键

输入"^"或数字"0",可以将光标移动到所在行的行首。输入"$"或按下<End>键,可以将光标移动到所在行的行尾。输入 10 并按右方向键,可以将光标向右移动 10 个字符;输入 10 并按左方向键,可以将光标向左移动 10 个字符。

2. 复制、粘贴和删除

图 2-5 列出了一些复制、粘贴和删除操作的常用快捷键。

❖ 复制、粘贴和删除

操作类型	操作键	功能
删除	x或<Delete>	删除光标处的单个字符
	dd	删除当前光标所在行
	#dd	删除从光标处开始的#行内容
	d^	删除当前光标处到行首的所有字符
	d$	删除当前光标处到行尾的所有字符
复制	yy	复制当前行整行的内容到剪贴板
	#yy	复制从光标处开始的#行内容
粘贴	p	粘贴剪贴板中的内容

图 2-5　复制、粘贴和删除操作的常用快捷键

使用"x"或按<Delete>键可以删除光标处的单个字符,"#x"(#用具体数字替换)表示可以删除#个字符。

使用"dd"命令可以删除当前光标所在行,使用"d^"可以删除光标所在处到行首的所有字符,使用"d$"可以删除光标所在处到行尾的所有字符。

使用"#dd"命令(#用具体数字替换)可以删除#行,如"4dd"表示删除光标所在行,以及光标下面的 3 行。

使用"yy"命令可以复制当前行的内容到剪贴板,使用"#yy"可以复制从光标处开始的#行内容。

输入"p"可粘贴剪贴板中的内容,如果剪贴板中的内容为整行,那么粘贴在当前光标所在行的下方,否则粘贴到当前光标所在处的后方。

3. 文件内容查找

图 2-6 列出了一些文件内容查找操作的常用快捷键。

❖ 文件内容查找

操作键	功能
/word	自上而下在文件中查找字符串 "word"
?word	自下而上在文件中查找字符串 "word"
n	定位下一个匹配的被查找字符串
N	定位上一个匹配的被查找字符串

图 2-6 文件内容查找操作的常用快捷键

在命令模式下，按</>键后输入指定的字符串，将从当前光标处开始向后进行查找。例如，输入 "/sshd"，按<Enter>键后将查找文件中的 "sshd" 字符串并高亮显示结果，光标自动移动到第一个查找结果处，输入 "n" 移动到下一个查找结果处，输入 "N" 移动到上一个查找结果处。

"?" 可以自当前光标处开始向上查找，用法与 "/" 类似。

4. 撤销编辑

图 2-7 列出了一些撤销编辑操作的常用快捷键。

操作键	功能
u	按一次取消最近的一次操作 多次重复输入u，恢复已进行的多步操作
U	用于取消对当前行所做的所有编辑
Ctrl+R	重做最后一次所撤销的操作

图 2-7 撤销编辑快捷键

输入 "u" 可以撤销最近一次的操作，并恢复操作结果，默认情况下最多可以撤销 50 次操作。

输入 "U" 可以撤销对当前行所做的所有编辑。

2.10.3 插入模式的基本操作

当我们需要对文件内容进行修改的时候，一般转换到插入模式。从命令模式转换到插入模式的方法主要有以下 3 种。

- 输入 i：在光标所在处输入。

- 输入 a：在光标所在的下一个字符处插入。
- 输入 o：在光标所在处下方新起一行，光标处在行首。

如果要直接在光标所在行插入内容，那么可以使用"i"或"a"；如果要新起一行插入内容，那么推荐使用"o"。

2.10.4　末行模式的基本操作

在命令模式下输入"："可以切换到末行模式。Vi 编辑器的最后一行将显示"："提示符，用户可以在该提示符后输入特定的末行命令。

1.　保存并退出 Vi 编辑器

图 2-8 列出了保存并退出操作的常用命令。

❖ 保存文件及退出Vi编辑器

功能	命令	备注
保存文件	:w	
	:w /root/newfile	另存为其他文件
退出Vi编辑器	:q	退出Vi编辑器
	:q!	放弃对文件内容的修改，并退出Vi编辑器
保存文件并退出Vi	:wq	

图 2-8　保存并退出操作常用命令

":w"可以保存文件内容，如果需另存为其他文件，则应指定新的文件名，如":w /root/newfile"。

":q"可以退出 Vi 编辑器，":q!"可以不保存强制退出。

":wq"保存并退出。另外，"x"也同样可以实现保存并退出的功能。

2.　文件内容替换

在末行模式下，使用 s 命令能够将文件中特定的字符串替换成新的内容。使用替换功能时的末行命令格式如下。

: [替换范围] s/旧的内容/新的内容[/g] [/c]

图 2-9 列出了一些常用的文件内容替换操作示例。

❖ 文件内容替换

命令	功能
:s /old/new	将当前行中查找到的第一个字符串 "old" 替换为 "new"
:s /old/new/g	将当前行中查找到的所有字符串 "old" 替换为 "new"
:#,# s/old/new/g	在行号 "#,#" 范围内替换所有的字符串 "old" 为 "new"
:% s/old/new/g	在整个文件范围内替换所有的字符串 "old" 为 "new"
:s /old/new/c	在替换命令末尾加入c命令，将对每个替换动作提示用户进行确认

图 2-9　替换操作举例

如果替换范围用 "%"，则表示在整个文件内容中进行查找并替换。用户也可以使用 "12,23" 的形式，表示只对 12～23 行中的特定字符串进行替换。如果不指定范围，则只对当前所在行进行操作。

末尾的 "/g" 部分是可选内容，表示对替换范围内每一行的所有匹配结果都进行替换，省略 "/g" 则表示只替换每行中的第一个匹配结果。

"/c" 表示每次替换前都要进行询问，要求用户确认。

例如，将整个文档中所有的 ssh 都替换成 SSH。

```
: % s/ssh/SSH/g
```

注意，如果 "/g" 和 "/c" 要一起使用，则应采用 "/gc" 的形式。

2.10.5　可视模式的基本操作

除上述 3 种常规模式之外，Vi 编辑器还有一种可视模式，其操作较为简单，下面仅做简单介绍。

在命令模式下输入 "v" 便可以进入可视模式，此时左右移动方向键，就会将光标所经过区域的字符选中，然后可以输入 "y" 进行复制，输入 "d" 进行删除，或是输入 "p" 进行粘贴。不论执行何种操作，在操作结束之后，都会自动退出可视模式。

另外，也可以输入 "V" 进入可视模式，此时就会按行选定光标所经过的区域，而之前输入 "v" 进入可视模式则是按字符选定内容，这是两者的不同之处。

总之，可视模式为我们提供了一种更为简便的对部分字符进行复制、删除等操作的处理方式。

2.10.6   Vi 编辑器案例

Vi 编辑器看似复杂，但常用的操作其实也就几个，而且同样的一个操作往往有好几种不同的实现方法。至于到底用哪种方法，则完全可以凭个人的喜好选择。

Vi 编辑器提供了一个官方练习教程，在命令行下输入 vimtutor 即可打开运行。

```
[root@localhost ~]# vimtutor
==============================================================================
=      欢      迎      阅      读      《 V I M 教 程 》 —— 版本 1.7      =
==============================================================================

     Vim 是一个具有很多命令的功能非常强大的编辑器。限于篇幅，在本教程当中
     就不详细介绍了。本教程的设计目标是讲述一些必要的基本命令，而掌握好这
     些命令，您就能够很容易地将 Vim 当作一个通用编辑器来使用了。

     完成本教程的内容需要 25～30min，取决于您训练的时间。
~~~~~~~~~~~~~~~~~~~~~~~~~~~~~~~~~~~~~~~~~~~~~~~~~~~~~~~~~~~~~~~~~~~~~~~~~~~~~~~~
```

下面是本书提供的一个 Vi 编辑器任务训练，读者可以自行练习。如果能熟练完成这个任务，那么 Vi 编辑器也就掌握得差不多了。

（1）在/root 目录下建立一个名为 vitest 的目录

```
mkdir /root/vitest
```

（2）将文件/etc/ssh/sshd_config 复制到/root/vitest 目录中

```
cp /etc/ssh/sshd_config /root/vitest
```

（3）使用 Vi 编辑器打开文件/root/vitest/sshd_config，对其进行编辑

```
vim /root/vitest/ sshd_config
```

（4）在 Vi 编辑器中设定行号

```
:set nu
```

（5）移动光标到第 49 行，再向右移动 17 个字符，说出你看到的是什么字符

先输入 "49G"，再输入 "17" 并按右方向键，会看到 "yes"。

（6）移动光标到第 1 行，并且向下搜寻 "DNS" 字符串，请问它在第几行

先输入 "gg"，然后输入 "/DNS" 搜寻，会看到它在第 129 行。

（7）将 50～100 行的 ssh 改为 SSH，并且逐个确认是否需要修改

```
:50,100 s/ssh/SSH/gc
```

（8）修改完之后，突然反悔了，要全部复原，有哪些方法

①一直输入"u"直到恢复到原始状态；②使用不储存离开:q!

（9）复制 51～60 行的内容，并且粘贴到最后一行之后

先输入"51G"，然后再输入"10yy"，之后输入"G"到最后一行，再输入"p"粘贴 10 行。

（10）删除 11～30 行

输入"11G"之后，再输入"20dd"即可删除这 20 行。

（11）保存并退出

```
:wq
```

思考与练习

1. 分别说明根目录下常见的子目录/root、/etc、/dev、/var、/home、/bin 和/sbin 的作用。

2. 切换工作目录到/usr/src，并执行命令查看当前所在的目录。

3. 当前所在的工作目录是/usr/src，切换工作目录到当前目录的上一级目录。

4. 将工作目录切换到当前用户的家目录。

5. 查看/dev 目录中所有文件的详细信息（包含隐藏文件），在 Linux 系统中，隐藏文件的标识是什么？在显示的文件详细信息中，第一组数的第 1 个字符代表文件类别，"-""d""l""c""b"分别代表的是哪种类别的文件？

6. 以长格式显示/etc/inittab 文件的详细信息。

7. 在 root 用户的家目录中创建一个名为 test1 的目录。

8. 在/root/test1 目录中创建一个名为 temp1 的空文件。

9. 复制文件/root/test1/temp1 进行备份，仍然保存在/root/test1/目录下，备份的文件名为 temp1.bak。

10. 将文件/root/test1/temp1.bak 移动到/tmp/目录下，并改名为 temp.bak。

11. 将/root/test1/目录强制删除。

12. 以长格式显示/etc 目录本身的详细信息。

13. 查看操作系统的版本信息。

14. 将/etc 目录中所有以 ".d" 结尾的文件或目录复制到/tmp 目录。

15. 将/etc 目录中所有以.conf 结尾并且以 m、n、r 或 p 开头的文件或目录复制到/tmp 目录。

16. 显示/etc 目录中所有以 "pa" 开头的文件，如果它是目录，则只显示目录本身。

17. 显示/dev 目录中所有以 "d" "f" 开头并且文件名为 3 个字符的文件。

18. 查看文件/etc/passwd 的内容，并显示行号。

19. 分别用 more、less 命令分屏查看/etc/passwd 文件的内容。

20. 查看/etc/passwd 文件的前 10 行内容，并将结果保存到/tmp/1.txt 文件中。

21. 查看/etc/passwd 文件的后 5 行内容，并将结果保存到/tmp/2.txt 文件中。

22. 统计/etc 目录中扩展名是 "*.conf" 的文件的个数。

23. 查找/etc 目录下以 net 开头的文件，将结果保存到/tmp/net.file 文件中。

24. 在/boot 目录中查找大小超过 1024KB 且文件名以 "init" 开头的文件。

25. 在/etc/passwd 文件中查找包含 "root" 字符串的行。

26. 查找/etc/profile 文件中所有不以 "#" 开头并且不是空白的行。

27. 查看系统中已经设置的别名命令。

28. 创建名为 wcl 的命令别名，统计/etc/profile 文件中不以#开头且不是空白行的行数。

29. 找到 find 命令的命令文件路径。

30. 查看 find 命令的简要帮助信息。

31. 查看 grep 命令的帮助手册。

32. 查看历史命令。

33. 查找/etc/passwd 文件中所有以 "nologin" 结尾的行。

34. 假设存在 3 个目录：/tmp/a、/tmp/b 和 /tmp/c，要求用一条命令强制删除这 3 个目录。

35. 查找/etc 目录下大于 1MB 且类型为普通文件的所有文件。

36. 在/tmp 目录中创建一个名为 hi.txt 的文件，文件内容为"Hello World"。

37. 将执行"find / - user student"命令时产生的错误信息重定向到/dev/null 文件中。

38. 如何查看系统时钟与硬件时钟？

39. 以"年/月/日　时:分:秒"的形式显示当前日期和时间，如"2018/05/26 15:02:48"。

40. 某台 Linux 服务器疑似正在遭受黑客攻击，作为管理员的你需要实时观察系统日志文件/var/log/messages 中的最新内容，该如何用命令实现？

41. 在/etc 目录中查找最近 1 天之内被改动过的文件。

42. 从/tmp 目录及其子目录中找出扩展名为.txt 的文件，并将之删除。

第 3 章
用户和权限管理

无论是 Windows 还是 Linux 系统，对用户和权限的管理都属于基本的系统管理设置，其中用户的权限设置对于系统安全以及服务配置尤为重要。系统管理人员必须能够根据需求，为不同的用户和组分配相应的权限。

3.1　用户和组的概念

当我们登录系统或访问系统中的某个资源时，通常会要求输入用户名和密码，因而从系统管理的角度，用户其实就是一种进行认证或授权的标识。只有通过认证的用户才可以访问相应的资源，而对于同一个资源，不同的用户又具有不同的访问权限。例如，要在公司网络中配置一台文件服务器，只允许本公司的员工从文件服务器中浏览或下载文件，而且行政部的员工可以对文件服务器中的资料进行修改。这些是在系统运维过程中经常要面对的问题，而解决这些问题的方法涉及如何对用户和组进行管理。

3.1.1　用户账号的类型

在 Linux 系统中，根据系统管理的需要，将用户账号分为 3 种不同的类型：超级用户、普通用户和程序用户。每种类型的用户账号所拥有的权限和担任的角色各不相同。

- 超级用户：root 是 Linux 系统中默认的超级用户账号，对系统拥有完全权限。使用 root 账号，管理员可以突破系统的一切限制，方便地维护系统。由于 root 用户权限太大，因此一般不建议直接用 root 账号登录系统，而是先使用普通用户账号登录，当要进行系统管理维护任务时，才临时转换到 root 身份。

- 普通用户：普通用户账号需要由 root 用户或其他管理员用户创建，拥有的权限受到一定限制，一般只在用户自己的家目录中有完全权限。之前在安装系统的过程中所创建的用户账号 student 就属于普通用户。

- 程序用户：这类用户最大的特点是不能登录系统，其主要用于让后台进程或服务类进程以非管理员的身份运行。它们大多是在安装系统及部分应用程序时自动添加的，权限一般比较低。

Linux 系统中的所有用户信息都存放在/etc/passwd 文件中，可以执行 "wc -l /etc/passwd" 命令统计 "/etc/passwd" 文件中的行数，默认情况下应该有 43 行，也就是有 43 个用户账号。

```
[root@localhost ~]# wc -l /etc/passwd
43 /etc/passwd
```

/etc/passwd 文件的部分内容如下。

```
[root@localhost ~]# head -3 /etc/passwd        #查看/etc/passwd 的前 3 行
root:x:0:0:root:/root:/bin/bash
bin:x:1:1:bin:/bin:/sbin/nologin
daemon:x:2:2:daemon:/sbin:/sbin/nologin
[root@localhost ~]# tail -3 /etc/passwd        #查看/etc/passwd 的后 3 行
postfix:x:89:89::/var/spool/postfix:/sbin/nologin
tcpdump:x:72:72::/:/sbin/nologin
student:x:1000:1000:student:/home/student:/bin/bash
```

可以看到，/etc/passwd 文件中的第一行就是 root 用户的信息，最后一行是我们在安装系统时所创建的 student 用户的信息。除这两个用户之外，其余的都是程序用户，程序用户用来支撑系统或某些软件运行，不能用它们来登录，在后续内容中一般不再提及这些程序用户。

3.1.2　用户组的类型

用户组是具有相同特征用户的逻辑集合，有时我们需要让多个用户具有相同的权限，比如查看、修改某个文件的权限，一种方法是为多个用户提供文件访问授权，那么如果有 10 个用户的话，就需要授权 10 次，显然这种方法不太合理；另一种方法是先建立一个用户组，让这个组具有查看、修改此文件的权限，然后将所有需要访问此文件的用户加入这个组中，那么所有用户就具有了和组一样的权限。将用户分组是 Linux 系统中对用户进行管理及访问权限控制的一种手段，定义用户组在很大程度上简化了管理工作。

在 Linux 系统中，每一个用户账号至少要属于一个组，这个组称为该用户的基本组。在 Linux 系统中每创建一个用户账号就会自动创建一个与该账号同名的用户组，比如我们已经创建了一个名为 "student" 的普通用户账号，那么同时也将自动创建一个名为 "student" 的用户组。student 用户默认属于 student 组，这个组也就是 student 用户的基本组。

在 Linux 系统中，每个用户都可以同时加入多个组，这些用户另外加入的组称为附加组。

例如，使用户 student 加入邮件管理员组 mailadm，那么 student 就同时属于 student 和 mailadm 组，student 是其基本组，而 mailadm 是其附加组。student 用户将同时拥有这两个组的所有权限。

3.1.3　UID 和 GID

关于用户和组，还有两个基本概念：UID 和 GID。

UID（User Identifier，用户标识符）是 Linux 系统中每个用户账号的唯一标识符，对于 Linux 系统来说，UID 是区分用户的基本依据（类似于 Windows 系统中的 SID）。root 用户的 UID 为固定值 0，程序用户账号的 UID 默认为 1～999，1000～60000 的 UID 默认分配给普通用户账号使用。

每个用户组有一个数字形式的标识符，称为 GID（Group Identifier，组标识符）。root 组的 GID 为固定值 0，程序组的 GID 默认为 1～999，普通组的 GID 默认为 1000～60000。

需要注意的是，Linux 系统其实只识别 UID 和 GID，用户账号和组账号只是为了方便人们记忆而已。例如，root 之所以是超级用户，并不是因为它的名字叫 root，而是因为它的 UID 为 0，因而系统中任何一个 UID 为 0 的用户，其实都是 root 用户。

3.1.4　利用 id 命令查看用户身份信息

通过 id 命令可以查看用户的 UID 以及所属的基本组和附加组等身份信息。

例如，查看 student 用户的身份信息。

```
[root@localhost ~]# id student
uid=1000(student) gid=1000(student) 组=1000(student)
```

在 id 命令显示的结果中，"gid" 部分表示用户所属的基本组，"组" 部分表示用户所属的基本组和附加组。如果用户没有加入任何附加组，那么在 "组" 部分就只显示用户的基本组。

3.2　用户和组的配置文件

Linux 系统中的用户账号、密码、用户组等信息均保存在相应的配置文件中，与用户账号相关的配置文件主要有两个：/etc/passwd 和 /etc/shadow。前者用于保存用户名称、家目录和登录 Shell 等基本信息，后者用于保存用户的密码和账号有效期等信息。这两个文件是互补的，例如，当用户以 student 这个账号登录时，系统首先会查看/etc/passwd 文件，检查是否有 student 账号，然后确定 student 的 UID，通过 UID 来确认用户和身份。如果存在账号，则读取/etc/shadow（影子文件）中所对应的 student 的密码；如果密码无误，则允许用户登录系统。

在这两个配置文件中，每一行对应一个用户账号，每个用户账号的信息都由多个配置项组成，不同的配置项之间用英文冒号 ":" 进行分隔。

3.2.1　用户账号文件/etc/passwd

/etc/passwd 是一个文本文件，任何用户都可以读取文件中的内容。

在 passwd 文件的开头部分，包括超级用户 root 及各程序用户的账号信息，系统中新增加的用户账号信息将保存到 passwd 文件的末尾。

passwd 文件的每一行记录对应一个用户，每行的各列用英文冒号 ":" 分隔，其格式和具体含义如下。

用户名:密码:UID:GID:注释性描述:家目录:默认 Shell

下面以 root 用户为例，介绍这些配置字段的含义。

```
[root@localhost ~]# grep "^root" /etc/passwd
root:x:0:0:root:/root:/bin/bash
```

- 第 1 个字段，用户名 root。
- 第 2 个字段，密码占位符 x。所谓的密码占位符只表示这是一个密码字段，用户的密码并不是存放在这里，而是存放在/etc/shadow 文件中。之所以这样设计，主要是出于安全性方面的考虑。由于/etc/shadow 文件的权限受到了严格控制，因此相比直接将密码保存在/etc/passwd 文件中要安全许多。
- 第 3 个字段，用户的 UID。root 的 UID 默认为 0。
- 第 4 个字段，用户所属组的 GID，需要注意的是，这个 GID 专指基本组。root 组的 GID 默认也为 0。
- 第 5 个字段，用户注释信息，可填写与用户相关的一些说明信息。这个字段是可选的，可以不设置。
- 第 6 个字段，用户家目录，即用户登录后所在的默认工作目录。
- 第 7 个字段，用户登录所用的 Shell 类型，默认为/bin/bash。程序用户的默认 Shell 为/sbin/nologin，意味着不允许登录。

基于系统运行和管理需要，所有用户都可以访问/etc/passwd 文件中的内容，但是只有root 用户才能进行更改。

3.2.2   用户密码文件/etc/shadow

由于/etc/passwd 文件是所有用户都可读的，这样就导致用户的密码容易泄露，因此Linux 将用户的密码信息从/etc/passwd 分离出来，单独放在另外一个文件/etc/shadow 中。该文件又被称为影子文件，只有 root 用户拥有权限，从而保证用户密码的安全性。

查看/etc/shadow 文件中 root 用户的相关行。

```
[root@localhost ~]# grep "^root" /etc/shadow
root:$6$9jb7PcUy4dSFu.D2$2cM6oibXNEp0zjq0HIPOgjk8QmBoW3L82O7SL2L1q0AMugR
Rf6HS6HbtvueBbSDfnnH3ZRo8dzs3tDPzuBmpE1:15282:0:99999:7:::
```

/etc/shadow 文件的内容包括 9 个字段。其中第一个字段表示用户的名称，第二个字段是使用 Hash 算法加密的用户密码。

密码由$符号分隔成 3 部分。

第一部分的"$6"表示所采用的加密方法，Linux 中提供的加密方法主要有 MD5、SHA1、SHA224、SHA256、SHA384 和 SHA512，$6 对应的是 SHA512 加密方法。

第二部分的"$9jb7PcUy4dSFu.D2"是在密码中加入的随机数 salt，它的作用是防止用户使用相同的密码，而导致加密后的密码串也相同。例如，我们为用户 user1 和 user2 都设置相同的密码"123"，但是查看/etc/shadow 文件中这两个用户加密后的密码串却发现它们并不相同，因而通过这种机制可以进一步增强密码的安全性。

```
user1:$6$.BcF6SwM$Sfoxfs2sZFUvlHi35feJzEN06axa.UBCXbAJgPexC6qWuk0m9X.SNP
CwYVZYP7Zz/yaJpWvjIA5czD1TcenrI/:16907:0:99999:7:::
user2:$6$Prb1Gpce$.W/rkzrSzj.pX0oT9KPgUThb.Jdvk9vnALXAPo49aJxWjRAa09HKEb
gqzsbaSHEgzaYaBq1EvwoFuvOAY8UHx1:16907:0:99999:7:::
```

第三部分才是用户密码加密后的密码串，但是这些密码串也是经过重新编码之后再存放的，而并非直接存放的十六进制密码。

另外，如果一个用户的密码字段中是"*"或"!!"，则表示此用户不能登录到系统。

由于/etc/shadow 文件中的其他字段很少用到，因此就不一一介绍了。

3.2.3   用户组配置文件

与用户组相关的配置文件也有两个：/etc/group 和/etc/gshadow，前者用于保存组账号名称、GID 和组成员等基本信息，后者用于保存组账号的加密密码字符串等信息（但很少使用）。

例如，查看 root 组的信息。

```
[root@localhost ~]# grep "^root" /etc/group
root:x:0:user5,manager,master
```

每行组信息包括 4 个字段，各个字段的含义如下。

- 第 1 个字段，组名。

- 第 2 个字段，组密码占位符 x。

- 第 3 个字段，GID。

- 第 4 个字段，以该组作为附加组的用户列表。注意，以该组为基本组的用户账号并不显示在此字段中。

3.3 管理用户和组

下面介绍在 Linux 系统中常用的一些针对用户和组的管理类命令。

3.3.1 useradd 命令——创建用户账号

useradd 命令用于添加用户账号，基本的命令格式如下。

useradd [选项] 用户名

例如，按照默认值新建用户 user1。

```
[root@localhost ~]# useradd user1
```

在 Linux 系统中，useradd 命令在添加用户账号的过程中会自动完成以下几项任务。

- 在 "/etc/passwd" 文件和 "etc/shadow" 文件的末尾增加该用户账号的记录。

- 若未指明用户的家目录，则在 "/home" 目录下自动创建与该用户账号同名的家目录，并在该目录中建立用户的初始配置文件。

- 若未指明用户所属的组，则自动创建与该用户账号同名的基本组账号。组账号的记录信息保存在 "/etc/group" 和 "/etc/gshadow" 文件中。

在创建用户 user1 之后，可以分别查看/etc/passwd、/etc/shadow 文件以及/home 目录中新增加的信息。

useradd 命令的常用选项如下。

（1）"-u" 选项，指定用户的 UID，要求该 UID 号未被其他用户使用

如果不使用 "-u" 选项，那么普通用户的 UID 将从 1000 开始递增；若使用 "-u" 选项，则可以任意指定 UID，甚至是 1000 之前的 UID，当然，前提是这个 UID 并未被占用。对于普通用户，建议尽量还是使用 1000 之后的 UID，以免造成混乱。

例如，创建名为 user2 的用户账号，并将其 UID 指定为 1004。

```
[root@localhost ~]# useradd -u 1004 user2
[root@localhost ~]# tail -1 /etc/passwd
user2:x:1004:1004::/home/user2:/bin/bash
```

（2）"-d" 选项，指定用户的家目录

普通用户的家目录默认都存放在/home 目录，而通过 "-d" 选项可以指定到其他位置。

例如，创建一个辅助的管理员账号 admin，并将其家目录指定为/admin。

```
[root@localhost ~]# useradd -d /admin admin
```

此时，会在根目录下创建 admin 用户的家目录/admin，而在默认的/home 目录中则不再创建用户家目录。

需要说明的是，如果指定的家目录之前不存在，则将创建家目录，并从/etc/skel/目录中复制基本的用户环境配置文件到新建的家目录中。这些环境配置文件都是隐藏文件，需要使用 "ls –a" 命令才能查看到。

例如，查看 admin 用户家目录中的环境配置文件。

```
[root@localhost ~]# ls -a /admin
.  ..  .bash_logout  .bash_profile  .bashrc  .mozilla
```

如果指定的家目录事先已经存在，则会直接使用该目录，但不会为用户复制环境配置文件。

```
root@localhost ~]# mkdir /tmp/super                    #事先创建目录/tmp/super
[root@localhost ~]# useradd -d /tmp/super super #新建用户 super,并指定家目录
useradd: 警告: 此主目录已经存在
不从 skel 目录里向其中复制任何文件
[root@localhost ~]# ls -a /tmp/super                    #家目录中没有环境配置文件
.  ..
```

因此，在使用 "-d" 选项时，建议最好指定一个事先不存在的目录作为用户家目录。

（3）"-g" 选项，指定用户的基本组

如果在创建用户时指定了基本组，那么系统就不再创建与用户同名的用户组。当然，

必须要保证所指定的用户组事先已经存在。

例如，创建一个用户 user4，指定其基本组为 admin。

```
[root@localhost ~]# useradd -g admin user4
[root@localhost ~]# id user4
uid=1007(user4) gid=1005(admin) 组=1005(admin)
```

（4）"-G"选项，指定用户的附加组

例如，创建一个用户 user5，指定其附加组为 root。

```
[root@localhost ~]# useradd -G root user5
[root@localhost ~]# id user5
uid=1008(user5) gid=1008(user5) 组=1008(user5),0(root)
```

（5）"-e"选项，指定用户账号的失效时间，可以使用 yyyy-mm-dd 的日期格式

例如，创建一个临时账号 temp01，指定属于 users 基本组，该账号于 2020 年 1 月 30 日失效。

```
[root@localhost ~]# useradd -g users -e 2020-01-30 temp01
```

（6）"-M"选项，不建立用户家目录

某些用户不需要登录系统，而只是用来使用某种系统服务（如 ftp 用户），这类用户就可以不创建家目录。

（7）"-s"选项，指定用户的登录 Shell

"-s"选项用于指定用户登录时默认使用的 Shell。之前曾提到过，在 Linux 系统中提供了很多种不同类型的 Shell，从/etc/shells 文件中可以查看到可用的 Shell 列表。

```
[root@localhost ~]# cat /etc/shells
/bin/sh
/bin/bash
/sbin/nologin
/usr/bin/sh
/usr/bin/bash
/usr/sbin/nologin
/bin/tcsh
/bin/csh
```

其中用户的默认 Shell 为/bin/bash，其余的 Shell 一般很少使用。另外，如果将用户的默认 Shell 指定为/sbin/nologin，那么该用户将被禁止登录。

例如，创建一个用于 FTP 访问的用户账号 ftpuser，禁止其登录，而且不为其创建家目录。

```
[root@localhost ~]# useradd -s /sbin/nologin -M ftpuser
```

（8）联合使用多个选项

useradd 命令的所有选项都可以结合在一起使用，例如，创建一个用户 manager，指定其基本组为 admin，附加组为 root，家目录为/manager。

```
[root@localhost ~]# useradd -g admin -G root -d /manager manager
```

3.3.2　passwd 命令——为用户账号设置密码

通过 useradd 命令新创建的用户账号，必须为其设置一个密码才能用来登录系统。Linux 系统中用来设置或更改用户密码的命令是 passwd，直接执行该命令是为当前用户设置或更改密码。如果是 root 用户的话，那么还可以在命令后面加上用户名为指定用户设置更改密码。

例如，为用户 user1 设置密码。

```
[root@localhost ~]# passwd user1
更改用户 user1 的密码
新的 密码：
无效的密码： 密码少于 8 个字符
重新输入新的 密码：
passwd: 所有的身份验证令牌已经成功更新
```

这里设置密码为"123"，虽然系统提示密码无效，但其实这个密码还是设置成功了，因为最后出现了"所有的身份验证令牌已经成功更新"的提示。

Linux 系统对密码的要求非常严格，要求其符合下列规则。

- 不能与用户账号相同。

- 长度在 6 位以上。

- 建议不要使用字典里面出现的单词或一些相近的词汇，如 Passw0rd 等。

- 建议包含英文大小写字母、数字和符号这些字符。

当以 root 用户的身份为普通用户设置密码时，密码即使不符合规则要求，也可以设置成功。但如果是普通用户设置或修改自己的密码，则必须符合规则要求。

在上面的操作中，因为是用 root 用户的身份为普通用户 user1 设置密码，所以此时无论设置什么密码都可以成功，但如果是 user1 用户为自己设置密码，就必须遵守规则了。因此，对于 Linux 中的普通用户来说，设置密码的确是一件比较头疼的事，比如"CentOS2019"才是一个符合要求的密码。

为用户账号设置了密码之后，就可以登录 Linux 系统了。

passwd 命令的相关选项如下。

（1）"-d"选项，清除密码

例如，清除用户 user1 的密码。

```
[root@localhost ~]# passwd -d user1          #清除密码
清除用户的密码 user1
passwd: 操作成功
[root@localhost ~]# grep user1 /etc/shadow #确认/etc/shadow 中的密码已被清除
user1::16907:0:99999:7:::
```

用户的密码被清除之后，无须使用密码就可以在本地登录，但远程登录时始终是需要密码的。

（2）"-l"选项，锁定用户账号

例如，锁定用户 user2 的账号。

```
[root@localhost ~]# passwd -l user2
锁定用户 user2 的密码
passwd: 操作成功
```

锁定用户账号会对/etc/shadow 文件进行改动。

```
[root@localhost ~]# grep user2 /etc/shadow
user2:!!$6$nREYHgjj$810Z5.PcnV3kx3biJJYLQgikqsV6qKsorAhTj/i9vToj8qNaOTRh
/XsrTj/dKHKgUoVRW.VQI7lJZ1Io97JwW.:17210:0:99999:7:::
```

可以看到，用户密码锁定之后，shadow 文件中用户的密码串前多了"!!"。此时使用 user2 账号登录，将会被拒绝。

（3）"-u"选项，解锁用户账号

例如，将用户账号 user2 解锁。

```
[root@localhost ~]# passwd -u user2
```

解锁之后，user2 就可以登录系统了。

此外，在/etc/passwd 文件中，在相应的用户行前面加上"#"或"*"将该行注释，也同样起到禁用该用户的作用。

（4）"--stdin"选项，从文件或管道读取密码

由于在用 passwd 命令设置或修改密码时，需要用户反复进行确认，而这很难符合自动化运维的需要，因此，在实践操作中，经常使用"--stdin"选项与管道符配合，从而自动化

地完成密码设置。

例如，无须确认，直接为用户 user1 设置密码。

```
[root@localhost ~]# echo "123" | passwd --stdin user1
```

在上面这条命令中，先利用 echo 命令输出 "123"，然后将 "123" 用管道传给命令 passwd，并设置为用户 user1 的密码。

3.3.3　su 命令——切换用户身份

为了保证系统安全正常地运行，在生产环境中一般建议管理员以普通用户身份登录系统，当要执行必须有 root 权限的操作时，再切换为 root 用户。

切换用户身份可以用 su（switch user）命令来实现，命令格式如下。

su [-] [用户名]

如果是默认用户名，则默认切换为 root，否则切换到指定的用户（必须是系统中存在的用户）。root 用户切换为普通用户时不需要输入密码，普通用户之间切换时需要输入目标用户的密码，切换之后就拥有该用户的权限。使用 exit 命令可返回原来的用户身份。

```
[root@localhost ~]# su - user1        #从 root 用户可直接切换到普通用户
[user1@localhost ~]$ su - user2       #从普通用户切换到其他用户需输入目标用户密码
密码：
[user2@localhost ~]$ su -             #默认用户名时切换到 root 用户
密码：
```

在执行 su 命令时，如果命令之后不加 "-"，如 "su user1"，这种切换方式称为非登录式切换，切换时不会读取目标用户的配置文件，属于非完整切换。如果命令之后加上 "-"，如 "su - user1"，则称这种切换方式为登录式切换，切换时会自动读取目标用户的配置文件，属于完整切换。一般推荐采用登录式切换方式。

3.3.4　userdel 命令——删除用户账号

例如，删除用户账号 user1。

```
[root@localhost ~]# userdel user1
```

虽然 user1 账号被删除了，但是它的家目录还在。

```
[root@localhost ~]# ls /home
admin  temp01  user1  user2  user4  user5
```

通过 "-r" 选项，可以在删除用户账号的同时删除其家目录。

一般情况下，因为普通用户只对自己的家目录拥有写权限，所以用户的相关文件一般存放在家目录。多数情况下，我们希望在删除一个用户账号时，能将该账号的所有相关文件一并删除，这时就需要使用"-r"选项，将用户账号连同家目录一并删除。

例如，将用户账户 user2 连同家目录一并删除。

```
[root@localhost ~]# userdel -r user2
[root@localhost ~]# ls /home            #确认 user2 的家目录已被删除
admin   temp01  user1   user4   user5
```

注意，如果在新建用户时创建私有组，而该私有组当前没有其他用户，那么删除用户的同时也将删除这个私有组。

3.3.5　usermod 命令——修改用户账号属性

在 Linux 系统中，创建用户也是修改配置文件的过程。用户的信息主要被保存在/etc/passwd 文件中。对于系统中已经存在的用户账号，如果要修改其属性信息，那么可以直接用文本编辑器来修改/etc/passwd 文件中的相关数值，或者使用 usermod（user modify）命令重新设置各种属性。

usermod 命令的选项与 useradd 命令类似。

（1）"-m""-d"选项，修改用户的家目录

"-m"选项用于将用户原来的家目录移动到新的指定位置，它只能与"-d"选项配合使用。"-d"选项用于指定用户新的家目录。修改完成后，用户家目录中原有的文件也都将被转移到新位置。

例如，将 admin 用户的家目录移动到/home 目录。

```
[root@localhost ~]# grep admin /etc/passwd        #查看 admin 用户的家目录位置
admin:x:1005:1005::/admin:/bin/bash
[root@localhost ~]# usermod -m -d /home/admin admin    #修改 admin 的家目录
[root@localhost ~]# grep admin /etc/passwd        #再次查看家目录位置
admin:x:1005:1005::/home/admin:/bin/bash
```

（2）"-l"选项，更改用户账号的名称

例如，将 admin 用户的账号名改为 master。

```
[root@localhost ~]# usermod -l master admin
[root@localhost ~]# grep master /etc/passwd
master:x:1005:1005::/home/admin:/bin/bash
```

（3）"-g"选项，更改用户的基本组

例如，将用户 master 的基本组改为 ftp。

```
[root@localhost ~]# usermod -g ftp master
[root@localhost ~]# id master
uid=1005(master) gid=50(ftp) 组=50(ftp)
```

（4）"-G" "-a" 选项，更改用户的附加组

例如，将用户 master 的附加组改为 root。

```
[root@localhost ~]# usermod -G root master
[root@localhost ~]# id master
uid=1005(master) gid=50(ftp) 组=50(ftp),0(root)
```

需要注意的是，修改完附加组之后，用户原先所属的所有附加组都将被覆盖。如果用户之前已经有多个附加组，那么执行该命令之后将只保留最后这一个附加组。

因此，usermod 命令还提供了一个 "-a" 选项，用来结合 "-G" 选项使用，可以为用户追加新的附加组，用户原先所属的附加组仍将保留。

```
[root@localhost ~]# usermod -a -G admin master
[root@localhost ~]# id master
uid=1001(master) gid=50(ftp) 组=50(ftp),0(root),1005(admin)
```

3.3.6　groupadd 命令——创建用户组

例如，创建用户组 class1，并查看配置文件中的相关信息。

```
[root@localhost ~]# groupadd class1
[root@localhost ~]# tail -1 /etc/group
class1:x:1011:
```

通过 "-g" 选项，可以指定 GID。

例如，创建用户组 class2，并指定 GID 为 2000。

```
[root@localhost ~]# groupadd -g 2000 class2
[root@localhost ~]# tail -1 /etc/group
class2:x:2000:
```

3.3.7　gpasswd 命令——添加、删除组成员

gpasswd 命令本来用于为用户组设置密码，但是该功能极少使用，它更多地被用于将某个用户加入指定的组中，或者是从组中删除某个指定的用户账号。向组中添加用户使用 "-a" 选项，从组中删除用户则使用 "-d" 选项。

gpasswd 命令的基本格式如下。

gpasswd [选项] 用户名 组名

需要注意的是，gpasswd 命令改变的是用户的附加组，将用户加入某个组之后，该组将成为用户的一个附加组。

例如，将用户 super 加入 root 组中。

```
[root@localhost ~]# gpasswd -a super root
正在将用户"super"加入到"root"组中
[root@localhost ~]# id super
uid=1006(super) gid=1006(super) 组=1006(super),0(root)
```

例如，将用户 super 从 root 组中删除。

```
[root@localhost ~]# gpasswd -d super root
正在将用户"super"从"root"组中删除
[root@localhost ~]# id super
uid=1006(super) gid=1006(super) 组=1006(super)
```

3.3.8 groupdel 命令——删除用户组

利用 groupdel 命令可以删除指定的用户组。

例如，删除名为 class1 的用户组。

```
[root@localhost ~]# groupdel class1
```

但要注意的是，如果要删除的组是某些用户的基本组，则必须先删除这些用户，然后才能删除组。

```
[root@localhost ~]# usermod -g class2 super      #将 class2 设为用户 super 的基本组
[root@localhost ~]# groupdel class2              #此时不可以删除 class2 组
groupdel：不能移除用户"super"的主组
[root@localhost ~]# usermod -g admin super       #将用户 super 的基本组改成 admin
[root@localhost ~]# groupdel class2              #此时可以删除 class2 组
```

3.3.9 创建用户的相关配置文件

Linux 系统中有一些配置文件用于定义创建用户时的默认设置。下面对这些文件进行简单介绍。

1. /etc/login.defs 文件

配置文件/etc/login.defs 用来定义创建用户账号时的默认设置，比如指定用户 UID 和 GID 的范围、账号的过期时间和是否需要创建用户家目录等。

表 3-1 是/etc/login.defs 文件的主要参数说明。

表 3-1 /etc/login.defs 文件主要参数

权　　限	数　　值	意　　义
PASS_MAX_DAYS	99999	密码最长使用天数
PASS_MIN_DAYS	0	密码最短使用天数，值为 0 表示可以随时修改密码
PASS_MIN_LEN	5	指定密码的最小长度
PASS_WARN_AGE	7	在密码到期前多少天，系统开始通知用户密码即将到期
UID_MIN	1000	指定最小 UID 为 1000，添加用户时，UID 从 1000 开始
UID_MAX	60000	指定最大 UID 为 60000
CREATE_HOME	yes	指定是否创建家目录，yes 为创建，no 为不创建

修改该文件中的设置，只针对新创建的用户有效。例如，限制用户的密码有效期（最大天数）为 30 天，可以将"PASS_MAX_DAYS"的值设为 30，那么在修改完该配置文件之后，所有新创建用户的密码有效期将是 30 天。

2. /etc/skel 目录

在创建完用户之后，Linux 系统会自动在用户的家目录中产生一些默认的文件，这些文件大多是隐藏的。

例如，查看 student 用户家目录中的默认文件。

```
[root@localhost ~]# ls -a /home/student
.  ..  .bash_history  .bash_profile  .cache  .mozilla  .bash_logout
.bashrc  .config
```

这些文件可以用于设置用户的运行环境，或者用于设置用户登录或退出时自动执行某些操作。例如".bash_profile"和".bashrc"文件用于设置用户登录时自动执行某些操作，".bash_logout"文件则用于设置用户退出系统时自动执行某些操作。

/etc/skel 目录为所有的这些默认文件提供了模板，如果在/etc/skel 目录中建立目录或放入文件，那么所有新创建的用户的家目录中就会有这些目录及文件。如果修改该目录中的用户配置文件、登录脚本等内容，那么新建用户的用户配置文件、登录脚本也会采用修改后的内容。

3.4　管理权限和归属

能够根据各种应用需求进行准确的权限设置，是作为一名 Linux 系统运维人员所必须掌握的基本技能。Linux 中的权限设置与 Windows 系统有很大区别。本节首先介绍文件权限和归属的概念，然后着重介绍如何设置或更改文件的权限和归属。

3.4.1　权限与归属的概念

Linux 系统中的每一个文件或目录都被赋予了两种属性：访问权限和文件归属。

访问权限包括读取、写入和执行共 3 种基本类型，文件归属包括所有者（拥有该文件的用户账号）和所属组（拥有该文件的组账号）。具体含义如图 3-1 所示。

❖ **访问权限**
　▣ **读取**：允许查看文件内容、显示目录列表
　▣ **写入**：允许修改文件内容，允许在目录中新建、移动、
　删除文件或子目录
　▣ **可执行**：允许运行程序、切换目录
❖ **归属（所有权）**
　▣ **所有者**：拥有该文件或目录的用户账号
　▣ **所属组**：拥有该文件或目录的组账号

图 3-1　文件的权限和归属

Linux 系统根据访问权限和文件归属，来对用户访问数据的过程进行控制。但需要注意的是，由于 root 用户是系统的超级用户，拥有完全的管理权限，因此文件和目录的权限限制对 root 用户不起作用。

3.4.2　查看权限和归属

在用"ls -l"命令查看文件的详细信息时，将会看到文件的权限或归属设置，如图 3-2 所示。

```
[root@localhost ~]# ls -l install.log
-rw-r--r--  1  root  root  34298  04-02  00:23  install.log
```
文件类型　访问权限　所有者　所属组

图 3-2　文件的权限和归属信息

在显示的信息中，第 3 个字段和第 4 个字段的数据分别用于表示该文件的所有者和所属

组，在图 3-2 中，文件 install.log 的所有者和所属组分别是 root 用户和 root 组。

第 1 个字段中除第 1 个字符以外的其他部分表示该文件的访问权限，如 "rw-r--r--"。

权限字段由 3 个部分组成，如图 3-3 所示，各自的含义如下。

- 第一部分（第 2～4 个字符），表示文件的所有者（可用 user 表示）对文件的访问权限。

- 第二部分（第 5～7 个字符），表示文件的所属组（可用 group 表示）内各成员用户对文件的访问权限。

- 第三部分（第 8～10 个字符），表示其他任何用户（可用 other 表示）对文件的访问权限。

在表示访问权限时，主要使用 3 种不同的权限字符：r（readable）、w（writable）和 x（executable），分别表示可读、可写和可执行。若需要去除对应的权限位，则使用 "-" 表示。例如，root 用户对 install.log 文件具有可读和可写权限（rw-），root 组内的各用户对 install.log 文件只具有读取权限（r--），其他用户对 install.log 文件也是具有只读权限（r--）。

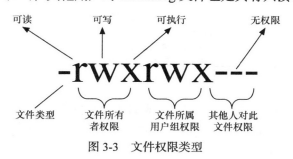

图 3-3   文件权限类型

另外，对于文件和目录来说，具体权限的含义是有差别的，见表 3-2。例如，用户只要对目录有写入权限，就可以删除该目录下的任何文件或子目录，而不管这些文件或子目录是否属于该用户。

表 3-2   文件和目录具体权限含义

权限	文　　件	目　　录
r	查看文件内容	查看目录内容（显示子目录、文件列表）
w	修改文件内容	修改目录内容（在目录中新建、删除文件或子目录）
x	执行该文件（程序或脚本）	执行 cd 命令进入或退出该目录

　　若用户在访问文件或目录时不具备相应的权限，系统将会拒绝执行。例如，/etc/shadow 文件的权限设置极为严格。

```
[root@localhost ~]# ls -l /etc/shadow
----------. 1 root root 1320 11 月  5 00:11 /etc/shadow
```

　　除 root 用户之外，任何其他用户对这个文件都没有任何权限（虽然看起来 root 用户也没有任何权限，但其实 root 用户不受权限制约）。

```
[root@localhost ~]# su - super              #切换到普通用户 super
[super@localhost ~]$ cat /etc/shadow        #查看 shadow 文件内容
cat: /etc/shadow: 权限不够                    #提示没有权限
```

3.4.3　利用 chmod 命令设置权限

　　通过 chmod（change mode）命令可以设置更改文件或目录的权限，只有文件所有者或 root 用户才有权用 chmod 命令改变文件或目录的访问权限。

　　在用 chmod 命令设置权限时，可以采用两种不同的权限表示方法：字符形式和数字形式。下面分别进行介绍。

1. 字符形式的 chmod 命令

用字符表示用户和权限的 chmod 命令，其格式和含义如图 3-4 所示。

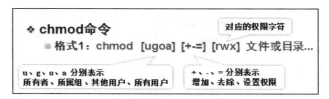

图 3-4　字符形式的 chmod 命令

在命令选项中，用"ugoa"来代表用户类别。

- u：表示文件所有者。

- g：表示文件所属组。

- o：表示其他用户。

- a：表示所有用户。

在命令选项中，用"+-="表示权限设置的操作动作。

- +：表示增加相应权限。

- -: 表示减少相应权限。

- =: 表示赋予权限。

下面通过实例来说明权限设置的方法。

首先，将用户身份切换到 student，并查看 student 用户的身份信息。

```
[root@localhost ~]# su - student
[student@localhost ~]$ id
uid=1000(student) gid=1000(student) 组=1000(student)
```

然后，以 student 的身份创建目录/tmp/test，可以看到这个目录的所有者就是 student，所属组则是 student 所属的基本组 student。

```
[student@localhost ~]$ mkdir /tmp/test
[student@localhost ~]$ ll -d /tmp/test
drwxrwxr-x. 2 student student 4096 11 月 30 20:23 /tmp/test
```

将用户身份切换到 zhangsan，并查看其身份信息。

```
[student@ localhost ~]$ su - zhangsan
密码:
[zhangsan@ localhost ~]$ id zhangsan
uid=1012(zhangsan) gid=1012(zhangsan) 组=1012(zhangsan)
```

现在 zhangsan 对于/tmp/test 目录来说属于其他用户，应该具有 "r-x" 权限，我们进行验证。

```
[zhangsan@ localhost ~]$ ls /tmp/test      #可以查看目录内容，证明具有 r 和 x 权限
[zhangsan@ localhost ~]$ touch /tmp/test/aa   #不能创建文件，证明没有 w 权限
touch: 无法创建"/tmp/test/aa": 权限不够
```

以 root 用户的身份将 zhangsan 加入 student 组，使 student 成为其附加组。

```
[root@ localhost ~]# gpasswd -a zhangsan student
正在将用户"zhangsan"加入到"student"组中
[root@localhost ~]# id zhangsan
uid=1012(zhangsan) gid=1012(zhangsan) 组=1012(zhangsan),1000(student)
```

此时 zhangsan 对于/tmp/test 目录来说属于所属组的成员，应该具有 "rwx" 权限，我们进行验证。可以看到 zhangsan 能够创建文件，并且由其创建的文件的所有者是 zhangsan，所属组则是 zhangsan 的基本组 zhangsan。

```
[zhangsan@ localhost ~]$ touch /tmp/test/aa
[zhangsan@ localhost ~]$ ll /tmp/test/aa
-rw-rw-r--. 1 zhangsan zhangsan 0 11 月 30 20:45 /tmp/test/aa
```

将 zhangsan 从 student 组中移出，但是为/tmp/test 目录的其他用户增加 w 权限，此时 zhangsan 也同样具有 rwx 权限。

```
[root@ localhost ~]# gpasswd -d zhangsan student
正在将用户"zhangsan"从"student"组中删除
[root@localhost ~]# id zhangsan
uid=1012(zhangsan) gid=1012(zhangsan) 组=1012(zhangsan)
[root@ localhost ~]# chmod o+w /tmp/test
[root@ localhost ~]# ll -d /tmp/test
drwxrwxrwx. 2 student student 4096 11月 30 20:45 /tmp/test
[root@localhost ~]# su - zhangsan
[zhangsan@localhost ~]$ touch /tmp/test/bb
[zhangsan@localhost ~]$ ll /tmp/test
总用量 0
-rw-rw-r--. 1 zhangsan zhangsan 0 11月 30 20:45 aa
-rw-rw-r--. 1 zhangsan zhangsan 0 11月 30 21:04 bb
```

需要注意的是，此时用户 student 对于 zhangsan 所创建的两个文件/tmp/test/aa 和 /tmp/test/bb 都只具有读取权限，因而无法修改文件内容。但是由于 student 对这两个文件所在的目录/tmp/test 具有写入权限，因此可以将这两个文件删除。

```
[student@localhost ~]$ echo 'hello' > /tmp/test/aa
-bash: /tmp/test/aa: 权限不够
[student@localhost ~]$ rm -f /tmp/test/aa
```

chmod 命令支持多个选项一起使用，比如对于/tmp/test 目录，去掉所属组和其他用户的 w 权限。

```
[root@localhost ~]# chmod g-w,o-w /tmp/test
[root@localhost ~]# ll -d /tmp/test
drwxr-xr-x. 2 student student 4096 11月 30 21:04 /tmp/test
```

除用 "+" 和 "-" 对权限进行调整之外，也可以使用 "=" 直接赋予某个对象相应的权限。例如，对于/tmp/test 目录，直接赋予所属组 rwx 权限。

```
[root@localhost ~]# chmod g=rwx /tmp/test
[root@localhost ~]# ll -d /tmp/test
drwxrwxr-x. 2 student student 4096 11月 30 21:04 /tmp/test
```

2. 数字形式的 chmod 命令

用数字表示用户和权限的 chmod 命令，其格式和含义如图 3-5 所示。

"nnn" 表示 3 位八进制数，r、w、x 权限字符可以分别表示为八进制数字 4、2、1。表示一个权限组合时需要将数字进行累加，例如，"rwx" 采用累加数字形式表示成 "7"，"r-x" 采用累加数字形式表示成 "5"，而 "rwxr-xr-x"

图 3-5　数字形式的 chmod 命令

由 3 组权限组成，因此可以表示成 "755"，"rw-r--r--" 可以表示成 "644"，如图 3-6 所示。

权限项	读	写	执行	读	写	执行	读	写	执行
字符表示	r	w	x	r	w	x	r	w	x
数字表示	4	2	1	4	2	1	4	2	1
权限分配	文件所有者			文件所属组			其他用户		

图 3-6　权限对应的八进制数

相比字符形式，数字形式更为简便易用。通常在设置权限时都是采用数字形式，字符形式主要用来对权限进行细微的调整。

例如，对/tmp/test 目录进行如下权限设置。

- 所有者具有读、写和执行权限。

- 所属组具有读和执行权限。

- 其他用户具有读和执行权限。

下面用数字形式的 chmod 命令完成相应设置。

```
[root@localhost ~]# chmod 755 /tmp/test
[root@localhost ~]# ll -d /tmp/test
drwxr-xr-x. 2 student student 4096 11 月 30 21:04 /tmp/test
```

chmod 命令的常用选项是"-R"，可以递归修改指定目录下所有文件和子目录的权限。在实际的目录权限管理工作中，有时需要将某一个目录中的所有子目录及文件的权限都设置为同一个值，只要结合"-R"选项就可以实现。若不指定"-R"选项，chmod 命令将只改变指定目录本身的权限。

例如，为/tmp 目录以及其中所有的子目录、文件的所属组增加读、写权限。

```
[root@localhost test]# chmod -R g+rw /tmp
```

3.4.4　利用 chown 命令设置归属

通过 chown（change ownership）命令可以更改文件或目录的所有者、所属组。chown 命令格式如图 3-7 所示。

chown 命令可以同时设置所有者和所属组，之间用冒号":"间隔，也可以只设置所有者或者所属组。单独设置所属组时，要使用":组名"的形式以示区别。

❖ **chown命令**
  ▪ 格式：chown 所有者 文件或目录
　　　　chown :所属组 文件或目录
　　　　chown 所有者:所属组 文件或目录

图 3-7　chown 命令格式

例如，将/tmp/test 目录的所有者更改为 zhangsan 用户，更改后，zhangsan 将具有 rwx

的权限。

```
[root@localhost ~]# chown zhangsan /tmp/test
[root@localhost ~]# ll -d /tmp/test
drwxr-xr-x. 2 zhangsan student 4096 11 月 30 21:04 /tmp/test
```

例如，将/tmp/test 目录的所属组更改为 wheel 组，更改后，wheel 组的成员用户将具有 r-x 权限。

```
[root@localhost ~]# chown :wheel /tmp/test
[root@localhost ~]# ll -d /tmp/test
drwxr-xr-x. 2 zhangsan wheel 4096 11 月 30 21:04 /tmp/test
```

例如，将/tmp/test 目录的所有者更改为 root 用户，所属组更改为 daemon 组。

```
[root@localhost ~]# chown root:daemon /tmp/test
[root@localhost ~]# ll -d /tmp/test
drwxr-xr-x. 2 root daemon 4096 11 月 30 21:04 /tmp/test
```

chown 命令也可以结合 "-R" 选项递归更改目录中所有子目录及文件的归属。

例如，将 "/tmp/test" 目录中的所有子目录、文件的所有者更改为 root 用户。

```
[root@localhost ~]# chown -R root /tmp/test
```

需要注意的是，chown 命令对执行该命令的用户权限有严格要求：只有 root 用户可以更改文件的所有者，只有 root 用户或文件所有者可以更改文件的所属组，而且文件所有者只能将所属组更改为当前用户所在的组。

3.5 配置文件访问控制列表（FACL）

我们之前通过 chmod、chown 命令设置权限时，权限都是针对某一类用户设置的。当我们希望对某个指定的用户进行单独的权限控制，例如某个目录要开放给某个特定的使用者使用时，这些传统的方法就无法满足要求了，这时就需要用文件访问控制列表来实现。

例如，/home/project 目录的所有者是 student 用户，所属组是 users 组，预设权限是 770。现在有个名为 natasha 的用户，属于 natasha 组，希望能够对/home/project 目录具有读、写和执行权限；还有一个名为 instructor 的用户，属于 instructor 组，希望能够对/home/project 目录具有读取和执行权限。很明显，利用 chmod 或 chown 命令是无法完成这些要求的。因而，Linux 系统提供了 FACL（File Access Control List，文件访问控制列表）来专门完成这种细部权限设置。

3.5.1 设置 FACL

设置 FACL 使用的是 setfacl 命令，命令格式如下。

setfacl [选项] 设定值 文件名

常用选项如下。

- -m：m 表示 modify，用于设定或者修改一个 FACL 规则。

- -x：取消一个 FACL 规则。

- -b：取消所有的 FACL 规则。

例如，设置 natasha 对/home/project 目录具有 rwx 权限。这里采用的设置格式为 "u:natasha:rwx"，其中 "u" 代表 user，如果要为组设置权限，则采用 "g"。

```
[root@localhost ~]# setfacl -m u:natasha:rwx /home/project/
[root@localhost ~]# ll -d /home/project/
drwxrwx---+ 2 student users 6 2 月  16 09:34 /home/project
```

设置完 FACL 后，查看文件详细信息时会发现在权限部分多出一个 "+" 标识，代表文件启用了 FACL 权限。

下面再设置 instructor 用户对/home/project 目录具有 r-x 权限。

```
[root@localhost ~]# setfacl -m u:instructor:r-x /home/project/
```

3.5.2 管理 FACL

通过 getfacl 命令可以查看 FACL 规则。

```
root@localhost ~]# getfacl /home/project/
getfacl: Removing leading '/' from absolute path names
# file: home/project/
# owner: student
# group: users
user::rwx
user:natasha:rwx
user:instructor:r-x
group::rwx
mask::rwx
other::---
```

通过 "setfacl –m" 命令可以修改 FACL。

例如，将 instructor 用户对于/home/project 目录的权限修改为 rwx。

```
[root@localhost ~]# setfacl -m u:instructor:rwx /home/project/
```

通过"setfacl -x"命令可以从 FACL 中去除某条规则。

例如，将 instructor 用户对于/home/project 目录的规则从 FACL 中去除。

```
[root@localhost ~]# setfacl -x u:instructor /home/project/
```

通过"setfacl -b"命令去除所有的 FACL 规则（针对/home/project）。

```
[root@localhost ~]# setfacl -b /home/project/
```

需要注意的是，利用 FACL 为用户所设置权限的优先级要高于用户的基本权限。例如，对于/home/project 目录，用户 jerry 是目录所属组 users 的成员，该用户理应具有 rwx 权限。如果通过设置 FACL 不赋予其任何权限，那么 jerry 对/home/project 目录最终将没有任何权限。

```
[root@localhost ~]# setfacl -m u:jerry:--- /home/project/        #指定 jerry
#没有任何权限
[root@localhost ~]# su - jerry              #切换到 jerry 进行测试
[root@localhost ~]# touch /home/project/test
touch: 无法创建"/home/project/test": 权限不够
```

最后，解释一下 FACL 中 mask 的含义。为一个文件设置了 FACL 之后，在用 getfacl 命令查看时，规则列表中会有一行 mask 信息，代表当前所有用户的 FACL 最大权限。例如，我们之前设置的 natasha 用户的 FACL 权限为 rwx，instructor 用户的 FACL 权限为 r-x，那么 mask 的值就为所有 FACL 之和 rwx。另外需要注意的是，为一个文件设置了 FACL 之后，在查看该文件的权限信息时，用户组所对应的权限位将被 FACL 的 mask 值所取代。例如，我们执行下面的操作。

```
[root@localhost ~]# mkdir /tmp/test
[root@localhost ~]# ll -d /tmp/test        #目录的默认权限为 755
drwxr-xr-x. 2 root root 6 12 月 10 09:37 /tmp/test
[root@localhost ~]# setfacl -m u:natasha:rwx /tmp/test
[root@localhost ~]# ll -d /tmp/test        #设置 FACL 之后，用户组的权限被 mask 取代
drwxrwxr-x+ 2 root root 6 12 月 10 09:37 /tmp/test
```

因此，当我们查看某个文件的权限时，如果权限位的最后部分为"+"，就意味着该文件被设置了 FACL，此时用户组所对应的权限位就不再是原先的含义，应通过执行 getfacl 命令来查看文件的具体权限设置。

当我们通过"setfacl -x"命令来取消某个用户的 FACL 规则时，即使目标文件已经没有了任何 FACL 规则，但在查看目标文件的属性信息时，权限位的最后部分仍然会有"+"，这就意味着第二组权限仍然表示 mask 值，而不是用户组的权限。因此，如果要取消所有 FACL 规则，那么建议采用"setfacl -b"方式，这样目标文件就彻底恢复到设置 FACL 之

前的状态了。

3.5.3 启用 FACL 支持

FACL 既可以针对用户设置，也可以针对用户组设置。使用 FACL 必须要有文件系统的支持，Linux 中标准的 EXT 系列和 XFS 文件系统都支持 FACL 功能。但是要注意，Linux 中默认的文件系统支持 FACL，但如果是新挂载的分区，则不支持 FACL 应用，可以在挂载文件系统时使用 "-o acl" 选项启动 FACL 支持（如何挂载文件系统将在 4.2 节中介绍）。

例如，将/dev/sdb1 分区挂载到/home 目录，并启用 FACL 支持。文件系统挂载之后，通过 mount 命令确认 FACL 已启用。

```
[root@localhost ~]# mount -o acl /dev/sdb1 /home
[root@localhost ~]# mount | grep home
/dev/sdb1 on /home type xfs (rw,acl)
```

如果想要在系统启动时自动应用 FACL 功能，则需要修改/etc/fstab 文件，在相应挂载设备的挂载选项 "defaults" 后面添加 "acl" 选项。

```
[root@localhost ~]# vim /etc/fstab
/dev/sdb1              /home        xfs      defaults,acl    0        0
```

3.5.4 配置 FACL 时应注意的问题

FACL 用于提供额外权限，主要用来对权限进行微调。在系统中设置权限时，主要还是应该依靠 chmod、chown 这些传统的方法，而不能以 FACL 为主，否则维护起来会比较麻烦。

因而，在生产环境中设置权限时，建议先用 chmod、chown 设置总体权限，然后根据需要再用 FACL 设置细部权限。

3.6 设置特殊权限

虽然通过 FACL 提高了权限设置的灵活性，但是 Linux 系统中可供设置的权限只有读、写和执行 3 种，在某些特殊的场合，这可能无法满足要求。因此，在 Linux 系统中还提供了几种特殊的附加权限，用于为文件或目录提供额外的控制方式，可用的附加权限包括 SET位权限（SUID、SGID）和粘滞位权限（Sticky Bit）。

3.6.1 设置 SET 位权限

SET 位权限是 Linux 系统中除读、写和执行之外的一种附加权限，权限字符为"s"。SET 位权限一般针对可执行的程序文件或者目录进行设置，根据所设置的权限对象不同，又分为 SUID 和 SGID。

SUID 表示对所有者用户添加 SET 位权限，SGID 表示对所属组内的用户添加 SET 位权限。例如，在一个可执行文件被设置了 SUID 或 SGID 权限后，任何用户在执行该文件时，都将获得该文件所有者或所属组相对应的权限。

设置 SET 位权限同样要通过 chmod 命令实现，可以使用"u+s""g+s"的权限模式分别设置 SUID、SGID 权限。

设置 SUID、SGID 权限后，使用 ls 命令查看文件的属性时，对应位置的"x"将变为"s"，表示该文件在执行时将以所有者或所属组身份访问系统。注意，如果文件原来的权限位置有 x 权限，那么执行该命令后其权限字符 s 为小写；若文件原来的权限位置没有 x 权限，则显示为大写字符 S。

1. 设置 SUID

例如，查看 passwd 命令所对应的程序文件的属性信息。

```
[root@localhost ~]# ll /usr/bin/passwd
-rwsr-xr-x. 1 root root 30768 2 月  17 2012 /usr/bin/passwd
```

/usr/bin/passwd 文件的权限是"rwsr-xr-x"，SET 位权限设置在第一组，表示针对所有者用户设置，因而称为 SUID。这样，当其他用户执行 passwd 命令时，会自动以文件所有者 root 用户的身份去执行。

为什么需要让所有的用户都以 root 用户的身份去执行 passwd 命令呢？这是因为利用 passwd 命令为用户设置密码，这个操作必然需要去修改/etc/shadow 文件，而查看/etc/shadow 文件的权限可以发现，任何用户对它都没有任何权限（当然，root 用户除外），也就是说，只有 root 用户才有权修改/etc/shadow 文件，因而如果希望让普通用户也能执行 passwd 命令来为自己设置密码，那么就必须临时为该普通用户赋予 root 用户权限。

```
[root@localhost ~]# ll /etc/shadow
----------. 1 root root 1118 12 月 23 12:13 /etc/shadow
```

因此，SUID 通常是针对可执行的程序文件而设置的，所有的用户在执行这些程序文件所对应的命令时，都将临时具有 root 权限。在查看/bin、/sbin 和/usr/bin 目录中的文件时，可以发现有很多文件使用了红色底纹，这些文件被设置了 SUID 权限。系统中常见的已经设置了 SUID 权限的可执行文件还包括以下几种。

```
[root@localhost ~]# ll /bin/su /bin/mount /bin/ping
-rwsr-xr-x. 1 root root 34904 4 月  17 2012 /bin/su
-rwsr-xr-x. 1 root root 76056 4 月   6 2012 /bin/mount
-rwsr-xr-x. 1 root root 40760 3 月  22 2011 /bin/ping
```

这些具有 SUID 权限的程序文件都是由系统默认设置的，我们一般无须去改动。另外，由于 SUID 权限会改变用户身份，这给系统带来了一定的安全隐患，因而一般不建议自行设置 SUID。

2. 设置 SGID

如果 SET 位权限设置在所属组对应的第二组权限位，那么就称之为 SGID。

SGID 既可以针对可执行文件设置，也可以针对目录设置，但是所表达的含义却截然不同。

- 文件：如果针对文件设置 SGID，则无论使用者是谁，在执行该程序的时候，都将以文件所属组成员的身份去执行。
- 目录：如果针对目录设置 SGID，则该目录的所属组将自动成为在该目录内所建立的文件或子目录的所属组。

一般来说，SGID 通常用于目录的权限设置。

例如，设置/home/test 目录的所有者是 student，所属组是 users，权限是 770。默认情况下，在该目录下创建的文件的所有者和所属组都是创建者自己，如下所示。

```
[root@localhost ~]# ll -d /home/test
drwxrwx---. 2 student users 4096 12 月  2 21:46 /home/test
[root@localhost ~]# touch /home/test/file1
[root@localhost ~]# ll /home/test
总用量 0
-rw-r--r--. 1 root root 0 12 月  2 21:47 file1
```

为/home/test 目录设置 SGID 权限，再在目录中创建文件时，文件的所属组将被自动设置为目录的所属组 users，如下所示。

```
[root@localhost ~]# chmod g+s /home/test
[root@localhost ~]# ll -d /home/test
drwxrwws---. 2 student users 4096 12 月  2 21:47 /home/test
[root@localhost ~]# touch /home/test/file2
[root@localhost ~]# ll /home/test
总用量 0
-rw-r--r--. 1 root root  0 2 月  16 10:01 file1
-rw-r--r--. 1 root users  0 2 月  16 10:02 file2
```

　　SGID 权限在生产环境中被广泛用于协同办公。在为目录设置了 SGID 权限之后，所有用户在该目录中创建的文件都将属于同一个用户组，这样只要是该组的成员都将自动拥有对文件的相应权限，以方便同组成员之间的文件修改和信息交流。

3.6.2　设置粘滞位（SBIT）权限

　　在通常情况下，用户只要对某个目录具备写入（w）权限，便可以删除该目录中的任何文件，而不论这个文件的权限是什么。

　　例如，我们进行下面的操作。

```
#创建/test 目录，并赋予 777 权限
[root@localhost ~]# mkdir /test
[root@localhost ~]# chmod 777 /test
#以 root 用户的身份在/test 目录中创建文件 file1，并查看其默认权限
[root@localhost ~]# touch /test/file1
[root@localhost ~]# ll /test/file1
-rw-r--r--. 1 root root 0 12 月  2 20:32 /test/file1
#以普通用户 natasha 的身份登录系统，可以删除/test/file1
[natasha@localhost ~]$ rm /test/file1
rm: 是否删除有写保护的普通空文件 "/test/file1"？y
```

　　通过上面的操作可以发现，虽然普通用户 natasha 对文件/test/file1 只具备 "r--" 权限，但因为该用户从/test 目录获得了 "rwx" 权限，因而仍然可以将/test/file1 删除。

　　在 Linux 系统中，比较典型的就是 "/tmp" 和 "/var/tmp" 目录。这两个目录作为 Linux 系统的临时目录，允许所有人拥有写入权限，即允许任意用户、任意程序在该目录中进行创建、删除、移动文件或子目录等操作。然而试想一下，若任意一个普通用户都能够删除系统服务运行中使用的临时文件，将造成什么结果？

　　粘滞位权限针对此种情况进行设置，在对目录设置了粘滞位权限以后，即便用户对该目录有写入权限，也不能删除该目录中其他用户的文件数据，而只有该文件的所有者和 root 用户才有权将其删除。设置了粘滞位之后，正好可以保持一种动态的平衡：允许各用户在目录中任意写入和删除数据，但是禁止随意删除其他用户的数据。

　　需要注意的是，粘滞位权限只能针对目录设置，对于文件无效。

　　对于设置了粘滞位权限的目录，在使用 ls 命令查看其属性时，其他用户权限处的 "x" 将变为 "t"。

　　例如，查看/tmp、/var/tmp 目录本身的权限，确认存在 "t" 标记。

```
[root@localhost ~]# ll -d /tmp /var/tmp
drwxrwxrwt. 18 root root 4096 2 月  16 10:09 /tmp
drwxrwxrwt.  7 root root 4096 2 月  16 09:32 /var/tmp
```

　　粘滞位权限都是针对其他用户（other）设置的，使用 chmod 命令设置目录权限时，"o+t" 和 "o-t" 权限模式可分别用于添加和移除粘滞位权限。

　　例如，为/test 目录设置粘滞位权限。

```
[root@localhost ~]# chmod o+t /test
[root@localhost ~]# ll -d /test
drwxrwxrwt. 2 root root 4096 12 月  2 20:39 /test
```

　　此时，普通用户 natasha 便无法删除/test/file1 文件了。

```
[natasha@localhost ~]$ rm /test/file1
rm: 是否删除有写保护的普通空文件 "/test/file1"? y
rm: 无法删除"/test/file1": 不允许的操作
```

　　粘滞位权限在生产环境中也被广泛应用，当需要为用户提供一个开放目录而又不希望造成管理混乱时，通过为目录设置粘滞位权限便可以解决问题。

3.6.3　设置 umask 值

　　umask 值用于设置用户在创建文件时的默认权限，当我们在系统中创建目录或文件时，目录或文件所具有的默认权限就是由 umask 值决定的。

　　对于 root 用户，系统默认的 umask 值是 0022；对于普通用户，系统默认的 umask 值是 0002。执行 umask 命令可以查看当前用户的 umask 值。

```
[root@localhost ~]# umask
0022
```

　　umask 值一共有 4 组数字，其中第 1 组数字用于定义特殊权限，我们一般不予考虑，与一般权限有关的是后 3 组数字。

　　默认情况下，对于目录，用户所能拥有的最大权限是 777；对于文件，用户所能拥有的最大权限是目录的最大权限去掉执行权限，即 666。因为执行权限（x）对于目录是必需的，没有执行权限就无法进入目录，而对于文件则不必默认赋予执行权限（x）。

　　对于 root 用户，其 umask 值是 022。当 root 用户创建目录时，默认的权限就是用最大权限 777 去掉相应位置的 umask 值权限，即对于所有者不必去掉任何权限，对于所属组要去掉 w 权限，对于其他用户也要去掉 w 权限，因此目录的默认权限就是 755；当 root 用户创建文件时，默认的权限则是用最大权限 666 去掉相应位置的 umask 值，即文件的默认权限是 644。

　　可以通过下面的测试操作来了解 umask 值。

```
[root@localhost ~]# mkdir directory1          #创建测试目录
[root@localhost ~]# ll -d directory1          #目录的默认权限是 755
drwxr-xr-x. 2 root root 4096 12月  2 13:08 directory1
[root@localhost ~]# touch file1               #创建测试文件
[root@localhost ~]# ll file1                  #文件的默认权限是 644
-rw-r--r--. 1 root root 0 12月  2 13:09 file1
```

通过 umask 命令可以修改 umask 值，比如将 umask 值设为 0077。

```
[root@localhost ~]# umask 0077
[root@localhost ~]# umask
0077
```

此时创建的目录默认权限为 700，文件默认权限是 600。

```
[root@localhost ~]# mkdir directory2
[root@localhost ~]# ll -d directory2
drwx------. 2 root root 4096 12月  2 13:14 directory2
[root@localhost ~]# touch file2
[root@localhost ~]# ll file2
-rw-------. 1 root root 0 12月  2 13:14 file2
```

考虑一下，如果将 umask 值设为 0003，那么此时创建的目录或文件的默认权限是多少？

正确的结果是，目录的默认权限是 774，文件的默认权限是 664。因此，在计算默认权限时，不应用最大权限直接减去 umask 值，而是将 umask 值所对应的相应位置的权限去掉，这样才能得到正确的结果。

umask 命令只能临时修改 umask 值，系统重启之后 umask 将还原成默认值。如果要永久修改 umask 值，应修改/etc/profile 文件或/etc/bashrc 文件。例如，要将默认 umask 值设置为 027，那么可以在文件中增加一行 "umask 027"。

3.7 find 命令按文件属性/权限查找

在第 2 章中曾介绍过功能强大的 find 命令，除之前所介绍的各种查找条件之外，find 命令还支持按文件属性或权限进行查找。下面将介绍一些常规的使用方法。

3.7.1 根据文件属性查找

文件属性主要是指文件的所有者和所属组这两种所属关系。按文件属性查找，主要有以下选项。

- -user 用户名：根据所有者查找。

- -group 组名：根据所属组查找。

- -uid UID：根据 UID 查找。

- -gid GID：根据 GID 查找。

- -nouser：查找没有所有者的文件。

- -nogroup：查找没有所属组的文件。

例如，在/home 目录下查找所有属于用户 student 的文件或目录。

```
[root@localhost ~]# find /home -user student -ls
400903    4 drwx------    4 student    student    4096 9 月  8 16:33 /home/
student
400904    4 -rw-r--r--    1 student    student 176 1 月 16 2015  home/student
/.bash profile
......
```

例如，在/var 目录中查找所有者为 root 且所属组为 mail 的文件或目录。

```
[root@localhost ~]# find /var -user root -group mail -ls
655309    4 drwxrwxr-x    2 root      mail      4096 12 月 23 11:24 /var/
spool/mail
```

有时可能会遇到这样的情况，比如文件/tmp/test 属于 zhangsan 所有，如果将用户 zhangsan 删除，那么/tmp/test 的所有者和所属组就变成了 zhangsan 原先的 UID 和 GID。

```
[root@localhost ~]# ll /tmp/test          #文件属于 zhangsan
-rw-r--r--. 1 zhangsan zhangsan 0 12 月 23 05:59 /tmp/test
[root@localhost ~]# userdel -r zhangsan   #删除 zhangsan 用户
[root@localhost ~]# ll /tmp/test          #文件的所有者和所属组变成了 UID 和 GID
-rw-r--r--. 1 504 504 0 12 月 23 05:59 /tmp/test
```

这时，我们也可以通过 UID 或 GID 去查找这类文件。

```
[root@localhost ~]# find /tmp -uid 504 -ls
797189    0 -rw-r--r--    1 504        504        0 12 月 23 12:12 /tmp/test
```

其实对于那些正常的所属关系是用户名或组名的文件，同样也可以通过 UID 或 GID 进行查找。例如，用户 student 的 UID 是 500，我们通过 UID 在/home 目录中查找属于 student 的文件。

```
[root@localhost ~]# find /home -uid 500 -ls
400903    4 drwx------    4 student    student    4096 9 月  8 16:33 /home/
student
400904    4 -rw-r--r--    1 student    student 176 1 月 16 2015 /home/student
/.bash_profile
......
```

对于/tmp/test 这样的所有者和所属组变成了 UID 和 GID 的文件，就称为没有所有者和没有所属组的文件，这样的文件在系统中有一定危险性，因此，我们可以通过"-nouser"或"-nogroup"选项去查找这类文件。在找到这类文件之后，最好利用 chown 命令重新为其指定所有者和所属组。

```
[root@localhost ~]# find /tmp -nouser -ls
797189    0 -rw-r--r--   1 504       504           0 12 月 23 12:12 /tmp/test
[root@localhost ~]# find /tmp -nogroup -ls
797189    0 -rw-r--r--   1 504       504           0 12 月 23 12:12 /tmp/test
```

3.7.2 根据文件权限查找

相对于按照文件属性查找，按文件权限查找在实践中要应用得更多一些，用法也相对复杂。下面分类进行介绍。

1. 精确匹配权限

按文件权限查找，需要用到"-perm"选项。"-perm"选项的基本用法很简单，格式为"-perm mode"，其中 mode 为所要匹配的权限，这种查找方式实现的是精确匹配。

例如，要在/boot 目录中查找权限为 755 的普通文件，并显示详细信息。我们设置查找条件为"-perm 755"，可以发现共找到两个文件，这两个文件的权限都对查找条件进行了精确匹配。

```
[root@localhost ~]# find /boot -perm 755 -type f -ls
 65030  250 -rwxr-xr-x   1 root      root        254248 4 月  7   2015 /boot
/efi/EFI/redhat/grub.efi
    16 4125 -rwxr-xr-x   1 root      root       4222192 7 月  2   2015 /boot
/vmlinuz-2.6.32-573.el6.x86_64
```

2. 模糊匹配权限

在更多情况下，我们希望能够对权限进行模糊匹配，比如查找所属组具有写权限的目录，或者查找其他用户具有写权限的文件等。在这些情况下，我们只关心所属组或其他用户是否有相应的权限，而不关心整体权限，因而这时使用精确匹配就无法满足要求了。

"-perm"选项提供了两种模糊匹配的方式："-perm /mode"和"-perm -mode"。这两种模糊匹配方式不是很好理解。下面先举例说明它们之间的区别。

例如，我们要查找的权限为"220"。如果用字符的形式来表示权限的话，那么应该是"-w--w----"；如果用二进制的形式来表示的话，那么应该是"010010000"，如图 3-8 所示。

用十进制数表示权限	2	2	0
用字符表示权限	-w-	-w-	---
用二进制数表示权限	010	010	000

图 3-8 权限的不同表示

这里重点参考采用二进制形式表示的权限，其中数字 0 表示忽略相应位置的权限，数字 1 表示匹配相应位置的权限。因此，在采用"220"作为权限查找条件进行模糊匹配时，就表示要求所有者和所属组应具有写权限，而对其他的权限则予以忽略。

理解这点之后，"-perm /mode"和"-perm -mode"之间的区别就好理解了。"-perm /mode"要求所匹配的权限之间是"或"的关系，"-perm -mode"则要求所匹配的权限之间是"与"的关系。也就是说，"-perm /220"表示所有者或所属组中的任何一个具有写权限就可以，而"-perm -220"则表示所有者和所属组必须同时具有写权限。

下面通过实例进行验证，首先，我们准备一些测试文件。

```
[root@localhost ~]# mkdir /tmp/test
[root@localhost ~]# touch /tmp/test/test{1,2,3}
[root@localhost ~]# chmod 644 /tmp/test/test1
[root@localhost ~]# chmod 664 /tmp/test/test2
[root@localhost ~]# chmod 600 /tmp/test/test3
```

然后，我们分别通过两种不同的方式进行模糊匹配。

以"-perm /220"作为条件，查找所有者或所属组具有写权限的文件，可以看到 3 个测试文件均符合查找条件。

```
[root@localhost ~]# find /tmp/test -perm /220 -type f
/tmp/test/test1
/tmp/test/test2
/tmp/test/test3
```

以"-perm -220"作为条件，查找所有者和所属组都具有写权限的文件，只有/tmp/test/test2符合查找条件。

```
[root@localhost ~]# find /tmp/test -perm -220 -type f
/tmp/test/test2
```

因此，如果要在系统中查找所有人都有写权限的目录，则应该指定条件为"-perm -222"。如果以"-perm /222"为查找条件，则所有者、所属组或其他用户中任何一个具有写权限都会符合要求。

```
[root@localhost ~]# find / -perm -222 -type d -ls 2> /dev/null
  6810      0 drwxrwxrwt   2 root     root      100 12 月 23 03:37 /dev/shm
654108      4 drwxrwxrwt   2 root     root     4096 12 月 23 03:42 /var/tmp
784897      4 drwxrwxrwt  12 root     root     4096 12 月 23 06:58 /tmp
……
```

3. 查找特殊权限

除基本权限之外，find 命令也支持查找特殊权限。对于特殊权限，SUID 对应的数字是

4, SGID 对应的数字是 2, 粘滞位（SBIT）对应的数字是 1。如果某个文件或目录被设置了特殊权限，那么它用数字形式表示的权限就成了 4 位数，特殊权限被放在左侧最高位。例如，/usr/bin/passwd 文件的权限为 "rwsr-xr-x"，用数字形式表示就是 4755。又如，/tmp 目录的权限为 "rwxrwxrwt"，用数字形式表示就是 1777。

因此，如果在系统中查找所有设置了 SUID 的文件，那么应将查找条件设置为 "4000"。由于所要查找的权限位只有 1 个，因此无论使用 "-perm -4000" 还是 "-perm /4000"，都可以达到相同的效果。在 CentOS 7 系统中，这类文件的数量是 27 个。

```
[root@localhost ~]# find / -perm -4000 2> /dev/null | wc -l
27
[root@localhost ~]# find / -perm /4000 2> /dev/null | wc -l
27
```

同理，如果要查找所有设置了 SGID 的目录，那么应指定条件为 "-perm -2000" 或 "-perm /2000"。查找设置了 SBIT 权限的目录，可以指定条件为 "-perm -1000" 或 "-perm /1000"。

如果要查找所有设置了 SGID 或 SBIT 权限的目录,那么应该指定条件为 "-perm /3000"。如果将条件指定为 "-perm -3000"，则表示查找既设置了 SGID 又设置了 SBIT 的目录。

```
#查找同时设置了 SGID 和 SBIT 的目录
[root@localhost ~]# find / -perm -3000 -type d -ls 2> /dev/null
#查找设置了 SGID 或 SBIT 的目录
[root@localhost ~]# find / -perm /3000 -type d -ls 2> /dev/null
 8400     0 drwxrwxrwt   2 root     root       40 9月 11 11:17 /dev/mqueue
 8622     0 drwxrwxrwt   2 root     root       40 9月 11 11:17 /dev/shm
   69     4 drwxrwxrwt   7 root     root     4096 10月 19 11:16 /var/tmp
......
```

3.8 系统权限的其他相关设置

如何进行合理的权限设置是系统运维工作中一项比较重要的内容，权限设置也直接关系到系统本身或网络服务能否安全正常地运行。因而除常规权限和特殊权限之外，本章的最后再介绍一些与系统权限有关的其他设置。掌握更多的内容，在实践应用时才能更为灵活。

3.8.1 设置扩展属性

文件的扩展属性与文件的权限是两个完全独立的概念，但是通过设置扩展属性，可以限制用户的权限。

为了便于理解，这里以 Windows 系统为例进行说明。在 Windows 系统中，选中某个文件之后，右键单击它，然后选择"属性"，在"常规"设置中可以选择为文件设置"只读"属性，如图 3-9 所示。设置了只读属性之后，无论用户对该文件是否具有写入权限，都无法更改该文件的内容。因而，扩展属性可以被看作是一种优先级比系统权限更高的保护措施。

图 3-9　在 Windows 系统中为文件设置只读属性

Linux 系统的扩展属性的原理与 Windows 系统基本相同，而且在 Linux 中可以设置的扩展属性远比 Windows 系统要丰富得多，不过常用的只有只读属性（用 i 表示）和追加属性（用 a 表示）。如果一个文件被设置了只读属性，那么就只能读取文件数据，而不能修改原有数据或增加新的数据；如果一个文件被设置了追加属性，那么就只能向文件中增加新的数据，而无法删除原有的数据。追加属性通常用于保护日志文件的安全。

root 用户在 Linux 系统中的权限不受任何制约，但属性设置不同于权限设置，即使是 root 用户也无法突破扩展属性的限制。虽然 root 用户可以设置或取消文件的扩展属性，但无论怎样，扩展属性都在系统权限之外，又为我们提供了一种安全保护措施。

在 Linux 系统中设置扩展属性需要通过 chattr 命令，命令格式如下。

chattr [-R] +/- i/a 文件

- -R：递归修改所有的文件及子目录，这是一个可选项。

- +：增加扩展属性。

- -：减少扩展属性。

- i：只读属性，增加该属性之后，任何人（包括 root 用户）都无权写入更改。

- a：追加属性，增加该属性之后，只能向文件中添加数据，而不能删除原有数据。

通过 chattr 命令可以锁定系统中的一些重要文件或目录。例如，为/etc/passwd 和/etc/shadow 文件增加只读属性，这样任何人都无法在系统中添加新的用户，也无法删除系统中原有的用户。

```
[root@localhost ~]# chattr +i /etc/passwd /etc/shadow
```

此时再创建用户就会出现错误提示。

```
[root@localhost ~]# useradd test
useradd: 无法打开密码文件
```

lsattr 命令可用于显示文件的扩展属性。

```
[root@localhost ~]# lsattr /etc/passwd /etc/shadow
----i-------- /etc/passwd
----i-------- /etc/shadow
```

如果管理员需要对系统中的用户进行操作，则可以去掉/etc/passwd 文件和/etc/shadow 文件的只读属性。

```
[root@localhost ~]# chattr -i /etc/passwd /etc/shadow
[root@localhost ~]# lsattr /etc/passwd /etc/shadow
------------- /etc/passwd
------------- /etc/shadow
```

为了增强系统的安全性，通常可以为以下这些目录和文件增加只读属性。

```
chattr -R +i /bin /boot /lib /sbin
chattr -R +i /usr/bin /usr/include /usr/lib /usr/sbin
chattr +i /etc/passwd /etc/shadow
chattr +i /etc/hosts /etc/resolv.conf
chattr +i /etc/fstab /etc/sudoers
```

另外，可以对一些重要的日志文件设置追加属性。

```
chattr +a /var/log/messages
```

需要注意的是，锁定系统关键文件虽然能够提高系统的安全性，但是也会带来一些不便。例如，在安装和升级软件时可能需要先去掉有关目录和文件的只读和追加属性。另外，如果对日志文件设置追加属性，可能会使日志轮换（logrotate）无法进行。因此，在使用 chattr 命令前，需要结合服务器的应用环境来权衡是否需要设置只读和追加属性。

另外，扩展属性并不适用于所有的文件或目录。例如，不能通过设置扩展属性来保护/（根目录）、/dev、/tmp 和/var 等目录。首先根目录不能设置只读属性，如果根目录具有只读属性，那么系统将无法工作。在启动/dev 目录时，syslog 需要删除并重新建立/dev/log 套接字设备，如果设置只读属性，那么就可能会出问题。有很多应用程序和系统程序需要在/tmp 目录下建立临时文件，因而也不能设置只读属性。/var 是系统和程序的日志目录，如果设置为只读属性，那么系统写日志将无法进行，因此也不能通过 chattr 命令保护。

3.8.2 限制切换到 root 用户

因为 Linux 系统中的 root 用户权限过大，所以在实际使用中一般先以普通用户的身份登录系统，当需要时再使用 su 命令切换到 root 用户身份。但是我们可能并不希望所有用户都能切换到 root 身份，而是只想指定某个用户可以切换，比如只允许 zhangsan 用户使用 su 命令切换身份。

要限制使用 su 命令的用户，需要进行两个方面的设置。

首先需要启用 pam_wheel 认证模块。

```
[root@server ~]# vim /etc/pam.d/su          #将文件中下面一行前的#去掉
auth            required        pam_wheel.so use_uid
```

这样凡是执行 su 命令的用户都将受到限制，只有 wheel 组中的成员才有权限执行 su 命令。

因而下面需要做的就是将用户 zhangsan 加入 wheel 组中。

```
[root@server ~]# gpasswd -a zhangsan wheel
[root@server ~]# id zhangsan
uid=1001(zhangsan) gid=1001(zhangsan) groups=1001(zhangsan),10(wheel)
```

这样，当使用一个不属于 wheel 组成员的账号切换到 root 时，系统便会拒绝。

例如，使用 lisi 账号切换到 root 用户，即使输入了正确的 root 用户密码，也会提示"密码不正确"。

```
[lisi@localhost ~]$ su - root
口令:
su: 密码不正确
```

3.8.3   使用 sudo 机制提升权限

利用 su 命令切换到 root 用户，必须要输入 root 用户的密码。对于管理员，可以先用普通用户的身份登录系统，然后用 su 命令切换到管理员账号；而如果普通用户也可以使用 su 命令，明显就不利于系统的安全性，因此，对于普通用户来说，更常使用的是 sudo 命令。

sudo 命令的作用：允许经过授权的个别普通用户以 root 权限执行一些授权使用的管理命令。

例如，以普通用户 zhangsan 的身份创建用户，会提示没有权限。

```
[zhangsan@localhost ~]$ useradd test
-bash: /usr/sbin/useradd: 权限不够
```

下面让 zhangsan 使用 sudo 命令以 root 权限去执行命令。注意，普通用户使用 sudo 执行命令时要提供自己的密码进行验证。

```
[zhangsan@localhost ~]$ sudo useradd test
[sudo] password for zhangsan:
zhangsan is not in the sudoers file. This incident will be reported.
```

zhangsan 使用 sudo 命令仍然无法创建用户，这是因为在 Linux 中只有被授权的用户才能执行 sudo 命令，而且使用 sudo 也只能执行那些被授权的命令。

因此，要使用 sudo 命令必须先经过管理员的授权设置，需要修改配置文件 "/etc/sudoers"，该文件的基本配置格式如图 3-10 所示。

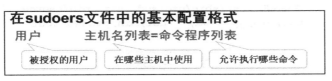

图 3-10　sudoers 文件的基本配置格式

例如，授权普通用户 zhangsan 可以通过 sudo 方式执行所有的命令。

```
[root@localhost ~]# vim /etc/sudoers          #在文件末尾增加下列内容
zhangsan ALL=ALL
```

注意，"/etc/sudoers" 是一个只读文件，修改完成并保存退出时要使用 "wq!" 命令。

如果希望 zhangsan 只能执行部分命令，那么可以在 "/etc/sudoers" 中指定 zhangsan 所能执行的命令的文件路径。注意，命令必须要指明绝对路径，否则系统会识别不出来。命令的文件路径可以通过 which 命令查找。

例如，授权 zhangsan 只能执行 useradd、userdel 和 passwd 命令。

```
[root@localhost ~]# vim /etc/sudoers          #在文件末尾增加下列内容
zhangsan ALL=/usr/sbin/useradd,/usr/sbin/userdel,/usr/bin/passwd
```

另外我们可以发现，zhangsan 每次执行 sudo 命令时都要输入自己的密码。为了省去普通用户执行 sudo 命令时需要输入密码的麻烦，可以在 "/etc/sudoers" 进行如下设置。

```
zhangsan ALL=NOPASSWD:/usr/sbin/useradd,/usr/sbin/userdel,/usr/bin/passwd
```

在进行 sudo 授权时，还应注意不要留下安全漏洞，比如我们授权 zhangsan 可以通过 root 身份执行 passwd 命令，但如果 zhangsan 把 root 用户的密码也更改了怎么办？因此，我们还可以通过 "! 命令" 的方式来阻止用户执行指定的命令。例如，为了防止 zhangsan 修改 root 用户的密码，我们可以在/etc/sudoers 中加入 "! /usr/bin/passwd root"。

```
zhangsan ALL=NOPASSWD:/usr/sbin/useradd,/usr/sbin/userdel,/usr/bin/passwd,
! /usr/bin/passwd root
```

除针对用户授权之外，我们也可以对用户组授权，这样用户组内的所有成员用户就具有了执行 sudo 命令的权限。如果授权的对象是用户组，那么需要在组名的前面加上 "%"。

在 "/etc/sudoers" 文件中有下面一行设置项，表示 wheel 组中的成员拥有所有的管理员权限，因而如果将某个用户加入 wheel 组，那么该用户就具有管理员权限。

```
%wheel  ALL=(ALL)       ALL
```

我们也可以自己来添加设置项，对某个组进行授权，比如授权 managers 组内的成员用户可以添加、删除和更改用户账号。

```
%managers ALL=NOPASSWD:/usr/sbin/useradd,/usr/sbin/userdel,/usr/bin/passwd,
/usr/sbin/usermod,/usr/bin/gpasswd,! /usr/bin/passwd root
```

思考与练习

1. Linux 中的用户管理主要涉及用户账号文件_____、用户密码文件_____、用户组文件_____。

2. 通过 id 命令查看 student 用户的身份信息，并将命令执行后的信息全部重定向到黑洞文件中。

3. 显示系统中用户账号的个数。

4. 将 student 用户的家目录复制到/tmp 目录中，并保持源文件的属性不变。

5. 创建一个名为 financial 的组。

6. 创建一个名为 test1 的用户，指定其 UID 为 1600，将 financial 组设置为 test1 用户的基本组。

7. 通过非交互方式为用户 test1 设置密码 123。

8. 另外打开一个终端，以 test1 用户的身份登录系统。在 test1 的家目录中创建一个名为 test1.txt 的文件，并查看 test1.txt 文件的权限设置。

9. 首先对文件 test1.txt 进行权限设置，要求文件所有者具有读写权限，所属组和其他用户具有只读权限。然后，使 test1 用户退出登录。

10. 将 test1 用户锁定，禁止其登录。再次打开一个终端，尝试能否以 test1 用户的身份登录。

11. 将 test1 用户解锁，在终端中尝试能否以 test1 用户的身份登录。

12. 将用户 test1 家目录中的 test1.txt 文件的所有者改为 root，所属组改为 users。

13. 将 test1 用户连同家目录一并删除。

14. 创建用户 test2，要求没有家目录，并且禁止其登录。

15. 创建用户 test3，并指定其家目录为/test3。

16.　将 test3 用户加入 root 组，使 root 组成为其附加组。

17.　将用户 test3 的基本组修改为 users。

18.　将用户 test3 的家目录/test3 移动到/home 目录中，然后将其家目录改为/home/test3。

19.　当用户对目录有写权限，但对目录下的文件没有写权限时，能否修改此文件内容？能否删除此文件？

20.　Linux 文件的权限位 x 对目录和文件有何不同？

21.　新建目录/tmp/mike，并设置如下权限。

* 将此目录的所有者设置为 mike，并设置读、写和执行权限。

* 将此目录的所属组设置为 sales，并设置读和执行权限。

* 其他用户没有任何权限。

22.　创建/var/test 目录，要求在此目录中任何用户都可以创建文件或目录，但只有用户自身和 root 用户可以删除用户所创建的文件或目录。

23.　新建一个名为 manager 的用户组，创建两个用户账号：natasha 和 harry，并将 manager 组设为这两个用户的附加组。复制文件/etc/fstab 到/var/tmp 目录中，对文件/var/tmp/fstab 进行权限设置。

* 添加 ACL 条目，使 manager 组具有读取权限。

* 添加 ACL 条目，使用户 harry 具有读写权限。

* 添加 ACL 条目，使用户 natasha 没有任何权限。

* 删除 manager 组的 ACL 条目。

* 删除所有附加的 ACL 条目。

24.　假设/var/test 目录的所属组是 users，要求对/var/test 目录进行权限设置，使得任何用户在该目录中所创建的文件或子目录的所属组都自动使用 users 组。

25.　假设普通用户 student 已经被授权，要求以该用户身份将系统的 IP 地址修改为 192.168.80.10/24。

26.　为/etc/passwd 文件添加只读属性。

27.　将/var/log/messages 文件设置为只能向其中追加写入数据，但不能删除原有数据。

28.　在系统中查找所有人都有写权限的目录。

第 4 章
磁盘和文件系统管理

在计算机领域，从广义上来说，硬盘、光盘和 U 盘等用来保存数据信息的存储设备都可以称为磁盘，而其中的硬盘更是计算机主机的关键组件。无论是在 Windows 系统还是在 Linux 系统中，规划、管理磁盘分区以及文件系统都是管理员的重要工作内容之一。

本章将从磁盘分区与格式化、挂载存储设备、磁盘配额管理（quota）、磁盘阵列（RAID）和逻辑卷管理（LVM）几个方面，介绍在 Linux 系统中的磁盘和文件系统管理方法。

4.1　磁盘分区与格式化

从理论上来讲，硬盘分区与格式化的操作应当在安装 Linux 系统的过程中来完成。之前我们在安装 Linux 系统时采用默认设置，由系统自动对硬盘进行分区与格式化。在本章中，将通过为 Linux 虚拟机新增一块硬盘并建立分区的过程，介绍 fdisk 分区工具的使用，以及如何用 mkfs 命令对分区进行格式化。当然，在此之前还必须先了解在 Linux 系统中如何表示硬盘和硬盘分区。

4.1.1　Linux 磁盘及分区的表示方法

操作系统的所有数据都存储在磁盘分区中，在传统的磁盘管理中，磁盘分区包括主分区、扩展分区和逻辑分区 3 种类型。之所以会有这样的区分，是因为在硬盘的主引导扇区（MBR）中用来存放分区信息的空间只有 64 字节（主引导扇区一共只有 512 字节空间），而每一个分区的信息都要占用 16 字节空间，因而理论上一块磁盘最多只能拥有 4 个分区。当然，这 4 个分区都是主分区。这在计算机发展早期没什么问题，但后来随着硬盘空间越来越大，4 个分区就远远不够了，因此，才引入了扩展分区的概念。扩展分区也是主分区，但它不能直接使用，它就相当于是一个容器，可以在扩展分区中再创建新的分区，这些分区被称为逻辑分区。逻辑分区的数量不再受主引导扇区空间大小的限制，像 SCSI 或 SATA 接口的磁盘在 Linux 系统中最多可以创建 12 个逻辑分区。

在 Windows 系统中，每个磁盘分区会被分配一个用大写字母表示的盘符，如 C 盘、D 盘等，Linux 系统对磁盘分区的表示和使用方法与 Windows 系统完全不同。

首先，在 Linux 系统中，所有的磁盘和磁盘中的每个分区都是用文件的形式来表示的。例如，在计算机中有一块硬盘，硬盘上划分了 3 个分区，那么在 Linux 系统中就会有相对应的 4 个设备文件，一个是硬盘的设备文件，另外每个分区也有一个设备文件，所有的设备文件都统一存放在/dev 目录中。

不仅仅是硬盘，绝大多数的硬件设备在 Linux 系统中是以文件的形式存在的。"一切皆文件"正是 Linux 系统的重要特点之一。

不同类型硬盘和分区的设备文件都有统一的命名规则，具体表述形式如下。

- 硬盘：对于 SATA 或 SCSI 接口的硬盘设备，采用 "sd*X*" 形式的文件名，其中 "*X*" 为 a、b、c、d 等字母序号。例如，系统中的第一块硬盘表示为 "sda"，第二块硬盘表示为 "sdb"。

- 分区：表示分区时，以硬盘设备的文件名作为基础，在后边添加该分区对应的数字序号。例如，第一块硬盘中的第一个分区表示为 "sda1"、第二个分区表示为 "sda2"，第二块硬盘中的第一个分区表示为 "sdb1"，依此类推。

需要注意的是，由于主分区的数目最多只有 4 个，因此主分区和扩展分区的序号也就限制为 1～4，而逻辑分区的序号将始终从 5 开始。例如，即便系统中的第一块硬盘只划分了 1 个主分区和 1 个扩展分区，第一个逻辑分区的序号仍然是从 5 开始，应表示为 "sda5"。

Linux 中所有的设备文件都存放在/dev 目录中，一个磁盘分区设备文件的各部分含义可参考图 4-1。

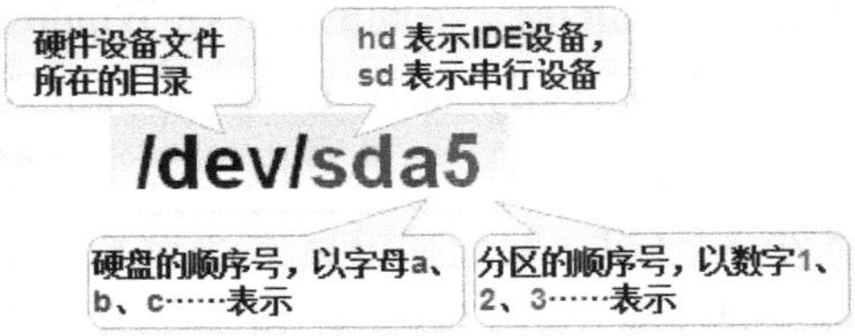

另外，对于所有使用 USB 接口的移动存储设备，一律使用/dev/sdX 的设备文件。光驱（光盘）的设备文件则一般默认为/dev/cdrom。

图 4-1　硬盘分区设备文件命名

4.1.2　Linux 的文件系统

文件系统是操作系统的重要组成部分，它决定了在磁盘分区中存放、读取文件数据的方式和效率。对于一块新的磁盘，在向其中存放数据之前，必须先创建文件系统。文件系统是在对磁盘分区进行高级格式化时被创建的，在系统中会存在很多不同类型的文件系统，可以根据情况选择合适的文件系统类型。

在 Windows 系统中，硬盘分区通常采用 FAT32 或 NTFS 文件系统，而在 Linux 系统中，硬盘分区则大多采用 EXT 系列和 XFS 文件系统。在 CentOS 7 之前，采用 EXT 系列文件系统，从 CentOS 7 开始，则转向了 XFS 文件系统，这种文件系统被认为更适合大数据环境。

Linux 也可以支持 Windows 中的 FAT32 文件系统，只不过在 Linux 系统中名称换成了 VFAT。Linux 不支持 NTFS 文件系统，如果要在 Linux 系统中使用采用 NTFS 文件系统的硬盘分区，那么需要额外安装 NTFS-3G 软件包，在 5.5.2 节中将介绍如何通过源码的方式来安装该软件。

在文件 "/etc/filesystems" 中存放了 Linux 支持的所有文件系统类型，其中 "iso9660" 是指光盘所采用的文件系统类型。

```
[root@localhost ~]# cat /etc/filesystems
xfs
ext4
ext3
ext2
nodev proc
nodev devpts
iso9660
vfat
hfs
hfsplus
*
```

另外，Linux 中还有一个比较特殊的 swap 类型的文件系统。swap 文件系统是专门给交换分区使用的。交换分区类似于 Windows 系统中的虚拟内存，能够在一定程度上解决物理内存不足的问题。不同的是，在 Windows 系统中是采用一个名为 pagefile.sys 的系统文件作为虚拟内存使用，而在 Linux 系统中则是划分了一个单独的分区作为虚拟内存，这个分区被称为交换分区。交换分区的大小通常设置为主机物理内存的 2 倍，如主机的物理内存大小为 1GB，则交换分区大小设置为 2GB 即可。由于现在的服务器普遍配置了大容量内存，因此对于内存容量在 8GB 以上的服务器，交换分区大小统一设置为 8GB 即可。在安装 Linux 系统时，如果选择由系统自动对硬盘进行分区，那么系统会自动创建 swap 交换分区，并为其分配适当的磁盘空间，一般也无须再额外进行配置。

4.1.3　查看分区信息

在 Linux 中，基本的磁盘及分区管理工具是 fdisk。fdisk 命令的基本格式如下。

fdisk [-l] [设备名称]

fdisk 命令不仅可以进行硬盘分区，还可以查看硬盘以及分区信息，这要用到 "-l" 选项。"fdisk -l" 命令的作用是列出当前系统中所有磁盘设备及其分区的信息，命令执行结果如图 4-2 所示。

```
[root@localhost ~]# fdisk -l

磁盘 /dev/sda: 21.5 GB, 21474836480 字节, 41943040 个扇区
Units = 扇区 of 1 * 512 = 512 bytes
扇区大小(逻辑/物理): 512 字节 / 512 字节
I/0 大小(最小/最佳): 512 字节 / 512 字节
磁盘标签类型: dos
磁盘标识符: 0x0003e7c2

   设备 Boot      Start        End      Blocks   Id  System
/dev/sda1   *      2048     2099199     1048576   83  Linux
/dev/sda2       2099200    41943039    19921920   8e  Linux LVM
```

图 4-2 查看分区信息

图 4-2 中包含了硬盘的整体情况和分区信息，其中分区信息的各字段含义如下。

- 设备：分区的设备文件名称。

- Boot：表示是否是引导分区，若是，则带有 "*" 标识。

- Start：该分区在硬盘中的起始位置。

- End：该分区在硬盘中的结束位置。

- Blocks：表示分区的大小，以 Block（块）为单位，默认的块大小为 4KB。

- Id：表示分区类型的 ID 标记号，对于 XFS 分区，其为 83；对于 LVM 分区，其为 8e。

- System：表示分区类型，"Linux" 代表 XFS 文件系统，"Linux LVM" 代表逻辑卷。

4.1.4 在虚拟机中添加硬盘

为了练习硬盘分区操作，需要事先在虚拟机中添加额外的硬盘。由于 SCSI 接口的硬盘支持热插拔，因此可以在虚拟机开机状态下直接添加硬盘。

打开虚拟机的硬件设置界面，单击 "添加" 按钮，添加一块容量为 20GB 的 SCSI 硬盘，如图 4-3 所示。

然后，需要将虚拟机重启以识别新增加的硬盘。

系统重新启动之后，执行 "fdisk –l" 命令查看硬盘分区信息，可以发现增加的硬盘 "/dev/sdb"，新的硬盘设备还未进行初始化，因而没有包含有效的分区信息，如图 4-4 所示。

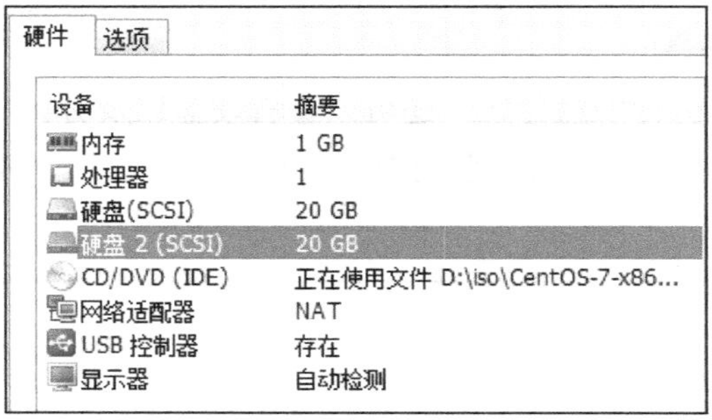

图 4-3 在虚拟机中添加硬盘

```
磁盘 /dev/sdb：21.5 GB，21474836480 字节，41943040 个扇区
Units = 扇区 of 1 * 512 = 512 bytes
扇区大小(逻辑/物理)：512 字节 / 512 字节
I/O 大小(最小/最佳)：512 字节 / 512 字节
```

图 4-4 新增加的硬盘信息

4.1.5 利用 fdisk 对硬盘进行分区

以硬盘设备文件名为参数执行 fdisk 命令，就可以通过交互方式对相应的硬盘进行创建、删除、更改分区等操作。

下面执行"fdisk /dev/sdb"命令，进入交互式的分区管理界面，如图 4-5 所示。

```
[root@localhost ~]# fdisk /dev/sdb
欢迎使用 fdisk (util-linux 2.23.2)。

更改将停留在内存中，直到您决定将更改写入磁盘。
使用写入命令前请三思。

Device does not contain a recognized partition table
使用磁盘标识符 0x434adfa2 创建新的 DOS 磁盘标签。

命令(输入 m 获取帮助)：
```

图 4-5 fdisk 命令的交互式界面

在操作界面中的"命令(输入 m 获取帮助)："提示符后，用户可以输入特定的分区操作指令，完成各项分区管理任务。在输入"m"指令后，可以查看各种操作指令的帮助信息，如图 4-6 所示。

如图 4-7 所示，使用 n 命令创建分区，然后系统提示选择分区类型，"p"代表主分区，"e"代表扩展分区，我们这里选择创建主分区。之后需要依次选择分区序号、起始位置和结束位置（或分区大小），即可完成新分区的创建。

```
命令(输入 m 获取帮助):m
命令操作
   a   toggle a bootable flag
   b   edit bsd disklabel
   c   toggle the dos compatibility flag
   d   delete a partition
   g   create a new empty GPT partition table
   G   create an IRIX (SGI) partition table
   l   list known partition types
   m   print this menu
   n   add a new partition
   o   create a new empty DOS partition table
   p   print the partition table
   q   quit without saving changes
   s   create a new empty Sun disklabel
   t   change a partition's system id
   u   change display/entry units
   v   verify the partition table
   w   write table to disk and exit
   x   extra functionality (experts only)
```

图 4-6　查看操作指令帮助信息

```
命令(输入 m 获取帮助):n ◄──── 创建分区
Partition type:
   p   primary (0 primary, 0 extended, 4 free)
   e   extended
Select (default p):p ◄──── 选择分区类型
分区号 (1-4, 默认 1):1 ◄──── 选择分区编号          选择起始扇区，建议直接按回车键
起始 扇区 (2048-41943039,默认为 2048):◄──────
将使用默认值 2048                                   指定分区容量
Last 扇区, +扇区 or +size{K,M,G} (2048-41943039, 默认为 41943039):+5G
分区 1 已设置为 Linux 类型,大小设为 5 GiB
```

图 4-7　创建容量为 5GB 的主分区

选择分区号时，主分区和扩展分区的序号范围只能为 1～4。分区起始位置一般由 fdisk 默认识别，结束位置或分区大小可以使用"+size{K，M，G}"（大括号中为可选的单位）的形式，如"+5G"表示将分区的容量设置为 5GB。图 4-7 所示的操作是创建了一个容量为 5GB、分区编号为 1 的主分区。

分区结束之后，可以输入 p 命令查看创建好的分区/dev/sdb1，如图 4-8 所示。

```
命令(输入 m 获取帮助):p

磁盘 /dev/sdb:21.5 GB, 21474836480 字节, 41943040 个扇区
Units = 扇区 of 1 * 512 =512 bytes
扇区大小(逻辑/物理):512 字节 / 512 字节
I/O 大小(最小/最佳):512 字节 / 512 字节
磁盘标签类型:dos
磁盘标识符:0x92140382

   设备 Boot      Start        End     Blocks   Id  System
/dev/sdb1         2048    10487807    5242880   83  Linux
```

图 4-8　查看分区信息

下面再继续创建两个逻辑分区。在创建逻辑分区之前，首先需要创建扩展分区，如图

4-9 所示。需要注意的是，必须把所有剩余空间全部分给扩展分区。

```
命令(输入 m 获取帮助): n   ◀──── 继续创建分区
Partition type:
  p   primary (1 primary, 0 extended, 3 free)
  e   extended
Select (default p): e   ◀──── 设置分区类型为扩展分区
分区号 (2-4, 默认 2):4   ◀──── 指定分区编号为4                起始和结束扇区均直接
起始 扇区 (10487808-41943039, 默认为 10487808):          ──── 按回车键, 采用默认值
将使用默认值 10487808
Last 扇区, +扇区 or +size{K,M,G} (10487808-41943039, 默认为 41943039): ◀────
将使用默认值 41943039
分区 4 已设置为 Extended 类型, 大小设为 15 GiB
```

图 4-9 创建扩展分区

在创建好扩展分区之后，就可以创建逻辑分区了。在创建逻辑分区的时候不需要指定分区编号，系统会自动从 5 开始顺序编号，如图 4-10 所示。

```
命令(输入 m 获取帮助): n
Partition type:
  p   primary (1 primary, 1 extended, 2 free)
  l   logical (numbered from 5)
Select (default p): l   ◀──── 指令l, 创建第一个逻辑分区
添加逻辑分区 5                                         分区容量指定为8GB
起始 扇区 (10489856-41943039, 默认为 10489856):
将使用默认值 10489856
Last 扇区, +扇区 or +size{K,M,G} (10489856-41943039, 默认为 41943039):+8G ◀────
分区 5 已设置为 Linux 类型, 大小设为 8 GiB

命令(输入 m 获取帮助): n
Partition type:
  p   primary (1 primary, 1 extended, 2 free)
  l   logical (numbered from 5)
Select (default p): l   ◀──── 指令l, 创建第二个逻辑分区
添加逻辑分区 6
起始 扇区 (27269120-41943039, 默认为 27269120):       剩余空间全部给第二个逻辑分区
将使用默认值 27269120
Last 扇区, +扇区 or +size{K,M,G} (27269120-41943039, 默认为 41943039): ◀────
将使用默认值 41943039
分区 6 已设置为 Linux 类型, 大小设为 7 GiB
```

图 4-10 创建两个逻辑分区

最后，再次输入 p 命令，查看分区情况，如图 4-11 所示。

```
命令(输入 m 获取帮助): p

磁盘 /dev/sdb: 21.5 GB, 21474836480 字节, 41943040 个扇区
Units = 扇区 of 1 * 512 = 512 bytes
扇区大小(逻辑/物理): 512 字节 / 512 字节
I/O 大小(最小/最佳): 512 字节 / 512 字节
磁盘标签类型: dos
磁盘标识符: 0x92140382

   设备 Boot      Start         End      Blocks   Id  System
/dev/sdb1          2048    10487807     5242880   83  Linux
/dev/sdb4      10487808    41943039    15727616    5  Extended
/dev/sdb5      10489856    27267071     8388608   83  Linux
/dev/sdb6      27269120    41943039     7336960   83  Linux
```

图 4-11 查看分区信息

在完成对硬盘的分区操作后，可以执行"w"命令保存并退出或执行 q 命令以不保存方式退出 fdisk，如图 4-12 所示。

```
命令(输入 m 获取帮助)：w  ◄───────── 保存退出
The partition table has been altered!

Calling ioctl() to re-read partition table.
正在同步磁盘。
```

图 4-12　保存并退出 fdisk 交互界面

硬盘分区设置完成以后，可以执行"cat /porc/partitions"命令查看系统内核是否已经识别出了新的硬盘分区，否则可以执行"partprobe /dev/sdb"命令强制使系统加载新的分区表，或者通过重启系统方式使分区生效。

例如，查看系统内核是否已经识别出新分区。

```
[root@localhost ~]# cat /proc/partitions
major minor  #blocks  name

   8        0   20971520 sda
   8        1     512000 sda1
   8        2   20458496 sda2
   8       16   20971520 sdb
   8       17    5253223 sdb1
   8       20          1 sdb4
   8       21    8393931 sdb5
   8       22    7317576 sdb6
……
```

如果需要删除已创建好的分区，那么可以在 fdisk 命令操作界面中使用 d 命令将指定的分区删除，然后根据提示输入需要删除的分区序号即可。在删除时，建议从最后一个分区开始，以避免 fdisk 识别的分区序号发生紊乱。另外，如果扩展分区被删除，则扩展分区之下的逻辑分区也将同时被删除。

4.1.6　格式化分区

分区创建好之后，还必须经过格式化才能使用。格式化的主要目的是在分区中创建文件系统。CentOS 7 默认使用的文件系统是 XFS，也支持之前版本所采用的 EXT 文件系统。

格式化分区的命令是 mkfs，使用"-t"选项指定所要采用的文件系统类型。

mkfs 命令的基本格式如下。

mkfs　 t 文件系统类型 分区设备文件名

例如，将/dev/sdb1 格式化为 XFS 文件系统。

```
[root@localhost ~]# mkfs -t xfs /dev/sdb1
```

例如，将/dev/sdb5 格式化为 EXT4 文件系统。

```
[root@localhost ~]# mkfs -t ext4 /dev/sdb5
```

需要注意的是，因为格式化时会清除分区上的所有数据，所以应注意安全，事先进行备份。

4.2 挂载存储设备

通过之前的操作，已经将系统中新增加的第二块硬盘分成了 4 个分区：/dev/sdb1、/dev/sdb4、/dev/sdb5 和/dev/sdb6，其中/dev/sdb4 作为扩展分区无法使用，实际可用的分区只有 3 个。

但是，上述这 3 个分区也无法直接使用。要想使用这些分区，还必须要经过最后一步操作——挂载。挂载是 Linux 系统与 Windows 系统在存储设备操作方式上的一个非常重要的区别。

在 Linux 系统中，对各种存储设备的资源访问（如读取、保存文件等）都是通过目录结构进行的，虽然系统核心能够通过设备文件操纵各种设备，但是对于用户来说，还需要有一个"挂载"的过程，才能像正常访问目录一样访问存储设备中的资源。

下面将详细介绍如何挂载以及卸载硬盘分区、光盘、U 盘和 ISO 镜像等各种存储设备。

4.2.1 什么是挂载

挂载就是指定系统中的一个目录作为挂载点，用户通过访问这个目录来实现对硬盘分区的数据存取操作，作为挂载点的目录就相当于是一个访问硬盘分区的入口。挂载这个操作就是用来告诉 Linux 系统：现在有一个磁盘空间，请你把它放在某一个目录中，好让用户可以调用里面的数据。挂载时必须以设备文件来指定所要挂载的设备。

例如，把/dev/sdb5 挂载到/tmp 目录，当用户在/tmp 目录下执行数据存取操作时，Linux 系统就知道要到/dev/sdb5 上执行相关的操作。

在安装 Linux 系统的过程中，自动建立或识别的分区通常会由系统自动完成挂载，如"/"分区、"/boot"分区等，如图 4-13 所示，后来新增加的硬盘分区、U 盘、光驱等设备，就必须由管理员手动进行挂载。

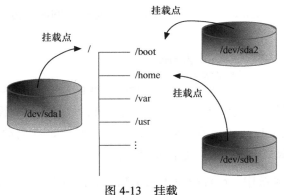

图 4-13　挂载

挂载使用命令 mount，命令的基本格式如下。

mount [-t 文件系统类型] 设备文件名 挂载点目录

其中，文件系统类型通常可以省略（由系统自动识别）；设备文件名则应区分每种设备所对应的名字，这里也可以是一个网络资源路径；挂载点为用户指定用于挂载的目录。需要注意的是，作为挂载点的目录必须是事先已经存在的。

卸载使用的命令为 umount，需要指定挂载点目录或对应的设备文件名作为参数，命令格式如下。

umount 设备文件名 | 挂载点目录

4.2.2　挂载硬盘分区

下面新建一个目录/data，并将硬盘分区 "/dev/sdb1" 挂载到 "/data" 目录下。

```
[root@localhost ~]# mkdir /data
[root@localhost ~]# mount /dev/sdb1 /data
```

需要注意的是，挂载点必须是一个已经存在的目录，一般在挂载之前先创建一个新目录。如果要把现有的目录当作挂载点，则这个目录最好为空目录，否则挂载之后，目录里原有的内容会被暂时隐藏。

例如，将 "/dev/sdb5" 挂载到 "/home" 目录，挂载之后，目录中原有的内容仍然被保留在原先的磁盘分区中，从而被隐藏起来。

```
[root@localhost ~]# ls /home                 #目录中原有的内容
admin  zhangsan  lisi  student  temp  temp01  test  test1  user4
[root@localhost ~]# mount /dev/sdb5 /home
[root@localhost ~]# ls /home                 #挂载之后目录为空
```

将设备卸载之后，"/home"目录将自动回到原先所在的磁盘分区，原有的内容也将重新显示出来。

```
[root@localhost ~]# umount /home
[root@localhost ~]# ls /home
admin  zhangsan  lisi  student  temp  temp01  test  test1  user4
```

因此，在一般情况下，建议挂载点是一个空目录，尽量不要将设备挂载到系统的常用目录，比如/etc、/dev、/sbin、/bin 和/lib 等目录。由于 Kernel 在启动时要加载其中的程序，因此这些目录必须和根目录在一起，它们不能作为挂载点使用。

其实，在 Linux 系统中，已经提供了两个默认的挂载点目录：/media 和/mnt。/media 用作系统自动挂载点，/mnt 用作用户手动挂载点。例如，当在图形界面下插入 U 盘或光盘时，系统会将它们自动挂载到/media 目录下；而如果用户要手动挂载这些设备，则建议挂载到/mnt 目录下。另外，不建议将设备直接挂载到/mnt 目录之下，而应先在其中创建子目录，然后分别将不同的设备挂载到相应的子目录中。例如，创建目录/mnt/game 和/mnt/movie，将/dev/sdb5 和/dev/sdb6 分区分别挂载到这两个目录下。

```
[root@localhost ~]# mkdir /mnt/{game,movie}
[root@localhost ~]# mount /dev/sdb5 /mnt/game
[root@localhost ~]# mount /dev/sdb6 /mnt/movie
```

4.2.3   查看系统中已挂载的设备

通过 df（disk free）命令可以查看系统中已经挂载的设备，并了解这些设备的使用情况。df 命令的常用选项有 "-h" 和 "-T"。

- "-h"选项：人性化显示，显示 K（KB）、M（MB）、G（GB）等更易读的容量单位。

- "-T"选项：显示文件系统的类型。

例如，查看系统中已经挂载的设备及其使用情况。

```
[root@localhost ~]# df -hT
文件系统               类型      容量    已用    可用   已用%  挂载点
......
/dev/sda1             xfs      1014M   173M    842M   18%   /boot
/dev/sdb1             xfs      5.0G     33M    5.0G    1%   /data
/dev/sdb5             ext4     7.8G     36M    7.3G    1%   /mnt/game
/dev/sdb6             xfs      7.0G     33M    7.0G    1%   /mnt/movie
```

在执行 df 命令时，会看到有许多类型为 tmpfs 的文件系统，这些都是 Linux 中的临时文件系统，一般可以忽略它们。为了方便显示，可以通过执行 "df -hT | grep -v tmpfs"命令

来过滤掉这些临时文件系统。

```
[root@localhost ~]# df -hT | grep -v tmpfs
文件系统                    类型      容量    已用     可用    已用%   挂载点
/dev/mapper/centos-root xfs       17G    3.8G     14G     23%    /
/dev/sda1              xfs     1014M    157M    858M     16%    /boot
/dev/sr0             iso9660    4.2G    4.2G       0    100%    /mnt/cdrom
/dev/sdb1              xfs      5.0G     33M    5.0G      1%    /data
/dev/sdb5             ext4      7.8G     36M    7.3G      1%    /mnt/game
/dev/sdb6              xfs      7.0G     33M    7.0G      1%    /mnt/movie
```

4.2.4 挂载光驱

在挂载光驱和 U 盘等外围设备时，一般习惯将挂载点放在/mnt 目录下。

光驱对应的设备文件通常为 "/dev/cdrom"，下面首先在虚拟机中加载系统光盘 ISO 镜像，然后将光驱挂载到 "/mnt/cdrom" 目录。由于光盘是只读的存储介质，因此在挂载时系统会出现写保护的提示信息。

```
[root@localhost ~]# mkdir /mnt/cdrom
[root@localhost ~]# mount /dev/cdrom /mnt/cdrom
mount: /dev/sr0 写保护，将以只读方式挂载
```

查看系统中已挂载的存储设备。从 df 命令显示的结果中可以发现，光驱的实际设备文件是/dev/sr0，/dev/cdrom 其实只是一个符号链接，不过我们一般习惯用/dev/cdrom 这个更容易记忆的名字。光盘的文件系统是 iso9660，这个了解即可。

```
[root@localhost ~]# df -hT
文件系统                  类型      容量    已用    可用    已用%   挂载点
......
/dev/sda1            xfs     1014M    173M    842M     18%    /boot
/dev/sr0           iso9660    4.1G    4.1G       0    100%    /mnt/cdrom
/dev/sdb1            xfs      5.0G     33M    5.0G      1%    /data
/dev/sdb5           ext4      7.8G     36M    7.3G      1%    /mnt/game
/dev/sdb6            xfs      7.0G     33M    7.0G      1%    /mnt/movie
```

4.2.5 挂载移动存储设备

U 盘和移动硬盘等使用 USB 接口的移动存储设备在 Linux 系统中也是采用/dev/sdx 的命名方式。下面以 U 盘为例介绍如何挂载使用移动存储设备。

由于是在虚拟机中进行操作，因此首先需要将 U 盘接入虚拟机中。在虚拟机上单击右键，在 "可移动设备" 中找到 U 盘，然后单击 "与主机连接或断开连接"，就可以将 U 盘转接到虚拟机中，如图 4-14 所示。

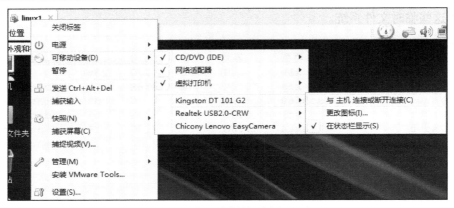

图 4-14　将 U 盘转接到虚拟机中

在我们的实验环境中，U 盘相当于是系统中的第 3 块 SCSI 接口设备，因此它对应的设备文件为 "/dev/sdc"，可以用 "fdisk -l" 命令查看。

```
[root@localhost ~]# fdisk -l
磁盘 /dev/sdc: 7901 MB, 7901020160 字节, 15431680 个扇区
Units = 扇区 of 1 * 512 = 512 bytes
扇区大小(逻辑/物理): 512 字节 / 512 字节
I/O 大小(最小/最佳): 512 字节 / 512 字节
磁盘标签类型: dos
磁盘标识符: 0x00000000

设备 Boot      Start        End       Blocks      d      System
/dev/sdc1      8192     15431679     711744       b     W95 FAT32
```

可以看到，U 盘只有一个分区/dev/sdc1，下面将它挂载到 "/mnt/usb" 目录中。

```
[root@localhost ~]# mkdir /mnt/usb
[root@localhost ~]# mount /dev/sdc1 /mnt/usb
```

4.2.6　挂载 ISO 镜像

如今 ISO 镜像使用的频率越来越高，因为光驱已逐渐被淘汰。在 Linux 系统中，可以将 ISO 镜像直接挂载使用。Linux 将 ISO 镜像视为一种特殊的 "回环" 文件系统，因此在挂载时需要添加 "-o loop" 选项。

下面将 U 盘中事先准备好的 Kali Linux 系统的镜像文件 "kali-linux-2.0-amd64.iso" 挂载到 "/mnt/kali" 目录中。

```
[root@localhost ~]# mkdir /mnt/kali
[root@localhost ~]# cd /mnt/usb
[root@localhost usb]# mount -o loop kali-linux-2.0-amd64.iso /mnt/kali
```

注意，在写这类很长的文件名时要善于使用<Tab>键补全。

4.2.7　卸载存储设备

在卸载存储设备时，因为同一设备可能被挂载到多个目录下，所以一般建议通过挂载点目录的位置来进行卸载。

例如，将挂载到/mnt/cdrom 目录的光驱卸载。

```
[root@localhost ~]# umount /mnt/cdrom
```

在使用 umount 命令卸载存储设备时，必须保证此时存储设备不能处于 busy 状态。使存储设备处于busy状态的情况包括设备中有打开的文件，某个进程的工作目录在此系统中，设备的缓存文件正在被使用等。常见的错误是在挂载点目录下进行卸载操作。

例如，在挂载点目录下进行卸载操作，出现错误提示。

```
[root@localhost ~]# cd /mnt/cdrom
[root@localhost cdrom]# umount /mnt/cdrom
umount: /mnt/cdrom: 目标忙。
        (有些情况下通过 lsof(8) 或 fuser(1) 可以找到有关使用该设备的进程的有用信息)
```

此时只要从挂载点目录中退出，就可以正常卸载了。

4.2.8　自动挂载

通过 mount 命令所挂载的存储设备在 Linux 系统关机或重启时都会自动被卸载，这样每次开机后管理员都需要将它们手工再挂载一遍。如果在挂载的存储设备里存放了一些开机要自动运行的程序数据，则可能会导致程序出现错误。在 Linux 系统中，可以通过修改/etc/fstab 文件来完成存储设备的自动挂载。

/etc/fstab 被称为文件系统数据表（File System Table），Linux 在每次开机的时候都会按照这个文件中的配置来自动挂载相应的存储设备。/etc/fstab 文件中的内容如图 4-15 所示。

```
#
/dev/mapper/cl_bogon-root /                          xfs     defaults    0 0
UUID=3260f9cd-6aa6-468a-b4cb-2a1a47f49cfc /boot                 xfs     defaults    0 0
/dev/mapper/cl_bogon-swap swap                       swap    defaults    0 0
```

图 4-15　/etc/fstab 文件

文件中的每一行对应了一个自动挂载的设备，每行包括 6 个字段，每个字段的含义如下。

- 第 1 个字段：需要挂载的设备文件名，也可以写成分区的 LABEL（卷标）或者分区的 UUID。

- 第 2 个字段：挂载点。挂载点必须是一个目录，而且必须用绝对路径。

- 第 3 个字段：文件系统的类型。如果是 XFS 文件系统，则写成 xfs；如果是 EXT4 文件系统，则写成 ext4；如果是光盘，则写成 auto，由系统自动检测。

- 第 4 个字段：挂载选项。选项非常多，这里一般采用 "defaults"，表示包含 rw、suid、dev、exec、auto、nouser、async 等选项。

- 第 5 个字段：存储设备是否需要 dump 备份（dump 是一个备份工具），1 表示需要，0 表示忽略。现在很少用到 dump 这个工具，这项通常设置为 0。

- 第 6 个字段：表示在系统启动时是否检测这个存储设备以及检测的顺序。0 表示不检测；1 和 2 表示检测以及检测的顺序，先检测 1，再检测 2。如果有多个分区需要开机检测，就都设置成 2，1 检测完后会检测 2。在 CentOS 7 系统中，该项通常设置为 0。

下面我们通过修改/etc/fstab 文件分别来实现磁盘分区和光驱的自动挂载。

例如，将磁盘分区/dev/sdb1 自动挂载到/data 目录。

利用 Vi 编辑器修改/etc/fstab 文件，在文件的最下方增加下面一行。

```
[root@localhost ~]# vim /etc/fstab
/dev/sdb1                /data                xfs      defaults      0 0
```

例如，将光驱自动挂载到/mnt/cdrom 目录。

```
[root@localhost ~]# vim /etc/fstab
/dev/cdrom               /mnt/cdrom           auto     defaults      0 0
```

通过修改/etc/fstab 配置文件，虽然可以实现设备的永久挂载，但是却无法立即生效。这也是 Linux 系统中很多操作的共同特点：同样一种功能，比如挂载存储设备，如果是通过命令来实现，那么可以立即生效，但无法永久有效，当系统关机或重启之后功能就失效了；而如果通过修改配置文件的方式来实现该功能，可以永久有效，但无法立即生效，一般会在重启系统的时候生效。

因而当修改完/etc/fstab 文件之后，我们可以执行 "mount –a" 命令，它可以自动挂载配置文件中所有的文件系统，从而在无须重启系统的情况下使得设置生效。

另外，还需要注意一个问题，像/dev/sdb1 这类由系统自动分配的设备名称并非总是固定不变的，它们依赖于系统启动时内核加载模块的顺序。例如，我们在插入 U 盘时启动了系统，而下次启动时又把 U 盘拔掉了，就有可能会导致设备名分配不一致。因此，在/etc/fstab 文件中自动挂载存储设备时，最好采用 UUID 来表示所要挂载的设备。UUID（Universally

Unique IDentifier，全局唯一标识符）是 Linux 系统为每个设备提供的唯一标识字符串，与之前介绍过的 UID 和 GID 类似，系统并非通过名称而是通过 UUID 来识别每个存储设备，而且 UUID 不会发生改变。用户可以通过 blkid 命令来查看某个设备的 UUID，例如查看/dev/sdb1 的 UUID。

```
[root@localhost ~]# blkid /dev/sdb1
/dev/sdb1: UUID="fd8bf63e-4888-4066-bd92-c55e95ec635e" TYPE="xfs"
```

在/etc/fstab 文件中采用 UUID 来表示/dev/sdb1。

```
[root@localhost ~]# vim /etc/fstab
UUID=fd8bf63e-4888-4066-bd92-c55e95ec635e    /data    xfs    defaults    0 0
```

4.3　磁盘配额管理（quota）

磁盘配额管理，即限制用户的可用磁盘空间，如针对提供虚拟主机的 Web 服务器，需要对网站空间大小进行限制；针对邮件服务器，需要对用户邮箱大小进行限制；针对文件服务器，需要对每个用户可用的网络硬盘空间进行限制等。

在 Linux 系统中引入了 quota 磁盘配额功能，对用户可使用的磁盘空间和文件数量进行限制，目的就是将用户对磁盘容量的使用限制在一个合理的水平，防止存储资源耗尽。

4.3.1　什么是磁盘配额

quota 设置的磁盘配额功能只在指定的文件系统（分区）内有效，用户使用未设置配额的文件系统时，将不会受到限制。quota 主要针对系统中指定的用户账号和账号进行限制，没有被设置限额的用户或组将不受影响。为组账号设置配额后，组内所有用户使用的磁盘容量、文件数量的总和不能超过限制。

通过设置磁盘配额可以对用户或组进行两方面的限制：磁盘容量和文件数量。

- 磁盘容量：限制用户能够使用的磁盘数据块的大小，也就是限制磁盘空间大小，默认单位为 KB。
- 文件数量：限制用户能够拥有的文件个数。在 Linux 系统中，每一个文件都有一个对应的数字标记，称为 i 节点（inode）编号，这个编号在文件系统内是唯一的，因此 quota 通过限制 i 节点的数量来实现对文件数量的限制。

磁盘配额的限制方法分为软限制和硬限制两种。

- 软限制是指设定一个软性的配额数值（如 500MB 磁盘空间、200 个文件），在固定的宽限期（默认为 7 天）内允许暂时超过这个限制，但系统会给出警告信息。

- 硬限制是指设定一个硬性的配额数值（如 1GB 磁盘空间、500 个文件），而且绝对禁止用户超过该限值。当达到硬限制值时，系统会给出警告并禁止继续写入数据。硬限制的配额值应大于相应的软限制值，否则软限制值将失效。

4.3.2　设置磁盘配额

下面以硬盘分区 "/dev/sdb1" 为例，先将其挂载到 "/data" 目录下，然后在该文件系统中配置实现磁盘配额功能。

1. 启用磁盘配额

首先需要在指定的文件系统上启用磁盘配额功能。有两种方法可以启用磁盘配额：执行 mount 命令或修改/etc/fstab 文件。

通过执行 mount 命令启用的磁盘配额，在下次分区重新挂载时将消失，因而建议采用第二种方法，即通过修改配置文件 "/etc/fstab" 的方式启用 quota 磁盘配额，通过这种方式启用的磁盘配额功能可以永久生效。

下面修改/etc/fstab 文件，给需要设置配额的文件系统添加磁盘配额选项。在文件系统 "/data" 对应行的 "defaults" 字段后面添加 "uquota" 或者 "usrquota" 选项，启用用户配额功能，添加 "gquota" 或者 "grpquota" 选项，启用组配额功能。

```
[root@localhost var]# vim /etc/fstab
/dev/sdb1        /data        xfs        defaults,uquota,gquota        0    0
```

修改完 "/etc/fstab" 文件后需要将系统重启生效。为了不重启系统，我们也可以执行命令 "umount /data" 将文件系统卸载，然后执行 "mount -a" 命令按照/etc/fstab 文件里的设置重新挂载硬盘分区，使设置生效。

```
[root@localhost ~]# umount /data        #卸载文件系统
[root@localhost ~]# mount -a            #按照 fstab 文件设置重新挂载文件系统
```

重新挂载后，可以执行 mount 命令查看已经挂载的文件系统，发现其已经启用了 usrquota 和 grpquota 功能。

```
[root@localhost ~]# mount | grep sdb1                    #查看已经挂载的文件系统
/dev/sdb1 on /data type xfs (rw,relatime,seclabel,attr2,inode64,usrquota,
grpquota)
```

2. 编辑配额设置

配额设置是实现磁盘配额功能的重要环节，使用 edquota 命令结合"-u""-g"选项可用于编辑用户或组的配额设置。

例如，针对用户 jerry 进行磁盘配额设置。

```
[root@localhost ~]# edquota -u jerry          #设置用户 jerry 的磁盘配额
```

正确执行 edquota 命令后，将进入文本编辑界面，可以设置磁盘容量和文件数目的软、硬限制数值，如图 4-16 所示。

```
Disk quotas for user jerry (uid 1001):
  Filesystem            blocks      soft       hard     inodes     soft     hard
  /dev/sdb1                  0         0     100000          0        0        3
```

图 4-16　设置 jerry 用户的磁盘配额

在 edquota 的编辑界面中，第 1 行提示了当前配额文件所对应的用户或组账号，第 2 行是配置标题栏，分别对应每行配置记录。配置记录中从左到右分为 7 个字段，各字段的含义如下所述。

- Filesystem：表示本行配置对应的文件系统（分区），即配额的作用范围。

- blocks：表示用户当前已经使用的磁盘容量，默认单位为 KB，该值由 edquota 程序自动计算生成。

- soft：第 3 列中的 soft 对应磁盘容量的软限制数值，默认单位为"KB"；第 6 列中的 soft 对应文件数量的软限制数值，默认单位为"个"。

- hard：第 4 列中的 hard 对应磁盘容量的硬限制数值，默认单位为"KB"，第 7 列中的 hard 对应文件数量的硬限制数值，默认单位为"个"。

- inodes：表示用户当前已经拥有的文件数量，该数值也由 edquota 程序自动计算生成。

在进行配置设置时，只需要修改相应的 soft、hard 列下的数值。这里将用户 jerry 的磁盘容量硬限制额设置为 100000（100MB），文件数量硬限制额设置为 3 个，设置完成后保存并退出。

也可以通过"-g"选项对用户组进行配额设置，例如执行命令"edquota –g fina"设置 fina 组的磁盘配额，这里将 fina 组的磁盘容量硬限制额设置为 200MB，文件数量硬限制额设置为 6 个。

需要注意的是，配额设置仅对基本组生效。如用户 jerry 所属的基本组是"fina"，所属的附加组是"tech"，那么只有针对"fina"组设置的配额才对 jerry 有效，而针对"tech"组设置的配额对 jerry 没有限制。

4.3.3　验证并查看磁盘配额

1. 验证磁盘配额

下面我们将使用受配额限制的用户账号 jerry 登录，并向应用了配额的文件系统进行复制文件等写入操作，测试所设置的磁盘配额项是否有效。为了方便测试，将用户 jerry 的基本组设为 fina，对用户和组的磁盘配额功能一并进行测试。

在测试过程中，为了快速看到效果，可以使用 dd 命令进行调试。dd（disk dump）是一个设备转换和复制命令，分别使用"if="选项指定输入设备（或文件）、使用"of="选项指定输出设备（或文件），使用"bs="选项指定读取数据块的大小，使用"count="选项指定读取数据块的数量。

下面从设备文件/dev/zero 中读取数据生成/tmp/test1 文件，读取 60 个大小为 1MB 的数据块。/dev/zero 是 Linux 系统中一个比较特殊的设备文件，类似于我们之前用过的"黑洞"文件/dev/null，/dev/zero 文件可以提供无数的 0，因而当我们需要生成一个指定大小的文件，但对文件内容并不关心时，就可以从/dev/zero 文件来获取数据。

```
#生成一个大小为 60MB 的文件/tmp/test1
[root@localhost ~]# dd if=/dev/zero of=/tmp/test1 bs=1M count=60
#查看生成的文件大小
[root@localhost ~]# ll -h /tmp/test1
-rw-r--r--. 1 root root 60M 2月  28 22:38 /tmp/test1
```

下面再生成一个大小为 10MB 的文件/tmp/test2。

```
[root@localhost ~]# dd if=/dev/zero of=/tmp/test2 bs=1M count=10
```

开放/data 目录的写入权限。

```
[root@localhost ~]# chmod 777 /data
```

切换到 jerry 用户的身份进行测试。磁盘配额功能验证成功。

```
[root@localhost ~]# su - jerry
#向/data 目录中复制测试文件 test1
[jerry@localhost ~]$ cp /tmp/test1 /data/a
#再次复制测试文件 test1，超出容量限制
[jerry@localhost ~]$ cp /tmp/test1 /data/b
cp: 写入"/data/b" 出错：超出磁盘限额
cp: 扩展"/data/b" 失败：超出磁盘限额
```

```
#向/data目录中复制测试文件test2
[jerry@localhost ~]$ cp /tmp/test2 /data/b
[jerry@localhost ~]$ cp /tmp/test2 /data/c
#再次复制测试文件test2，超出数量限制
[jerry@localhost ~]$ cp /tmp/test2 /data/d
cp: 无法创建普通文件"/data/d": 超出磁盘限额
```

2. 查看用户或分区的配额使用情况

可以使用 quota 命令结合 "-u" "-g" 选项分别查看指定用户和组的配额使用情况。

例如，执行 "quota -u jerry" 命令查看用户 jerry 的磁盘配额使用情况。

```
[root@localhost ~]# quota -u jerry
Disk quotas for user jerry (uid 1001):
     Filesystem blocks quota limit  grace files quota limit grace
     /dev/sdb1   81920     0 100000         3*     0     3
```

可以看到 jerry 已经使用的磁盘空间（blocks）为 81920，最大限额（limit）为 100000，已经使用的文件数量（files）为 3，最大限额（limit）为 3。

同样可以执行 "quota -g fina" 命令查看 fina 组的磁盘配额使用情况。

```
[root@localhost ~]# quota -g fina
Disk quotas for group fina (gid 1002):
     Filesystem blocks quota limit  grace files quota limit grace
     /dev/sdb1   81920     0 200000         3     0     6
```

也可以使用 repquota 命令针对指定的文件系统输出配额情况报告。例如，执行 "repquota /data" 命令查看 "/data" 文件系统的配额使用情况报告。从中可以看到有哪些用户在 "/data" 中被设置了磁盘配额，以及用户磁盘空间的使用情况，如图 4-17 所示。

```
[root@localhost ~]# repquota /data
*** Report for user quotas on device /dev/sdb1
Block grace time: 7days; Inode grace time: 7days
                        Block limits            File limits
User           used    soft    hard   grace   used  soft  hard  grace
-------------------------------------------------------------------
root      --      0       0       0             3     0     0
jerry     --  81920       0  100000             3     0     3
```

图 4-17 /data 文件系统的配额使用情况

4.4 磁盘阵列管理（RAID）

计算机硬件技术发展迅猛，CPU 处理器平均每年可提升 30%～50%的计算性能，但由于受自身工作特性所限，传统的机械硬盘性能提升非常缓慢，它已成为制约计算机整体性

能的瓶颈。虽然采用固态硬盘可以提高性能，但是由于固态硬盘的可靠性较低，同时受制于成本，因此在目前的服务器中广泛采用的仍然是传统的机械硬盘。

　　另外，在服务器中，往往集中存储了网络中的大量关键数据。企业网络中的数据可以分为操作系统数据和应用程序数据，关键数据主要是指应用程序数据。这些数据一般需要集中存储和备份。

　　如何既能提高硬盘性能，又能增强数据存储的安全性？一种行之有效并且广泛采用的方案就是将多块硬盘组成 RAID。在服务器中，通常会安装多块硬盘，将这些硬盘组成不同级别的 RAID，就可以达到增强数据安全性或提高硬盘性能的目的。

　　下面介绍 RAID 的基本原理，以及如何在 Linux 系统中实现软 RAID。

4.4.1　什么是 RAID

　　RAID（Redundant Array of Independent Disks，独立冗余磁盘阵列）简称磁盘阵列，是一种把多块独立的硬盘按不同的方式组合起来形成一个硬盘组，从而提供比单个硬盘更高的存储性能和数据备份的技术。

　　从用户的角度来看，组成的硬盘组就像是一个硬盘，用户可以对它进行分区、格式化等，对磁盘阵列的操作与单个硬盘基本一样。不同的是，磁盘阵列的读写速度要比单个硬盘高很多，而且可以提供自动数据备份功能。

　　RAID 技术的两大特点：一是速度，二是安全。有时我们希望提高硬盘的工作速度，有时我们希望提高数据的安全性，更多的情况下我们希望二者兼得，因此，按照不同的用户需求，RAID 提供了很多种不同的组合方式，这些组成磁盘阵列的不同方式就称为 RAID 级别。常用的 RAID 级别主要包括 RAID 0、RAID 1、RAID 10（RAID 1+0）和 RAID 5。每种 RAID 级别都具有相应的技术特点，有的 RAID 级别可以提高硬盘工作速度，有的 RAID 级别可以提高数据的安全性，还有的 RAID 级别可以在提高硬盘速度的同时增强数据的安全性。

1. RAID 0

　　RAID 0 级别专用于提升硬盘工作速度，要组建 RAID 0 至少要用两块硬盘。

　　组成 RAID 0 之后，数据并不是保存在一块硬盘上，而是分成数据块保存在不同的硬盘。在进行数据读写操作时，对这两块硬盘同时操作，从而大幅提高硬盘工作性能，其效果示意图如图 4-18 所示。

在所有的 RAID 级别中，RAID 0 的存取速度最快，磁盘利用率也最高，缺点是没有冗余功能，也就是无法提高数据的安全性，阵列中的任何一块硬盘损坏，都将导致所有的数据无法使用。RAID0 主要适用于对性能要求较高，而对数据安全要求低的领域。

2. RAID 1

RAID 1 由两块硬盘实现，它的原理是将用户写入其中一块硬盘中的数据原样地自动复制到另外一块硬盘。当读取数据时，系统先从 RAID 1 的源盘读取数据，如果读取数据成功，则系统不去管备份盘上的数据；如果读取源盘数据失败，则系统自动转而读取备份盘上的数据，从而避免造成用户工作任务的中断。RAID 1 效果如图 4-19 所示。

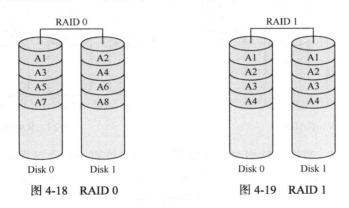

图 4-18　RAID 0　　　　　图 4-19　RAID 1

在所有的 RAID 级别中，RAID 1 提供了很高的数据安全保障，但因为其写入速率低，存储成本高，所能使用的空间只是所有磁盘容量总和的一半，所以主要用于存放重要数据。

3. RAID 10

RAID 10 是 RAID 1 和 RAID 0 的组合形式，也称为 RAID 1+0，需要由 4 块硬盘实现，如图 4-20 所示。4 块硬盘先分别两两组成 RAID 1 硬盘组，以保证数据的安全性，然后将两个 RAID 1 硬盘组组成 RAID 0，以提高读写速度，这样理论上只要不是同一组中的所有硬盘全部损坏，那么最多允许损坏 50%的硬盘而不丢失数据。

RAID 10 既具有出色的读写性能，又具有非常高的安全性。但是，其存储成本高，磁盘空间利用率与 RAID 1 相同，只有 50%。由于在绝大部分情况下相比硬盘的价格，我们更加在乎的是数据的价值，因此 RAID 10 在生产环境中被广泛应用。

4. RAID 5

RAID 5 是由至少 3 块硬盘组成的磁盘阵列，将数据分布于不同的硬盘上，并在所有硬盘上交叉地存取数据及奇偶校验信息。图 4-21 是由 4 块硬盘组成的 RAID 5，当第一次执行写入操作的时候，将数据 A1、A2、A3 分别写入到 Disk0、Disk1、Disk2 这 3 块硬盘中，同时将由这些数据产生的奇偶校验信息 Ap 存储到 Disk3 硬盘中。第二次执行写入操作的时候，再将奇偶校验信息存储到 Disk2 硬盘中，在其余 3 块硬盘中存储数据，依此类推。这样当阵列中的任何一块硬盘损坏时，都可以从其他硬盘中将数据恢复回来。

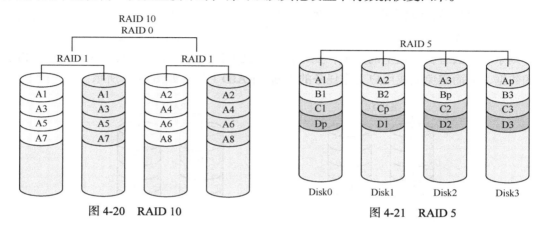

图 4-20　RAID 10　　　　　　　图 4-21　RAID 5

采用 RAID 5 时，数据存储相对比较安全，可以允许有一块硬盘损坏；同时数据读取速率较高，但写入速率较低；磁盘利用率为$(n-1)/n$，其中 n 为磁盘数。相比 RAID 10，RAID 5 是一种比较妥协的方案，兼顾了存储设备性能、数据安全性与存储成本问题，因而在生产环境中也被广泛采用。

不同 RAID 级别的特性对比见表 4-1。

表 4-1　　　　　　　　　　不同 RAID 级别的特性对比

RAID 级别	RAID 0	RAID 1	RAID 10	RAID 5
磁盘数	2 个或更多	只需 2 个	4 个或多个	3 个或更多
容错功能	无	有	有	有
读写速度	最快	较慢	快	快
磁盘空间利用率	100%	50%	50%	$(n-1)/n$，其中 n 为磁盘数

4.4.2　RAID 实现方式

RAID 在实现方式上分为软件 RAID 和硬件 RAID 两种类型。

软件 RAID 通过系统功能或者 RAID 软件来实现，没有独立的硬件和接口，需要占用一定的系统资源，并且受到操作系统稳定性的影响。在现有的操作系统中，如 Windows 和 Linux 等已经集成了软件 RAID 的功能。软件 RAID 的优点是实现简单，不需要额外的硬件设备。

硬件 RAID 通过独立的 RAID 硬件卡实现，目前绝大多数的服务器配置了 RAID 卡或在主板上集成了 RAID 控制芯片，因而可以实现硬 RAID。硬件 RAID 不需要占用其他硬件资源，稳定性和速度都比软件 RAID 要好，因此，对于服务器来说，推荐使用硬件 RAID 来提高性能。

在我们的实验环境中，可以通过 CentOS 7 系统提供的软件 RAID 功能来熟悉一下 RAID 技术，其中的理论知识和操作过程与生产环境基本一致。在操作过程中所涉及的命令，只需了解其基本用法，不需要深入掌握，因为软件 RAID 在生产环境中很少使用。

首先，我们需要在虚拟机中除原有的系统盘之外再额外添加 4 块硬盘，如图 4-22 所示。然后，将虚拟机重启以识别新增加的硬盘。注意，如果这里仍然要继续使用之前所添加的第二块硬盘/dev/sdb，那么一定要将其已经挂载的硬盘分区全部卸载，/etc/fstab 文件中增加的条目也要删除。

图 4-22　在虚拟机中添加硬盘

4.4.3　配置 RAID 10

在 Linux 中创建磁盘阵列可以使用 mdadm 命令。mdadm 是 multi disks admin 的缩写，即多磁盘管理。在 CentOS 7 中，支持 4.4.1 节所述的所有 4 种 RAID 级别。下面以 RAID 10 和 RAID 5 为例来介绍软件 RAID 的设置方法。

mdadm 命令的基本格式如下。

> **mdadm　[模式]　RAID 设备名称　选项　成员设备名称**

例如，创建一个名为/dev/md0 的软件 RAID，级别为 10，包括/dev/sdb、/dev/sdc、/dev/sdd 和/dev/sde 共 4 块硬盘。

```
[root@localhost ~]# mdadm -C /dev/md0 -a yes -n 4 -l 10 /dev/sd{b,c,d,e}
    mdadm: Defaulting to version 1.2 metadata
    mdadm: array /dev/md0 started.
```

这条命令中所涉及的选项及参数的含义如下。

- -C /dev/md0："-C"选项用于指定当前的操作模式为创建模式，在后面要指定设备名称，/dev/md0 就是所创建的 RAID 的名称，名称可以任意设置，通常习惯采用 md*n*（*n* 为磁盘阵列的序号）的形式表示。

- -a yes：自动创建相关设备文件。

- -n 4：指定创建磁盘阵列所使用的硬盘个数。

- -l 10：指定 RAID 10 级别。

创建好磁盘阵列之后，可以执行"cat /proc/mdstat"命令查看内存中的磁盘阵列信息。如果可以查看到相关信息，就证明系统已经成功识别了我们所创建的磁盘阵列。

```
[root@localhost ~]# cat /proc/mdstat
Personalities : [raid10] [raid6] [raid5] [raid4]
md0 : active raid10 sde[3] sdd[2] sdc[1] sdb[0]
      41908224 blocks super 1.2 512K chunks 2 near-copies [4/4] [UUUU]

unused devices: <none>
```

另外，也可以通过 mdadm 命令的"-D"选项来查看磁盘阵列的详细信息，其中的注释是对其中一些关键信息的说明。

```
[root@localhost ~]# mdadm -D /dev/md0
/dev/md0:
        Version : 1.2
  Creation Time : Sat Oct  7 07:51:11 2017
     Raid Level : raid10                           #RAID 级别
     Array Size : 41910272 (39.97 GiB 42.92 GB)    #RAID 磁盘空间
  Used Dev Size : 20955136 (19.98 GiB 21.46 GB)
   Raid Devices : 4                                #磁盘个数
  Total Devices : 4
    Persistence : Superblock is persistent

    Update Time : Sat Oct  7 07:54:41 2017
          State : clean
 Active Devices : 4                                #活动磁盘个数
Working Devices : 4                                #工作磁盘个数
 Failed Devices : 0                                #错误磁盘个数
  Spare Devices : 0                                #备用磁盘个数

         Layout : near=2
     Chunk Size : 512K

           Name : Server:0  (local to host Server)
           UUID : fa5bf115:23c2ebfe:d8dc1a82:a4f5ecce
```

```
            Events : 17

    Number   Major   Minor   RaidDevice State
       0       8       16        0       active sync set-A   /dev/sdb
       1       8       32        1       active sync set-B   /dev/sdc
       2       8       48        2       active sync set-A   /dev/sdd
       3       8       64        3       active sync set-B   /dev/sde
```

接下来我们就可以像之前对普通硬盘进行的操作一样，对磁盘阵列进行格式化和挂载等操作。

例如，将磁盘阵列格式化为 XFS 文件系统。

```
[root@localhost ~]# mkfs -t xfs /dev/md0
meta-data=/dev/md0              isize=512    agcount=16, agsize=654720 blks
         =                      sectsz=512   attr=2, projid32bit=1
         =                      crc=1        finobt=0, sparse=0
data     =                      bsize=4096   blocks=10475520, imaxpct=25
         =                      sunit=128    swidth=256 blks
naming   =version 2             bsize=4096   ascii-ci=0 ftype=1
log      =internal log          bsize=4096   blocks=5120, version=2
         =                      sectsz=512   sunit=8 blks, lazy-count=1
realtime =none                  extsz=4096   blocks=0, rtextents=0
```

创建挂载点后挂载磁盘阵列，并查看已经挂载的设备。

```
[root@Server ~]# mkdir /raid
[root@Server ~]# mount /dev/md0 /raid
[root@Server ~]# df -hT | grep -v tmpfs
文件系统                         类型     容量    已用    可用   已用%  挂载点
/dev/mapper/cl_localhost-root    xfs      17G    3.8G    14G    22%    /
/dev/sda1                        xfs      1014M   173M   842M    18%    /boot
/dev/md0                         xfs      40G     33M    40G     1%    /raid
```

4.4.4 RAID 性能测试

虽然软件 RAID 在性能提升方面较硬件 RAID 有很大差距，但其与普通硬盘相比，在读写速度上依然有很大的提高。下面采用 dd 命令来进行测试验证。

从设备文件/dev/zero 中复制数据到/tmp/test1 文件，读取 500 个大小为 1MB 的数据块。可以看出，对普通磁盘写入 500MB 数据，平均速度为 89.4 MB/s。

```
[root@localhost ~]# dd if=/dev/zero of=/tmp/test1 bs=1M count=500
记录了 500+0 的读入
记录了 500+0 的写出
524288000 字节 (524 MB) 已复制, 5.86282 s, 89.4 MB/s
```

下面再对磁盘阵列进行同样的写入操作，平均速度大幅提升到了 619 MB/s，性能得到明显改善。

```
[root@localhost ~]# dd if=/dev/zero of=/raid/test2 bs=1M count=500
记录了 500+0 的读入
记录了 500+0 的写出
524288000 字节(524 MB) 已复制, 0.847297 s, 619 MB/s
```

4.4.5　RAID 故障模拟

下面我们再来模拟当磁盘阵列中的某块硬盘损坏之后，如何进行修复。

首先向/raid 目录中随意复制一个文件，并测试可以正常打开。

```
[root@localhost ~]# cp /etc/passwd /raid
```

然后通过 mdadm 命令的 "-f" 选项可以将阵列中的某块硬盘标记为损坏。

```
[root@localhost ~]# mdadm /dev/md0 -f /dev/sdb
mdadm: set /dev/sdb faulty in /dev/md0
```

此时查看磁盘阵列的详细信息，可以看到提示有一块硬盘损坏。

```
[root@localhost ~]# mdadm -D /dev/md0
/dev/md0:
......
  Active Devices : 3
Working Devices : 3
 Failed Devices : 1                                    #错误磁盘个数为 1
  Spare Devices : 0
......

    Number   Major   Minor   RaidDevice State
       -       0       0        0        removed
       1       8      32        1        active sync set-B   /dev/sdc
       2       8      48        2        active sync set-A   /dev/sdd
       3       8      64        3        active sync set-B   /dev/sde

       0       8      16        -        faulty   /dev/sdb    #损坏的磁盘
```

但我们之前存放在磁盘阵列中的测试文件/raid/passwd 仍然完好，也可以继续在磁盘阵列中正常地读写文件。因而证明在 RAID 10 级别的磁盘阵列中，存在一个故障盘并不影响使用。

下面通过 mdadm 命令的 "-r" 选项将损坏的硬盘从阵列中移除。

```
[root@localhost ~]# mdadm /dev/md0 -r /dev/sdb
mdadm: hot removed /dev/sdb from /dev/md0
```

当购买了新的硬盘之后，可以再使用 mdadm 命令的 "-a" 选项将新硬盘加入磁盘阵列中。

```
[root@localhost ~]# mdadm /dev/md0 -a /dev/sdb
mdadm: added /dev/sdb
```

此时查看磁盘阵列的详细信息，可以看到正在重建数据，重建完成之后，磁盘阵列恢复正常。

```
[root@localhost ~]# mdadm -D /dev/md0
/dev/md0:
    ......
  Active Devices : 3
 Working Devices : 4
  Failed Devices : 0
   Spare Devices : 1

  Rebuild Status : 8% complete
......
    Number   Major   Minor   RaidDevice State
       4       8       16        0      spare rebuilding   /dev/sdb
       1       8       32        1      active sync set-B   /dev/sdc
       2       8       48        2      active sync set-A   /dev/sdd
       3       8       64        3      active sync set-B   /dev/sde
```

4.4.6　配置 RAID 5 和备份盘

RAID 10 最多允许损坏 50%的硬盘设备，但如果在极端情况下，同一组中的硬盘同时全部损坏，那么也会导致数据丢失。例如，当 RAID 10 磁盘阵列中某一块硬盘出现了故障，运维人员正在修复时，恰巧此时同组中的另一块硬盘设备也出现故障，那么数据就被彻底损坏了。如果为磁盘阵列配备一块备份盘，就可以预防这类情况发生。备份盘是在磁盘阵列之外添加的一块硬盘，平时处于闲置状态，一旦 RAID 磁盘阵列中有硬盘出现故障，就会马上自动顶替上去。

下面通过设置 RAID 5 加备份盘来予以说明，其中 RAID 5 使用 3 块硬盘，第 4 块硬盘作为备份盘。

利用 mdadm 命令的 "-S" 选项将之前创建的 RAID 10 阵列停用，在停用之前应先将其卸载。

```
[root@localhost ~]# umount /raid
[root@localhost ~]# mdadm -S /dev/md0
mdadm: stopped /dev/md0
```

下面创建一个名为/dev/md1 的 RAID 5 磁盘阵列，同时通过 "-x" 选项指定一个备份盘，这样系统会自动将最后一个硬盘/dev/sde 作为备份盘使用。由于曾经使用这些硬盘创建过磁盘阵列，因此系统会提示所指定的硬盘曾在别的阵列中被使用，需要确认之后才能继续用它们组建新的磁盘阵列。

```
[root@localhost ~]# mdadm -C /dev/md1 -a yes -n 3 -l 5 -x 1 /dev/sd{b,c,d,e}
mdadm: /dev/sdb appears to be part of a raid array:
       level=raid10 devices=4 ctime=Sat Oct 14 15:23:04 2017
mdadm: /dev/sdc appears to be part of a raid array:
       level=raid10 devices=4 ctime=Sat Oct 14 15:23:04 2017
mdadm: /dev/sdd appears to be part of a raid array:
       level=raid10 devices=4 ctime=Sat Oct 14 15:23:04 2017
mdadm: /dev/sde appears to be part of a raid array:
       level=raid10 devices=4 ctime=Sat Oct 14 15:23:04 2017
Continue creating array? (y/n) y
mdadm: Defaulting to version 1.2 metadata
mdadm: array /dev/md1 started.
```

命令中涉及的选项和参数如下。

- -l 5：指定磁盘阵列的级别。

- -x 1：指定有 1 块备份盘。

创建 RAID 5 阵列之后，需要有一个重建数据的过程，然后查看阵列的详细信息，就能看到有一块备份盘处于闲置（等待）状态。

```
[root@localhost ~]# mdadm -D /dev/md1
/dev/md1:
......
 Active Devices : 3
Working Devices : 4
 Failed Devices : 0
  Spare Devices : 1           #提示有一块硬盘处于闲置（等待）状态
......
   Number   Major   Minor   RaidDevice State
      0       8       16        0      active sync   /dev/sdb
      1       8       32        1      active sync   /dev/sdc
      4       8       48        2      active sync   /dev/sdd

      3       8       64        -      spare         /dev/sde
```

将磁盘阵列格式化之后，除使用 mount 命令之外，也可以通过修改/etc/fstab 配置文件的方法来挂载磁盘阵列，同样这里也推荐采用 UUID 的方式来表示磁盘阵列。

```
[root@localhost ~]# mkfs -t xfs /dev/md1
[root@localhost ~]# blkid /dev/md1      #查看磁盘阵列的 UUID
/dev/md1: UUID="8e71b383-21be-479f-8450-72c777d2e4a8" TYPE="xfs"
[root@localhost ~]# echo 'UUID=8e71b383-21be-479f-8450-72c777d2e4a8 /raid
xfs defaults 0 0' >> /etc/fstab          #将挂载信息添加到 fstab 文件中
[root@localhost ~]# mount -a
[root@localhost ~]# df -hT | grep -v tmpfs
文件系统              类型      容量    已用    可用    已用%   挂载点
```

```
/dev/mapper/cl localhost-root xfs           17G    3.5G    14G    21%  /
/dev/sda1                     xfs    1014M   173M    842M    18%  /boot
/dev/md1                      xfs    40G     33M     40G     1%   /raid
```

然后再次把硬盘/dev/sdb 标记为损坏，并移出磁盘阵列。查看/dev/md1 磁盘阵列的详细信息会发现，备份盘已经被自动顶替上去，并正在重建数据。数据重建完成后，磁盘阵列恢复正常。

```
[root@localhost ~]# mdadm /dev/md1 -f /dev/sdb        #将 sdb 硬盘标记为损坏
mdadm: set /dev/sdb faulty in /dev/md1
[root@localhost ~]# mdadm /dev/md1 -r /dev/sdb
mdadm: hot removed /dev/sdb from /dev/md1
[root@localhost ~]# mdadm -D /dev/md1
/dev/md1:
......
 Active Devices : 2
Working Devices : 3
 Failed Devices : 0
  Spare Devices : 1
......

    Number   Major   Minor   RaidDevice State
       3       8       64          0    spare rebuilding   /dev/sde
       1       8       32          1    active sync        /dev/sdc
       4       8       48          2    active sync        /dev/sdd
```

4.5　逻辑卷管理（LVM）

逻辑卷管理（LVM）是 Linux 系统中比较重要的一种磁盘管理机制，管理员利用 LVM 可以在磁盘不用重新分区的情况下动态调整文件系统的大小，并且利用 LVM 管理的文件系统可以跨越磁盘。

例如，系统中的 sda1 分区原先分配的容量是 100GB，在使用了一段时间之后，发现容量不够用了。如果采用传统的磁盘管理机制，只能将 sda 硬盘重新分区，并给 sda1 分区分配更大的空间，但这样不可避免地会造成数据丢失，影响服务器的正常使用。如果采用 LVM 机制，就可以在保证系统正常运行的前提下，随时为 sda1 分区增大空间，而且即使该分区所在的硬盘 sda 没有多余的空间可用，也可以随时为服务器添加新的硬盘，并将新硬盘上的空间扩展到 sda1 分区中。当然，这里采用 sda 和 sda1 的方式来进行描述，只是为了便于我们理解。当采用 LVM 机制之后，传统意义上的硬盘会被组合成卷组（VG），然后从卷组中划分出逻辑卷（LV）来使用，逻辑卷就相当于传统意义上的磁盘分区。

总之，LVM 为我们提供了逻辑概念上的磁盘，使得文件系统不再关心底层物理磁盘的概念。LVM 的出现实现了磁盘空间的动态调整和按需分配。

4.5.1　LVM 的相关概念

逻辑卷管理（Logical Volume Manager，LVM）是建立在物理磁盘和分区之上的一个逻辑层，通过它可以将若干个磁盘分区组合为一个整体的卷组，形成一个存储池。在卷组中可以任意创建逻辑卷，并进一步在逻辑卷上创建文件系统，最终在系统中挂载使用的就是逻辑卷。逻辑卷的使用方法与普通的磁盘分区完全一样。

在 LVM 中，主要涉及以下几个概念。

- 物理卷（Physical Volume，PV）是构建 LVM 的基础，通常就是指磁盘或磁盘分区。实现 LVM 的第一步，就是将原先的普通磁盘或磁盘分区转换为 LVM 物理卷。在转换为物理卷之后，就可以像搭积木一样对它们进行灵活的组合和拆分了。

- 卷组（Volume Group，VG）是一个存储池，它是 LVM 逻辑概念上的磁盘设备，可以将多个物理卷组合成卷组。卷组的大小取决于物理卷的容量和个数。

- 逻辑卷（Logical Volume，LV）是 LVM 逻辑意义上的磁盘分区，我们可以指定从卷组中提取多少容量来创建逻辑卷，最后对逻辑卷进行格式化并挂载使用。

- 物理块（Physical Extent，PE）是将物理卷组合为卷组后所划分的最小存储单位，即逻辑意义上磁盘的最小存储单元。PE 的大小是可配置的，默认为 4MB。

LVM 各组成部分之间的对应关系如图 4-23 所示。从图 4-23 中可以看出，我们将物理

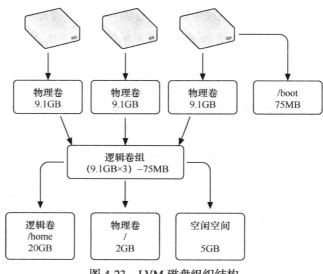

图 4-23　LVM 磁盘组织结构

磁盘或磁盘分区转换为 LVM 的物理卷，多个物理卷组合为卷组，逻辑卷就是从卷组中提取出来的存储空间，最后我们将逻辑卷挂载到某个挂载点目录上。需要注意的是，由于"/boot"目录用于存放系统引导文件，因此不能应用 LVM 机制。

4.5.2　系统默认 LVM 设置

在 CentOS 7 系统中，LVM 得到了高度重视。例如，在安装系统的过程中，如果由系统自动进行分区，则系统除创建一个"/boot"引导分区之外，会对剩余的磁盘空间全部采用 LVM 机制。

执行 pvs 命令可以显示系统中目前已有的物理卷简要信息，可以看到硬盘分区/dev/sda2已经变成了物理卷。

```
[root@localhost ~]# pvs
  PV         VG      Fmt    Attr    PSize    PFree
  /dev/sda2  centos  lvm2   a--     <19.00g  0
```

执行 vgs 命令可以查看卷组简要信息，系统默认创建了一个名为 centos 的卷组，其中包括 1 个 PV（物理卷），卷组容量为 19GB。

```
[root@localhost ~]# vgs
  VG      #PV #LV #SN Attr   VSize   VFree
  centos  1   2   0   wz--n- <19.00g 0
```

执行 lvs 命令可以查看逻辑卷简要信息，系统在 centos 卷组中创建了两个逻辑卷。一个逻辑卷名为 root，容量约为 17GB；另一个逻辑卷名为 swap，容量为 2GB。

```
[root@localhost ~]# lvs
  LV   VG     Attr     LSize    Pool Origin Data% Meta% Move Log Cpy%Sync
Convert
  root centos -wi-ao---- <17.00g
  swap centos -wi-ao---- 2.00g
```

名为 swap 的逻辑卷作为交换分区使用，名为 root 的逻辑卷则被挂载到了根目录，成为了根分区。执行 df 命令可以看到，被挂载到根目录的逻辑卷设备文件名为/dev/mapper/centos-root。

```
[root@localhost ~]# df -hT | grep -v tmpfs
文件系统                    类型   容量   已用   可用   已用%  挂载点
/dev/mapper/centos-root    xfs    17G    4.3G   13G    26%    /
/dev/sda1                  xfs    1014M  157M   858M   16%    /boot
```

查看设备文件/dev/mapper/centos-root 的详细信息，可以看到这是一个软链接，所指向的源文件为/dev/dm-0。

```
[root@localhost ~]# ll /dev/mapper/centos-root
lrwxrwxrwx. 1 root root 7 11月  2 09:12 /dev/mapper/centos-root -> ../dm-0
```

为了便于记忆，系统默认会在/dev/mapper 目录中为所有的逻辑卷设备文件创建一个软链接，软链接的命名格式统一为"卷组名称-逻辑卷名称"。假设我们创建了一个名为 wgroup 的卷组，然后在该卷组中创建了一个名为 ftp 的逻辑卷，那么该逻辑卷的设备文件名就是/dev/mapper/wgroup-ftp。

除此之外，系统还为逻辑卷的设备文件采用了另外一种命名方式"/dev/卷组名称/逻辑卷名称"。对于系统中原有的逻辑卷，它的另一个设备文件名为/dev/centos/root。查看该文件的详细信息，可以看到这也是一个软链接，同样指向源文件/dev/dm-0。当我们去挂载使用逻辑卷时，无论使用哪种命名方式都可以。

```
[root@localhost ~]# ll /dev/centos/root
lrwxrwxrwx. 1 root root 7 11月  2 09:12 /dev/centos/root -> ../dm-0
```

4.5.3 创建物理卷（PV）

下面我们将系统中的其余 4 块硬盘 sdb、sdc、sdd、sde 也变成 LVM 形式。

这里如果要继续使用之前的虚拟机，那么在进行 LVM 操作之前，仍然需要先将之前创建的 RAID 停用。为了避免连续的实验操作带来的干扰，建议将虚拟机中后来添加的 4 块硬盘全部删除，然后再次添加 4 块新的硬盘来进行逻辑卷的实验操作。

```
[root@localhost ~]# umount /raid
[root@localhost ~]# mdadm -S /dev/md1
mdadm: stopped /dev/md1
```

物理卷就是包含有 LVM 相关管理参数的磁盘或磁盘分区，位于整个 LVM 体系的最底层。创建物理卷是实现 LVM 的第一步，用到的命令是 pvcreate。

下面先将硬盘/dev/sdb 和/dev/sdc 转化为物理卷。

```
[root@localhost ~]# pvcreate /dev/sd{b,c}
  Physical volume "/dev/sdb" successfully created.
  Physical volume "/dev/sdc" successfully created.
```

PV 创建完成后，除 pvs 命令之外，还可以执行命令 pvdisplay 来查看系统中所有 PV 的详细信息。从显示的信息中可以看到，系统自动创建的/dev/sda2 的每个 PE 的大小为 4MB，而我们创建的两个 PV 中则没有 PE 的信息，这是因为只有在将 PV 加入 VG 中时，系统才会指定 PE 的大小，同一个 VG 中所有 PV 的 PE 大小必须是统一的。

另外，也可以执行命令"pvdisplay /dev/sdb"来查看指定 PV 的信息。

```
[root@localhost ~]# pvdisplay /dev/sdb
  "/dev/sdb" is a new physical volume of "20.00 GiB"
  --- NEW Physical volume ---
  PV Name               /dev/sdb
  VG Name
  PV Size               20.00 GiB
  Allocatable           NO
  PE Size               0
  Total PE              0
  Free PE               0
  Allocated PE          0
  PV UUID               pRoQc1-8Dmu-Q0zK-Ygem-aXMN-ddC5-Hg0oZh
```

4.5.4 创建卷组（VG）

卷组是 LVM 的主体，类似于非 LVM 系统中的磁盘，由一个或多个物理卷组成。创建卷组用到的命令是 vgcreate，在创建卷组时需要指定卷组的名称，每个卷组都必须是独一无二的，并且不要与/dev 中已有的文件名称冲突。

例如，使用物理卷/dev/sdb 和/dev/sdc 创建名为 wgroup 的卷组。

```
[root@localhost ~]# vgcreate wgroup /dev/sd{b,c}
  Volume group "wgroup" successfully created
```

在创建卷组时，可以通过 "-s" 选项指定 PE 的大小。如果不手工设置，则默认大小为 4MB。

用 vgdisplay 命令可以查看所有卷组或者指定卷组的信息。信息中的 "Metadata Areas" 表示卷组中共包括几个物理卷。

```
[root@localhost ~]# vgdisplay wgroup
  --- Volume group ---
  VG Name               wgroup
  System ID
  Format                lvm2
  Metadata Areas        2
  Metadata Sequence No  1
  VG Access             read/write
  VG Status             resizable
  MAX LV                0
  Cur LV                0
  Open LV               0
  Max PV                0
  Cur PV                2
  Act PV                2
  VG Size               39.99 GiB
```

```
PE Size                 4.00 MiB
Total PE                10238
Alloc PE / Size         0 / 0
Free  PE / Size         10238 / 39.99 GiB
VG UUID                 YOhKyp-am9L-R723-j6md-E1m0-G0Kx-63t4P9
```

4.5.5　创建逻辑卷（LV）

逻辑卷类似于非 LVM 系统中的磁盘分区，在逻辑卷上可以建立文件系统并进行挂载，它是我们最终所使用的对象。从卷组中创建逻辑卷，用到的命令是 lvcreate，命令基本格式如下。

lvcreate -L 容量大小 -n 逻辑卷名 卷组名

例如，从 wgroup 卷组中创建名为 ftp 的容量为 39GB 的逻辑卷。由于在 LVM 中是以 PE 为单位来划分存储空间的，因此容量大小不能做到精确表示，这里创建容量为 39GB 的逻辑卷。

```
[root@localhost ~]# lvcreate -L 39G -n ftp wgroup
  Logical volume "ftp" created.
```

逻辑卷创建好之后，其设备文件名为"/dev/wgroup/ftp"或"/dev/mapper/wgroup-ftp"，用 lvdisplay 命令可以查看逻辑卷的详细信息。

```
[root@localhost ~]# lvdisplay /dev/wgroup/ftp
  --- Logical volume ---
  LV Path                /dev/wgroup/ftp
  LV Name                ftp
  VG Name                wgroup
  LV UUID                vrdadD-QM9J-t2F4-IzF3-8mRI-kGPH-2meWx0
  LV Write Access        read/write
  LV Creation host, time localhost.localdomain, 2017-10-08 10:13:37 +0800
  LV Status              available
  # open                 0
  LV Size                39.00 GiB
  Current LE             9984
  Segments               2
  Allocation             inherit
  Read ahead sectors     auto
  - currently set to     8192
  Block device           253:2
```

这样，我们就可以像使用正常的磁盘分区一样使用逻辑卷了。

4.5.6　使用逻辑卷

逻辑卷相当于是一个磁盘分区，要使用它首先要将其格式化。

```
[root@localhost ~]# mkfs -t xfs /dev/wgroup/ftp
```

然后创建挂载点目录，将逻辑卷挂载。

```
[root@localhost ~]# mkdir /var/ftp
[root@localhost ~]# mount /dev/wgroup/ftp /var/ftp
```

修改/etc/fstab 文件，实现永久挂载。

```
[root@localhost ~]# vim /etc/fstab
/dev/wgroup/ftp                    /var/ftp         xfs      defaults      0    0
```

查看已挂载的分区信息，这里看到的逻辑卷设备文件名为/dev/mapper/wgroup-ftp。

```
[root@localhost ~]# df -hT | grep -v tmpfs
文件系统                          类型     容量      已用     可用    已用%    挂载点
/dev/mapper/cl localhost-root     xfs      17G      3.5G     14G     21%     /
/dev/sda1                         xfs      1014M    173M     842M    18%     /boot
/dev/mapper/wgroup-ftp            xfs      39G      33M      39G     1%      /var/ftp
......
```

4.5.7　扩展逻辑卷空间

虽然我们创建的卷组是由两块硬盘设备共同组成的，但用户使用存储资源时感知不到底层硬盘的结构，也不用关心底层是由多少块硬盘组成的。这是由于逻辑卷是位于物理磁盘和分区之上的一个逻辑层，因此逻辑卷可以跨越物理磁盘。

当需要扩充逻辑卷的空间时，首先应保证它所在的卷组有可分配的空余空间。我们可以按照前面的步骤，先添加一块硬盘，将其初始化成物理卷之后，再加入卷组中，这样就可以任意地调整逻辑卷的容量。

在调整容量之前应先卸载设备和挂载点的关联。

```
[root@localhost ~]# umount /var/ftp
```

下面将硬盘/dev/sdd 和/dev/sde 转化为物理卷并加入逻辑卷中。

首先将硬盘转换成物理卷。

```
[root@localhost ~]# pvcreate /dev/sd{d,e}
  Physical volume "/dev/sdd" successfully created.
  Physical volume "/dev/sde" successfully created.
```

然后将物理卷添加到卷组 wgroup 中，扩展卷组需要使用 vgextend 命令。

```
[root@localhost ~]# vgextend wgroup /dev/sd{d,e}
  Volume group "wgroup" successfully extended
```

扩展逻辑卷的空间需要用到 lvextend 命令，通过"-L"选项可以指定要扩展的空间大小，"-L +10G"表示将空间增加 10GB，"-L 10G"则表示将空间增加到 10GB，因而在使用时要注意区分。下面将逻辑卷的空间在原有的基础之上增加 10GB。

```
[root@localhost ~]# lvextend -L +10G /dev/wgroup/ftp
   Size of logical volume wgroup/ftp changed from 39.00 GiB (9984 extents)
to 49.00 GiB (12544 extents).
   Logical volume wgroup/ftp successfully resized.
```

另外需要注意的是，lvextend 只是扩大了逻辑卷的物理边界，除此之外，还需要扩大逻辑边界，也就是要更新文件系统的大小。只有这样，才能使逻辑卷的容量真正发生变化。不同类型的文件系统，在更新时所采用的命令也不一样。对于 XFS 类型的文件系统，需要使用 xfs_growfs 命令更新大小；对于 EXT 类型的文件系统，则需要使用 resize2fs 命令更新大小。由于我们之前将逻辑卷格式化成了 XFS 文件系统，因此这里采用 xfs_growfs 命令进行更新。

```
[root@localhost ~]# xfs_growfs /dev/wgroup/ftp
meta-data=/dev/mapper/wgroup-ftp isize=512    agcount=4, agsize=2555904 blks
         =                        sectsz=512   attr=2, projid32bit=1
         =                        crc=1        finobt=0 spinodes=0
data     =                        bsize=4096   blocks=10223616, imaxpct=25
         =                        sunit=0      swidth=0 blks
naming   =version 2               bsize=4096   ascii-ci=0 ftype=1
log      =internal                bsize=4096   blocks=4992, version=2
         =                        sectsz=512   sunit=0 blks, lazy-count=1
realtime =none                    extsz=4096   blocks=0, rtextents=0
data blocks changed from 10223616 to 12845056
```

重新查看文件系统的空间大小，可以看到/var/ftp 的容量已经变成了 49GB，而文件系统中原有的数据仍然保持完好无损。

```
[root@localhost ~]# df -hT | grep ftp
/dev/mapper/wgroup-ftp    xfs         49G   33M   49G   1%   /var/ftp
```

4.5.8　删除 LVM 分区

当我们想要重新部署或者不再需要逻辑卷分区时，通过相关命令也可以轻松地删除之前创建的物理卷、卷组和逻辑卷。删除的顺序应该与创建时的顺序相反，也就是应按照卸载文件系统→删除逻辑卷→删除卷组→删除物理卷这样的顺序。另外，在卸载文件系统时需要注意，应同步更新/etc/fstab 文件，并且一定要提前备份好重要的数据信息。

卸载文件系统，并将/etc/fstab 文件中的相关条目删除。

```
[root@localhost ~]# umount /var/ftp
```

删除逻辑卷，需要手工输入 "y" 来确认操作。

```
[root@localhost ~]# lvremove /dev/wgroup/ftp
Do you really want to remove active logical volume ftp? [y/n]: y
  Logical volume "ftp" successfully removed
```

删除卷组，此处只需写卷组名称即可，而不需要设备文件的完整路径。

```
[root@localhost ~]# vgremove wgroup
  Volume group "wgroup" successfully removed
```

删除物理卷。

```
[root@localhost ~]# pvremove /dev/sd{b,c,d,e}
  Labels on physical volume "/dev/sdb" successfully wiped.
  Labels on physical volume "/dev/sdc" successfully wiped.
  Labels on physical volume "/dev/sdd" successfully wiped.
  Labels on physical volume "/dev/sde" successfully wiped.
```

执行以上操作后可以再分别执行 lvdisplay、vgdisplay 和 pvdisplay 命令来查看逻辑卷管理器信息，操作正确的话就不会再看到逻辑卷设备信息了。

思考与练习

新复制一台虚拟机，并为虚拟机添加 4 块容量为 20GB 的 SCSI 硬盘。

1. 将系统中的第二块硬盘分成 3 个分区：1 个主分区、两个逻辑分区。主分区的大小为 10GB，第一个逻辑分区的大小为 2GB，剩余空间全部分配给第二个逻辑分区。

2. 依次对第二块硬盘的 3 个分区进行格式化，文件系统类型采用 XFS。

3. 将第二块硬盘的 3 个分区分别挂载到/mnt/data、/mnt/music、/mnt/movie 目录。

4. 将挂载在/mnt/data 目录上的硬盘分区设置为永久挂载。

5. 在挂载点/mnt/data 上启用磁盘配额管理功能。

6. 限制用户 zhangsan 只能上传 100MB 数据和 20 个文件。

7. 将第三块和第四块硬盘转换为物理卷。

8. 利用这两个物理卷创建名为 web 的卷组。

9. 在 web 卷组中创建一个大小为 30GB、名为 pic 的逻辑卷。

10. 将逻辑卷 pic 格式化为 EXT4 文件系统。

11. 新建目录 "/var/web/pic"，并将逻辑卷 pic 挂载到该目录。

12. 将第五块硬盘转换为物理卷，并将其加入 web 卷组中。

13. 将逻辑卷 pic 的容量扩展到 40GB。

第 5 章
软件包管理

软件资源丰富及安装便捷是 Windows 系统的优势，在 Linux 系统中安装软件相对要复杂一些。Linux 中的软件安装方式主要分为 3 种：源码安装方式、RPM 安装方式和 YUM 安装方式，其中比较常用并且操作简便的安装方式是 YUM。

在进行本章的学习与相关操作之前，建议复制一个新的虚拟机，我们之前的虚拟机经过反复练习，可能已经"不堪重负"了。

5.1 文件打包与压缩

如果从网络上下载一些在 Linux 系统中使用的软件，则往往得到的是一些文件扩展名为".gz"".bz2"".xz"".tar.gz"和".tgz"之类的压缩文件。这些文件都要先解压缩才能安装使用。

在 Linux 中常用的打包压缩命令是 tar，通过 du 命令可以查看目录或文件所占用的磁盘空间大小，以对压缩前后的文件大小进行对比。下面介绍 du 命令和 tar 命令的使用方法。

5.1.1 du 命令——查看目录或文件占用磁盘空间的大小

du（disk usage）命令用于查看指定目录或文件所占磁盘空间的大小。

du 命令的常用选项如下。

- -h：人性化显示容量信息，以 K（KB）、M（MB）、G（GB）为单位显示统计结果（默认单位为 KB）。

- -s：查看目录本身的大小。s 表示求和，如果不加该选项，则会显示指定目录下所有子目录和文件的大小。

例如，查看/etc/ssh/sshd_config 文件的大小。

```
[root@localhost ~]# du -h /etc/ssh/sshd_config
8.0K    /etc/ssh/sshd_config
```

例如，查看/etc 目录所占磁盘空间的大小。

```
[root@localhost ~]# du -hs /etc
37M     /etc
```

du 命令支持通配符，例如查看根目录下每个子目录的大小。

```
[root@localhost ~]# du -hs /*
0       /bin
124M    /boot
0       /dev
37M     /etc
37M     /home
......
```

由于 Linux 系统在磁盘中是以 block（块）为单位存储数据，一个块的大小大概为 4KB，因此，当执行 ls 命令时，查看的文件大小是文件的实际大小，而执行 du 命令时查看的文件大小是文件实际所占用的磁盘空间大小。

例如，新建一个文件 test，并向其中存放一个字符 "a"。由于英文字符在计算机中以 ASCII 码的形式存放，并且在每行的末尾还会自动添加一个换行符 "\n"，因此执行 ls 命令查看到的文件实际大小为两个字节，而执行 du 命令查看到的文件所占用的磁盘空间大小则为 4KB。

```
[root@localhost ~]# echo 'a' > test
[root@localhost ~]# ll -h test          #ls 命令查看到的文件大小是 2 个字节
-rw-r--r--. 1 root root 2 11月  8 12:32 test
[root@localhost ~]# du -h test          #du 命令查看到的文件占用磁盘空间是 4KB
4.0K    test
```

5.1.2　tar 命令——文件打包与压缩

Linux 系统中的打包和压缩是两个分开的操作。文件打包就是将多个文件和目录合并保存为一个整体的包文件，以方便传输；压缩则可以减小包文件所占用的磁盘空间。

Linux 中常用的打包命令为 tar（tape archive）。常用的压缩命令有 3 个：gzip、bzip2 和 xz，用 gzip 压缩的文件通常使用 ".gz" 作为文件名后缀，用 bzip2 压缩的文件通常使用 ".bz2" 作为文件名后缀，用 xz 压缩的文件则通常使用 ".xz" 作为文件名后缀。这 3 种压缩工具都只能针对单个文件进行压缩与解压，因此，通常是先通过 tar 命令将多个文件或目录打包成一个包文件，然后调用某种压缩工具进行压缩，如文件名后缀为 ".tar.gz" ".tgz" 和 ".tar.bz2" 的文件就属于这种先打包再压缩的文件。

在实际使用中，一般通过 tar 命令来调用 gzip、bzip2 或 xz 进行压缩或解压，而很少单独使用这些压缩命令。

1. 打包和压缩

tar 命令本身只能对目录和文件进行打包，而不进行压缩。

用 tar 命令进行打包或压缩时的格式如下。

tar [选项] 打包或压缩后的文件名 需要打包的源文件或目录

例如，将/etc 目录下的所有文件打包成 etc.tar。

```
[root@localhost ~]# tar -cvf etc.tar /etc
```

命令中用到的选项如下。

- -c：创建 ".tar" 格式的包文件，该选项不会对包文件进行压缩。

- -v：显示命令的执行过程。该选项非必需，可根据情况选用。

- -f：指定要打包或解包的文件名称，该选项必须放到选项组合的最后一位。

例如，调用 gzip 将/etc 目录下的所有文件打包并压缩成 etc.tar.gz，"-z" 选项表示调用 gzip 来压缩包文件。

```
[root@localhost ~]# tar -zcf etc.tar.gz /etc
```

例如，调用 bzip2 将/etc 目录下的所有文件打包并压缩成 etc.tar.bz2，"-j" 选项表示调用 bzip2 来压缩包文件。

```
[root@localhost ~]# tar -jcf etc.tar.bz2 /etc
```

例如，调用 xz 将/etc 目录下的所有文件打包并压缩成 etc.tar.xz，"-J" 选项表示调用 xz 来压缩包文件。

```
[root@localhost ~]# tar -Jcf etc.tar.xz /etc
```

操作完成后，可以执行 "du -h etc.*" 来比较各个文件的大小。可以发现，xz 方式在上述这 3 种方式中是压缩比率最高的，但压缩过程耗时也最长，也就是说，压缩比率通常与耗时成正比。

```
[root@localhost ~]# du -h etc.*
36M     etc.tar
9.6M    etc.tar.bz2
12M     etc.tar.gz
7.9M    etc.tar.xz
```

上面的操作将打包和压缩后生成的文件都保存在当前目录下，如果需要指定保存位置，那么在文件名部分使用绝对路径来指明即可。

例如，调用 gzip 将/etc 目录打包并压缩，然后将压缩文件保存到/tmp 目录。

```
[root@localhost ~]# tar -zcf /tmp/etc.tar.gz /etc
```

2. 解包和解压缩

用 tar 命令进行解包或解压缩时的格式如下。

tar [选项] 打包或压缩文件名 [-C 目标目录]

例如，将 etc.tar.gz 解压到当前目录下。执行命令后会在当前目录下创建一个名为 etc 的目录，其中存放解压后的文件。"-x"选项表示解开 ".tar" 格式的包文件。

```
[root@localhost ~]# tar -zxf etc.tar.gz
```

例如，将 etc.tar.bz2 解压到/tmp 目录中，"-C"选项表示指定解压后文件存放的目标位置（注意，C 是大写），解压后会生成目录/tmp/etc。

```
[root@localhost ~]# tar -jxf etc.tar.bz2 -C /tmp
[root@localhost ~]# ll -d /tmp/etc
drwxr-xr-x. 136 root root 8192 11 月  5 15:37 /tmp/etc
```

在使用 tar 命令解压时，也可以不指定调用哪种压缩工具，系统会分析压缩文件的格式，自动调用相应的压缩工具进行解压。例如，将 etc.tar.xz 解压到/var 目录中。

```
[root@localhost ~]# tar -xf etc.tar.xz -C /var
[root@localhost ~]# ll -d /var/etc
drwxr-xr-x. 136 root root 8192 11 月  5 15:37 /var/etc
```

另外，通过"-t"选项可以在不解压的情况下查看压缩文件内都包括哪些内容。

```
[root@localhost ~]# tar -tf etc.tar.bz2 | more
etc/
etc/fstab
etc/crypttab
etc/mtab
etc/resolv.conf
......
```

5.2 Linux 系统中的软件安装方法

5.2.1 源码安装方式

早期只能采取源码包的方式在 Linux 系统中安装软件，这是一件非常困难且耗费时间的事情。这是由于在 Linux 系统中使用的绝大多数软件是开源的，软件作者在发布软件时直接提供源代码。用户在取得应用软件的源码文件后，需要自行编译并解决许多的软件依赖关系问题，因此源码安装需要用户具有一定的知识积累。另外，在安装、卸载软件时，还要考虑软件与其他程序、库的依赖关系，操作起来整体难度比较大。

虽然源码安装这种方法古老并且复杂，但仍然有很多人在使用。这是由于通过源码安装，用户一方面可以获得最新的应用程序；另一方面可以根据自身需求对软件进行修改或定制，从而拥有更灵活、丰富的功能，并且使软件可以跨越计算机平台，在各版本的 Linux 系统中使用。

5.2.2　RPM 安装方式

虽然源码安装有诸多优点，但是这种安装方式过于复杂，耗时又长，对用户的软件开发能力要求也比较高。为此，RedHat 特别设计了一种名为 RPM（RedHat Packet Manager）的软件包管理系统。RPM 是一种已经编译并封装好的软件包，用户可以直接安装使用。RPM 软件包是 CentOS 系统中软件的基本组成单位，每个软件都是由一个或多个 RPM 软件包组成的。通过 RPM，用户可以更加轻松方便地管理系统中的所有软件。

RPM 软件包只能用于采用 RPM 机制的 Linux 系统，如 RHEL、CentOS、Fedora、SUSE 等。在 Linux 世界中，还有另外一种名为 DEB 的软件包管理机制，可以在 Debian、Ubuntu 等发行版本中使用。相比较而言，RPM 安装包应用更为广泛，基本已成为 Linux 系统中软件安装包事实上的标准。

但是 RPM 也有一个很大的缺点，即 RPM 软件包之间存在着复杂的依赖关系。例如，安装 A 软件包需要 B 软件包的支持，而安装 B 软件包又需要 C 软件包的支持，那么在安装 A 软件包之前，必须先安装 C 软件包，再安装 B 软件包，最后才能安装 A 软件包。如此复杂的依赖关系，都要由用户自行来解决，常使很多初学者无所适从，因此，后来又出现了一种更加简单、更加人性化的软件安装方法，这就是 YUM 安装方式。

5.2.3　YUM 安装方式

YUM（Yellow dog Updater, Modified）起初由 Yellow Dog 这一发行版的开发者 Terra Soft 研发，用 Python 写成，那时叫作 YUP（Yellow dog Updater），后经杜克大学的 Linux@Duke 开发团队进行改进，遂改成此名。

YUM 仍基于 RPM，但是它可以自动解决 RPM 软件包间的依赖性问题，从而更轻松地管理 Linux 系统中的软件。从 RHEL 5 时代起，RedHat 就推荐使用 YUM 软件安装方式，这也是在本书中主要采用的软件安装方式。

5.3 利用 YUM 进行软件管理

5.3.1 配置 YUM 源

采用 YUM 安装方式前，必须先配置好 YUM 源。YUM 源也称为 YUM 仓库（YUM repository，YUM repo），其中存放了大量的 RPM 软件包，以及与软件包相关的元数据文件。这些元数据文件一般放置于特定的名为 repodata 的目录下。

设置 YUM 源需要配置定义文件，定义文件必须存放在指定的 "/etc/yum.repos.d/" 目录中，而且必须以 ".repo" 作为文件名后缀。

我们通常所用的 YUM 源主要有两种类型：一种来自网络上的服务器，另一种来自本地的系统安装光盘。例如，在 CentOS 7 系统的 "/etc/yum.repos.d/" 目录中默认已经存在很多文件名后缀为.repo 的 YUM 源文件，以 CentOS-Base.repo 为例，这就是一个以网络上的 CentOS 服务器作为 YUM 源的配置文件。

在一些网络环境中，访问 CentOS 的官网可能会比较慢，因而推荐采用像阿里云这类的镜像站作为 YUM 源。为了避免因系统中同时存在多个 YUM 源而造成混乱，建议先将系统中默认的 YUM 源文件全部删除。

```
[root@localhost ~]# rm -f /etc/yum.repos.d/*
```

然后，可以从 http://mirrors.aliyun.com/repo/Centos-7.repo 下载 YUM 源配置文件，并将其存放到/etc/yum.repos.d/目录中。如果 Linux 系统可以访问 Internet，那么可以直接利用 wget 命令进行下载，并用 "-O" 选项指定下载文件的存放位置。

```
[root@localhost ~]# wget http://mirrors.aliyun.com/repo/Centos-7.repo -O
/etc/yum.repos.d/CentOS7.repo
```

在学习环境中，我们的主机可能不方便连接外网，这时可以将系统光盘配置为 YUM 源。在 CentOS 的系统光盘中已经集成了绝大多数应用软件的 RPM 包。这些软件的版本虽然不是最新的，但非常稳定，完全可以满足我们的需求。下面介绍将 CentOS 7 的系统光盘配置为 YUM 源的过程。

挂载光驱。

```
[root@localhost ~]# mount /dev/cdrom /mnt/cdrom/
```

查看光盘的目录结构，所有的 RPM 软件包都存放在 "/mnt/cdrom/Packages/" 目录中，但在设置 YUM 源时，不能将这个目录指定为 YUM 源路径。这是由于按照规定，只能将存放元数据文件的 repodata 目录所在的位置指定为 YUM 源路径（/mnt/cdrom）。

下面配置一个名为"dvd.repo"的 YUM 源定义文件。

```
[root@localhost ~]# vim /etc/yum.repos.d/dvd.repo
[dvd]
name=CentOS dvd
baseurl=file:///mnt/cdrom/
enabled=1
gpgcheck=0
```

注意，文件中"="的左右两侧不要留有空格。

文件中各行的含义如下。

① [dvd]：YUM 源的名称。

由于系统允许同时配置多个 YUM 源，因此这个名称在整个系统中必须是唯一的。名称的具体内容可自由定义。

② name：对 YUM 源的描述。

这部分内容可由用户自由定义。

③ baseurl：指定 YUM 源的访问路径。

这是整个定义文件中最重要的一行，访问路径可以有多种不同的表示方法。

- 指向网络中的 Web 服务器：baserul=http://…。
- 指向网络中的 FTP 服务器：baserul=ftp://…。
- 指向本地的某个目录：baserul=file://…。

"baseurl=file:///mnt/cdrom/"表示访问路径指向的是本地的"/mnt/cdrom/"目录。

在同一个 YUM 源定义文件中可以设置多个 baseurl，即可以指定多个 YUM 源。在安装软件时会从这些 YUM 源中自动选择最新版本。如果版本都一样，那么就选择网络开销最小的。

④ enabled：是否启用当前的 YUM 源。

"1"表示启用，"0"表示禁用。如果文件中没有这一行，则系统默认为 1。

⑤ gpgcheck：是否检查 RPM 包的来源合法性。

我们所使用的软件包主要是由 CentOS 组织提供的官方 RPM 包，另外，某些组织或个人也可以制作发布第三方的 RPM 包，但是在生产环境中为保证系统的可靠性，建议尽量不要使用第三方的 RPM 包。

为辨别软件包的来源并防止软件包被篡改，CentOS 会对发布的官方软件包提取消息摘要并用私钥进行数字签名，将公钥放置在已经安装好的 CentOS 系统以及系统安装光盘中，这样在安装 RPM 包时就可以先检查数字签名并验证消息摘要，然后只允许检查通过的 RPM 包继续安装。

公钥的文件名为 "RPM-GPG-KEY-CentOS-7"，在 CentOS 系统中的存放路径是 "/etc/pki/rpm-gpg/RPM-GPG-KEY-CentOS-7"，在系统安装光盘中的存放路径是 "/mnt/cdrom/RPM-GPG-KEY-CentOS-7"。

将 YUM 源定义文件中的 gpgcheck 项设为 "1" 表示检查 RPM 包的数字签名，设为 "0" 则表示不检查。如果将 gpgcheck 设为 1，那么在 YUM 源定义文件中必须再添加一个 "gpgkey" 行，以指定公钥的存放位置。

```
gpgkey=file:///etc/pki/rpm-gpg/RPM-GPG-KEY-CentOS-7
```

如果将 gpgcheck 项设为 0，那么无须检查数字签名，"gpgkey" 行也就不必设置。

在学习或实验环境中，可以将 gpgcheck 设为 "0"，以简化操作。在生产环境中，为了保证安全性，建议将 gpgcheck 项设置为 "1"。

5.3.2　检测 YUM 源

YUM 源设置好之后，可以执行 "yum list" 命令进行检测。该命令可以列出系统中已经安装的以及 YUM 源中尚未安装的所有软件包，其中名字前面带有 "@" 符号的是已经安装过的软件包。如果执行 "yum list" 命令后可以列出所有软件包，则证明 YUM 源配置正确。

yum list 命令也可用于查询 YUM 源中是否存在指定的软件包以及软件包版本。

例如，查询 YUM 源中是否存在名为 vsftpd 的软件包。

```
[root@localhost ~]# yum list vsftpd
……
可安装的软件包
vsftpd.x86_64                      3.0.2-22.el7                    dvd
```

yum list 命令支持使用通配符，例如查询 YUM 源中所有名称中含有 ftp 的软件包。如果在安装软件时忘记了软件包的具体名称，就可以通过这种方式进行查询。

```
[root@localhost ~]# yum list *ftp*
......
可安装的软件包
ftp.x86 64                          0.17-67.el7         dvd
lftp.x86_64                         4.4.8-8.el7_3.2      dvd
tftp.x86 64                         5.2-22.el7          dvd
tftp-server.x86 64                  5.2-22.el7          dvd
vsftpd.x86_64                       3.0.2-22.el7        dvd
```

也可以通过下面的方式进行查询。

```
[root@localhost ~]# yum list | grep ftp
ftp.x86 64                          0.17-67.el7         dvd
lftp.x86_64                         4.4.8-8.el7_3.2      dvd
tftp.x86 64                         5.2-22.el7          dvd
tftp-server.x86 64                  5.2-22.el7          dvd
vsftpd.x86_64                       3.0.2-22.el7        dvd
```

除 yum list 之外，执行 yum repolist 命令可以列出系统中所有可用的 YUM 源，也可以将其作为一种检测 YUM 源是否配置正确的方法。

```
[root@localhost ~]# yum repolist
已加载插件: fastestmirror, langpacks
Loading mirror speeds from cached hostfile
源标识               源名称               状态
dvd                 dvd                 3,971
repolist: 3,971
```

5.3.3　常用的 YUM 命令

1．yum info——查看软件包的信息

执行 yum info 命令可以查看指定软件包的简要信息，如果该软件包已经安装，那么命令执行后会显示"已安装的软件包"；如果软件包尚未安装，则会显示"可安装的软件包"。

例如，查看 vsftpd 软件包的信息。从中可以查看到软件包的版本、适用平台和软件描述等信息。可以通过该命令了解一些不熟悉的软件的基本功能。

```
[root@localhost ~]# yum info vsftpd
可安装的软件包
名称     : vsftpd
架构     : x86 64
版本     : 3.0.2
发布     : 22.el7
大小     : 169 k
源       : dvd
简介     : Very Secure Ftp Daemon
网址     : https://security.appspot.com/vsftpd.html
```

```
协议     : GPLv2 with exceptions
描述     : vsftpd is a Very Secure FTP daemon. It was written completely
from: scratch.
```

2. yum install——安装软件

使用 YUM 方式安装软件时，无论当前处在哪个工作目录，都会自动从 YUM 源中查找所要安装的软件包。

使用 "yum install" 命令安装软件，例如 "yum install vsftpd"。如果软件安装正确，那么在最后将出现 "完毕!" 或 "Complete!" 的提示。

```
[root@localhost ~]# yum install vsftpd
```

YUM 安装会自动检查软件包之间的依赖关系，例如安装一款名为 GCC 的软件，执行 "yum install gcc" 之后，可以发现还要安装很多依赖包。输入 "y"，按回车键，就可以将 GCC 连同依赖包全部安装了。

yum install 也支持通配符，比如在安装 PHP 时忘记了软件包的具体名称，则可以执行 "yum install php*"。该命令会将 YUM 源中所有以 "php" 开头的软件包全部列出，从中选择需要的软件包即可。

yum install 命令可以使用 "-y" 选项实现自动确认，这样就无须与用户交互了。

```
[root@localhost ~]# yum install gcc -y
```

3. yum remove——卸载软件

卸载软件可以使用 "yum remove" 命令，例如卸载 vsftpd。

```
[root@localhost ~]# yum remove vsftpd
```

需要注意的是，yum remove 在卸载一个软件包的同时会将所有依赖于该软件的其他软件包也一同卸载。例如，执行命令 "yum remove cpp"，CPP 是在安装 GCC 时作为依赖包被一同安装的，因而在卸载 CPP 时会提示要将 GCC 也一同卸载。因为如果 CPP 被卸载了，那么 GCC 肯定也无法正常使用。但是这又会导致新的问题出现，比如 GCC 又是别的软件的依赖包，那么将会导致这些软件也无法正常使用。因此，如果这些被一同卸载的软件正好是其他软件或系统本身运行所需要的，就容易造成问题甚至系统崩溃，因而在使用 yum remove 命令卸载软件时一定要慎重。

4. yum clean all——清除本地缓存

YUM 会自动创建本地缓存,用来存储一些 YUM 数据,以提高 YUM 的执行效率。YUM 默认优先使用 YUM 缓存来获得软件的相关信息，在大部分情况下我们无须费心管理这些数据，但如果发现 YUM 运行不太正常，也许就是由于 YUM 缓存错误造成的，此时就可以用"yum clean all"命令清除缓存以解决问题。

例如，清除 YUM 本地缓存。

```
[root@localhost ~]# yum clean all
已加载插件: fastestmirror, langpacks
正在清理软件源:  dvd
Cleaning up everything
Maybe you want: rm -rf /var/cache/yum, to also free up space taken by
orphaned data from disabled or removed repos
Cleaning up list of fastest mirrors
```

5.3.4 YUM 故障排错

YUM 方式虽然简单易用，但不少初学者在使用的过程中仍会出现一些问题。下面列出在我们的实验环境中对 YUM 故障排错的思路和步骤。

① 确认虚拟机中是否已正确放入了系统镜像，并且检查光盘是否已经挂载。

② 检查 YUM 源定义文件是否存在错误。

YUM 源文件对格式要求非常严格，其中任何一个单词或字母出现错误，都会导致问题出现。

③ 检查是否还有别的 YUM 源定义文件。

Linux 允许在同一个系统中同时配置并启用多个 YUM 源，但是必须要保证这些 YUM 源都是正确的，如果其中任何一个 YUM 源出现错误，那么都会导致无法正常安装软件。

④ 用"yum clean all"命令清除缓存。

⑤ 执行"yum list"命令检测能否正确列出 YUM 源中的软件包。

5.4 利用 RPM 进行软件包管理

rpm 命令目前在 Linux 系统中主要用作查询，如查询系统中是否已经安装了某个软件，查询某个软件包的信息等。下面介绍 rpm 命令的一些常见用法。

5.4.1 了解 RPM 软件包

RPM 软件包是对程序源码进行编译和封装以后形成的包文件，在软件包中会封装软件的程序、配置文件和帮助手册等组件。

使用 RPM 机制封装的软件包文件拥有约定俗成的命名格式，一般使用"软件名称-版本号-发布号.硬件平台.rpm"的文件名形式，如图 5-1 所示。

图 5-1　RPM 软件包的命名格式

以"vsftpd-3.0.2-22.el7.x86_64.rpm"软件包为例，其名称中包含以下几个部分。

- 软件名称：vsftpd。

- 版本号：3.0.2。这是 vsftpd 的版本。

- 发布号：22.el7。发布号指的是 RPM 软件包的版本，RPM 软件包的封装者每次推出新版本的 RPM 软件包时，这个数值便会增加。需要注意的是，RPM 包通常并不是由软件的开发者所制作的，我们所安装的这些 RPM 包，大多是由 CentOS 组织封装的，因而软件包的发布号与软件的版本号是两回事，一般更新发布号主要是对 RPM 包存在的错误或漏洞进行修补，在软件功能上则并没有增强。el7 是针对 RHEL 7 系统发布的软件包，它同样也适用于 CentOS 7 系统。

- 硬件平台：x86_64，指软件包所适用的硬件平台。"x86_64"指 64 位的 PC 架构，"i386"或"i686"等都是指 32 位的 PC 架构，"noarch"代表不区分硬件架构。按照向下兼容的原则，一般 32 位的软件包也适用于 64 位平台，反之则不可。

在 CentOS 的系统光盘中，含有诸多 Linux 系统的常用软件。进入光盘挂载目录，在 Packages 子目录中存放了所有的 RPM 软件包。可以通过执行下面的命令统计光盘中软件包的数目。

```
[root@localhost ~]# ll /mnt/cdrom/Packages/ | wc -l
```

5.4.2　安装/卸载软件包

利用 RPM 方式安装软件包所使用的命令是"rpm –ivh"，选项的含义如下。

-i，安装软件包；-v，显示安装过程；-h，显示安装进度，安装每进行 2%就会显示一个#号。

在利用 RPM 方式安装软件时，需要指明软件包的路径；或者先切换到软件包所在目录，然后安装。例如，利用 RPM 安装 vsftpd 程序（在输入软件包的名字时可以用<Tab>键补全）。

```
[root@localhost ~]# cd /mnt/cdrom/Packages/
[root@localhost Packages]# rpm -ivh vsftpd-3.0.2-22.el7.x86_64.rpm
警告: vsftpd-3.0.2-22.el7.x86 64.rpm: 头 V3 RSA/SHA256 Signature, 密钥 ID
f4a80eb5: NOKEY
准备中...                          ################################### [100%]
正在升级/安装...
   1:vsftpd-3.0.2-22.el7          ################################### [100%]
```

使用"rpm –e"命令可以删除一个已经安装过的软件，如将刚才安装的 vsftpd 删除。

```
[root@localhost ~]# rpm -e vsftpd          #当删除成功时, 没有任何提示
[root@localhost ~]# rpm -e vsftpd          #当再次删除时, 会提示软件包没有安装
错误: 未安装软件包 vsftpd
```

5.4.3   查询软件包

推荐采用 YUM 方式安装软件。rpm 命令主要用来进行软件查询，用到的相关选项是"-q"（query）。

例如，查询系统中是否已经安装了 openssh-server 和 httpd 软件。

```
[root@localhost ~]# rpm -q openssh-server
openssh-server-7.4p1-16.el7.x86 64
[root@localhost ~]# rpm -q httpd
未安装软件包 httpd
```

在用"rpm –q"命令进行查询时，必须指定软件的完整名称，否则将无法查询出正确结果。例如，虽然系统中默认已经安装了 openssh-server，但是只输入 ssh 无法查询到结果。

```
[root@localhost ~]# rpm -q ssh
未安装软件包 ssh
```

为了更加准确地查询到我们所需要的信息，通常将"-q"选项结合其他选项一起使用。

1．"-qa"选项——查询所有已安装的软件包

使用"-qa"选项可以列出系统中所有已经安装的软件包。

例如，统计系统中已经安装的 RPM 软件包的个数。

```
[root@localhost ~]# rpm -qa | wc -l
1320
```

如果不确定要查找的软件的准确名称，或者想知道系统中是否已经安装了某个软件包，那么可以使用"–qa"选项来查询所有已安装的软件包数据。

例如，查找系统中已经安装的所有与"ssh"有关的软件包。

```
[root@localhost ~]# rpm -qa | grep ssh
openssh-7.4p1-16.el7.x86_64
openssh-server-7.4p1-16.el7.x86_64
openssh-clients-7.4p1-16.el7.x86_64
libssh2-1.4.3-10.el7_2.1.x86_64
```

2. "-qi"选项——查询已安装软件包的信息

通过"-qi"选项可以查询某个已安装软件包的详细信息。不同于 yum info 命令，如果软件包尚未安装，则不能用 rpm -qi 查看。

例如，查询 openssh-server 软件包的信息。

```
[root@localhost Packages]# rpm -qi openssh-server
Name        : openssh-server
Version     : 7.4p1
Release     : 16.el7
Architecture: x86_64
Install Date: 2018 年 09 月 05 日 星期三 18 时 32 分 55 秒
Group       : System Environment/Daemons
Size        : 993810
License     : BSD
Signature   : RSA/SHA256, 2018 年 04 月 25 日 星期三 19 时 32 分 56 秒, Key ID
24c6a8a7f4a80eb5
Source RPM  : openssh-7.4p1-16.el7.src.rpm
Build Date  : 2018 年 04 月 11 日 星期三 12 时 21 分 33 秒
Build Host  : x86-01.bsys.centos.org
……
```

3. "-ql"选项——查询软件包所安装的文件

通过"–ql"选项可以查看某个软件包安装了哪些程序文件，以及这些文件的安装位置。

采用 RPM 机制安装软件不可以由用户指定软件安装目录，这是由于 Linux 默认的目录结构是固定的，每个默认目录都有专门的分工，因此安装软件时会自动分门别类地向相应的目录中复制对应的程序文件，并进行相关设置。

一个典型的 Linux 应用程序通常由以下几部分组成。

● 普通的可执行程序文件，一般保存在"/usr/bin"目录中，普通用户即可执行。

● 管理程序文件，一般保存在"/usr/sbin"目录中，需要管理员权限才能执行。

- 配置文件，一般保存在"/etc"目录中，配置文件较多时会建立相应的子目录。

- 日志文件，一般保存在"/var/log"目录中。

- 程序的参考文档，一般保存在"/usr/share/doc"目录中。

- 可执行文件及配置文件的 man 手册，一般保存在"/usr/share/man"目录中。

例如，查询 openssh-server 在系统的什么位置安装了程序文件。

```
[root@localhost Packages]# rpm -ql openssh-server
/etc/pam.d/sshd
/etc/ssh/sshd_config
/etc/sysconfig/sshd
/usr/lib/systemd/system/sshd-keygen.service
/usr/lib/systemd/system/sshd.service
/usr/lib/systemd/system/sshd.socket
/usr/lib/systemd/system/sshd@.service
/usr/lib64/fipscheck/sshd.hmac
……
```

4. "-qc"选项——查询软件包所安装的配置文件

通常情况下，我们更关心的是软件包在系统中安装了哪些配置文件。通过"-qc"选项可以查询某个软件包所安装的配置文件。

例如，首先安装 vsftpd，然后查询 vsftpd 在系统中所产生的配置文件。

```
[root@localhost ~]# yum install vsftpd -y
[root@localhost ~]# rpm -qc vsftpd
/etc/logrotate.d/vsftpd
/etc/pam.d/vsftpd
/etc/vsftpd/ftpusers
/etc/vsftpd/user_list
/etc/vsftpd/vsftpd.conf
……
```

5. "-qf"选项——查询某个文件所属的软件包

通过"-qf"选项，可以查询系统中的某个文件来自于哪个软件包。

例如，查询 find 命令文件来自于哪个软件包。这样如果误删了 find 命令文件，就可以通过安装该软件包进行修复。

```
[root@localhost ~]# which find              #查找命令文件路径
/usr/bin/find
[root@localhost ~]# rpm -qf /usr/bin/find    #查询文件的来源包
findutils-4.5.11-5.el7.x86_64
```

5.5 利用源码编译安装软件

5.5.1 源码编译简介

软件的源码是软件的原始数据，任何人都可以通过源码查看该软件的设计架构与实现方法，但软件源码不可以在系统中直接安装运行。需要配置软件功能，将软件源码通过编译转换为计算机可以识别的机器语言，才可以执行安装操作。

虽然利用源码编译的方式来安装软件包操作复杂、耗时较长，但是采用这种软件安装方式，用户具有更大的自主性，可以自由定义要安装的软件组件，并指定软件的安装位置，软件卸载时也极为方便和简单。更重要的是，采用源码方式安装的软件版本是最新的，性能也是最优异的。因而虽然 RPM 机制大大简化了在 Linux 系统中安装软件的难度，但在某些情况下，仍然需要使用源码编译的方式为系统安装新的应用程序。目前，源码安装在生成环境中仍然被广泛采用。

总体而言，源码安装主要有以下优势。

- 可移植性好。源码包可以在任何 Linux 系统中安装使用，而 RPM 软件包则只能用于 RedHat 类的 Linux 系统。

- 运行效率高，可灵活定制软件功能。使用源码安装时会有一个编译过程，因此软件可以更好地适应安装主机的系统环境，运行效率和优化程度都会强于使用 RPM 软件包安装的服务程序。另外，对于 RPM 软件包，一般只包含该软件所能实现的一部分功能，而通过源码安装可以对程序进行重新配置并选择要使用的功能模块，从而定制更灵活、更丰富的功能。

- 版本新。Linux 系统中的软件大多是开源的，这些软件总是以源码的形式最先发布，之后才会逐渐出现 RPM、DEB 等封装包。下载应用程序的最新源码并编译安装，可以在程序功能、安全补丁等方面得到及时更新。

采用源码安装，首先要让安装主机具备编译程序源码的环境。常见的源码包一般是用 C 语言开发的，因为 C 语言是 Linux 中的标准程序语言。在 CentOS 系统中广泛使用的是一款名为 GCC 的 C/C++语言编译器，可以使用 "rpm -qa" 命令检查系统中是否已经安装了 GCC 编译器，如果没有，那么可以使用 "yum install gcc" 命令安装。

```
[root@localhost ~]# rpm -qa | grep gcc
gcc-4.4.6-4.el6.x86_64
```

除 GCC 之外，某些软件在编译或执行期间可能需要依赖其他的软件或链接库，大部分软件的作者会在软件源码提供的 README 或 INSTALL 文件中，告知需要准备哪些软件。

5.5.2　源码编译安装的基本流程

源码安装看似复杂，但基本流程包括解包、配置、编译和安装这 4 个通用步骤，如图 5-2 所示。

1.　下载或上传软件

下面以安装 NTFS-3G 软件为例介绍源码编译安装的过程，这个软件的作用是在 Linux 系统中支持采用 NTFS 文件系统的磁盘分区，可以从官网下载软件的源码压缩包。

> **源码编译安装的基本过程**
>
> ◆ 解包 —— tar
>   ■ 解包、释放出源码文件
> ◆ 配置 —— ./configure
>   ■ 针对当前系统、软件环境，配置好安装参数
> ◆ 编译 —— make
>   ■ 将源码文件变为二进制的可执行程序
> ◆ 安装 —— make install
>   ■ 将编译好的程序文件复制到系统中

图 5-2　源码编译安装的基本过程

如果 Linux 虚拟机可以访问 Internet，那么可以利用之前介绍的 wget 命令进行下载，例如将软件下载到当前目录。

```
[root@localhost ~]# wget https://tuxera.com/opensource/ntfs-3g_ntfsprogs
-2017.3.23.tgz
    --2019-02-25 14:49:08--  https://tuxera.com/opensource/ntfs-3g_ntfsprogs
-2017.3.23.tgz
    正在解析主机 tuxera.com (tuxera.com)... 77.86.224.47
    正在连接 tuxera.com (tuxera.com)|77.86.224.47|:443... 已连接
    已发出 HTTP 请求，正在等待回应... 200 OK
    长度: 1259054 (1.2M) [application/x-gzip]
    正在保存至: "ntfs-3g_ntfsprogs-2017.3.23.tgz"

    100%[==================================================================
====>] 1,259,054    164KB/s 用时 7.5s

    2019-02-25 14:49:17 (164 KB/s) - 已保存 "ntfs-3g_ntfsprogs-2017.3.23.tgz"
[1259054/1259054])
```

如果 Linux 虚拟机无法访问 Internet，也可以先将软件下载到真机中，然后将其上传到 Linux 虚拟机。如何将客户端的文件上传到服务器，方法有很多种，比如使用 Samba 或 FTP 服务等。对于 CentOS 7 系统来说，已经自动在 VMware Workstation 虚拟机中安装了 VMware Tools。VMware Tools 是 VMware Workstation 为虚拟机提供的一个增强工

具。安装该工具之后，就可以在真机与虚拟机之间实现文件的自由复制。因而在我们的实验环境中，可以直接将软件复制到虚拟机中，但如果是在生产环境中，则需要采用别的方法。下面介绍一种操作同样简便的方式，通过这种方式可以在生产环境中非常方便地在客户端和服务器之间进行文件传送，前提是要求在客户端必须使用 XShell 或 SecureCRT 等远程登录工具。

首先需要在 Linux 服务器中安装一款名为 lrzsz 的软件，然后执行"yum install lrzsz"命令安装软件。安装完成后，在客户端的 XShell 中执行 rz 命令，这时会打开一个 Windows 窗口，从中选择要上传的文件即可，文件默认会被上传到当前工作目录下。

2. 解压软件

接下来需要将文件解压才能继续后续的工作。虽然可以在任何地方解开软件的源码，但是一般建议将各种软件的源码文件统一保存到"/usr/src/""/usr/local/src/"或"/tmp/"目录中，以便于集中管理。

例如，将 NTFS-3G 解压到"/usr/src"目录，并进入解压后产生的目录中。

```
[root@localhost ~]# tar -zxf ntfs-3g_ntfsprogs-2017.3.23.tgz -C /usr/src
[root@localhost ~]# cd /usr/src/ntfs-3g_ntfsprogs-2017.3.23/
```

3. 配置

软件编译前，必须先设置好编译的参数，以便配置软件编译的环境、要启用哪些功能等。配置工作通常由源码目录中的"configure"脚本文件来完成，具体配置参数可以在源码目录中执行"./configure --help"进行查看（"./configure"表示执行当前目录下的 configure 文件）。

不同应用程序的配置参数会存在区别，但是有一个"--prefix"参数是大多数开源软件所通用的。该配置参数用于指定软件包安装的目标目录。源码编译安装会将软件中所有的文件都安装到指定的目录中，而不是像 RPM 安装包那样将文件分散安装到各个目录中，这样将来在卸载软件时只需将安装目录删除，而无须担心误删其他软件。

例如，对 NTFS-3G 源码包进行配置，指定安装目录为"/usr/local/ntfs"。

```
[root@localhost ntfs-3g_ntfsprogs-2017.3.23]# ./configure --prefix=/usr/
local/ntfs
```

开始配置之后，程序会对运行环境进行各种检测，并在屏幕上输出大量的检测信息。配置过程需要一定的时间，配置结果将保存到源码目录中的 makefile 文件里。

如果在配置过程中出现错误，那么通常是缺少相关的依赖软件包所致，一般根据提示安装对应的软件即可。

4．编译

编译的过程主要是根据 makefile 文件中的配置信息，将源码编译并连接成可执行程序。执行"make"命令可以完成编译工作，一般需要比配置步骤更长的时间，其间同样会显示大量的编译过程信息。

例如，对 NTFS-3G 源码包进行编译。

```
[root@localhost ntfs-3g_ntfsprogs-2017.3.23]# make
```

5．安装与部署

编译完成以后，就可以执行"make install"命令将软件的执行程序、配置文件等相关文件复制到 Linux 系统的相应位置，即应用程序的最后"安装"过程。安装的步骤一般不需要太长的时间。

例如，安装已经编译好的 NTFS-3G 软件。

```
[root@localhost ntfs-3g_ntfsprogs-2017.3.23]# make install
```

安装完成后，可以找到安装路径中的 bin 或 sbin 目录，执行相应的程序，就可以使用安装好的软件了。

例如，进入 NTFS-3G 安装目录下的 bin 目录，执行其中的 ntfs-3g.probe 命令，就可以使用编译并安装好的 NTFS-3G 软件来挂载使用 NTFS 的磁盘分区了。

```
[root@localhost ntfs-3g_ntfsprogs-2017.3.23]# cd /usr/local/ntfs/bin
[root@localhost bin]# ./ntfs-3g.probe
```

思考与练习

1．用 gzip 方式将/var 目录打包并压缩成文件 var.tar.gz，保存在/root/test 目录下。

2．用 bzip2 方式将/var 目录打包并压缩成文件 var.tar.bz2，保存在/root/test 目录下。

3．查看/var 目录所占用的磁盘空间大小。

4．查看文件 var.tar.gz 和 var.tar.bz2 的大小。

5．在/root/test 目录中创建一个名为 var1 的目录。

6. 将文件 var.tar.gz 解压到/root/test/var1 目录中。

7. 在/root/test 目录中创建一个名为 var2 的目录。

8. 将文件 var.tar.bz2 解压到/root/test/var2 目录中。

9. 检查系统中是否已经安装了 DHCP 服务。

10. 依次写出源码安装所需要的 3 个命令。

11. 统计系统中已经安装的 RPM 软件包的个数。

12. 配置一个名为 dvd.repo 的 YUM 源文件，将光盘定义为 YUM 源。

13. 清除 YUM 缓存。

第 6 章
进程和服务管理

进程是系统中正在运行的程序，服务则是系统启动后自动在后台运行的程序。合理地分配和调度系统的进程，配置管理系统所开启的服务，是保证系统稳定、高效运行的关键。

本章将介绍如何管理 Linux 系统中的进程和服务，如何查看系统的资源占用信息，以及如何设置计划任务。

6.1 进程的相关介绍

进程是操作系统中一个非常重要而又基础的概念，在系统运维过程中也经常涉及对进程的管理操作。下面介绍进程的一些相关概念以及操作方法。

6.1.1 什么是进程

在操作系统中进行的所有操作都是通过运行相应的程序来实现的，我们可以在系统中安装很多应用程序。这些程序平时都存储在硬盘中。当要运行某个程序时，就要将其从硬盘调入内存中，以供 CPU 进行运算和处理。这些系统中正在运行的程序被称为进程，是系统正在执行的任务。

虽然进程也是程序，但它和程序是有区别的。程序只占用磁盘空间，不占用系统运行资源。进程由程序产生，要占用 CPU 和内存等系统资源，当关闭进程之后，它所占用的资源也随之释放。例如，用户打开一个文件，就会产生一个打开文件的进程，关闭文件，进程也随之关闭。另外，并非每个程序只能对应一个进程，有的程序启动后可以创建一个或多个进程，例如提供 Web 服务的 httpd 程序，在它运行之后，会自动产生 6 个进程，以应对大量用户的同时访问请求。

进程也是分配和调度操作系统资源的基本单位。Linux 是一个多用户多任务的操作系统。多用户是指多个用户可以在同一时间使用同一个 Linux 系统；多任务是指在 Linux 中可以同时运行多个程序，执行多个任务。这里主要介绍一下多任务，在我们同时运行了多个程序之后，系统中会产生很多个进程，所有的进程都需要由 CPU 来进行运算和处理，而 CPU 在同一个时刻其实只能处理一个进程的数据，那么如何让 CPU 同时处理多个进程的数据呢？由于 CPU 的运算速度非常快，因此采取的方法就是将 CPU 的工作时间划分成很多个时间片，每个时间片很短，然后将所有的进程都放在一个队列中，操作系统根据每个进程的优先级为它们轮流分配时间片，分配到时间片的进程就可以去执行。如果时间片用完，而相应的进程仍然没有运行结束，那么系统就会将其暂时挂起并放到队列的后部，等到它再次轮到时间片的时候才会去执行。如果进程运行结束，就将其从队列中去除。操作系统中的多个进程其实是在轮流执行的，但由于速度太快，用户根本感觉不到。

当然，上面提到的是单 CPU 多任务操作系统的情形，在这种环境下，虽然系统可以运行多个任务，但是在某一个时间点，CPU 只能执行一个任务，而在多 CPU 多任务的操作系统下，由于有多个 CPU，因此在某个时间点上，可以有多个任务同时执行。

6.1.2 进程的状态

进程在启动后不一定马上开始运行，因而进程存在很多种状态。从理论的角度来说，在进程的运行过程中通常会在 3 种基本状态之间转换：运行态、就绪态、阻塞态（等待态），如图 6-1 所示。

（1）运行态

运行态是指当前进程已分配到 CPU，正在处理器上执行时的状态。处于运行态的进程个数不能大于 CPU 的数目，在单 CPU 环境中，任何时刻处于运行态的进程最多有一个。

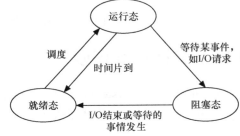

图 6-1　进程的运行状态

（2）就绪态

就绪态是指进程已具备运行条件，但因为其他进程正占用 CPU，所以暂时不能运行而等待分配 CPU 的状态。一旦把 CPU 分给它，就可以立即运行。在操作系统中，处于就绪态的进程数目可以是多个。

（3）阻塞态

阻塞态（等待态）是指进程因等待某种事件发生（如等待某一输入/输出操作完成、等待其他进程发来的信号等）而暂时不能运行的状态。此时即使 CPU 空闲，阻塞态的进程也不能运行，系统中处于这种状态的进程也可以是多个。当阻塞态进程所要等待的事件发生之后，就会转入就绪态。

具体到 Linux 系统中，进程所处的状态要更为复杂多样一些。系统为每种进程状态都定义了一个符号，以便更好地区分标记。

（1）可运行状态（R）

处于这种状态的进程，要么正在运行，要么正准备运行。也就是说，理论上处于运行态和就绪态的进程，在 Linux 系统中都被视作可运行状态。

（2）可中断的睡眠状态（S）

这类进程处于阻塞状态，一旦达到某种条件，就会变为就绪态。

（3）不可中断的睡眠状态（D）

与"可中断的睡眠状态"含义基本类似，唯一不同的是处于这个状态的进程对中断信号不做响应。例如，某个进程正在从硬盘向内存中读入大量数据时，就会处于这种状态。

（4）僵死状态（Z）

正常情况下，子进程应该由父进程结束，并释放其所占用的系统资源。当某个进程已经运行结束，但是它的父进程还没有释放其系统资源时，这个进程就会处于僵死状态。

（5）停止状态（T）

此时的进程暂停于内存中，但不会被调度，等待接受某种特殊处理。

6.1.3　父进程和子进程

除初始化进程 systemd 之外，Linux 中的每个新进程都必须由已经在运行的进程来创建，这样就构成了父进程和子进程。

systemd 是 Linux 启动的第一个进程，系统中的其他所有进程都是 systemd 进程的子进程。除 systemd 之外，每个进程都必须有一个父进程。父进程和子进程之间的关系是管理和被管理的关系。当父进程终止时，子进程也随之而终止，但子进程终止，父进程并不一定终止。

如果父进程在子进程结束之前就退出了，那么它的子进程就变成了"孤儿"进程。如果没有相应的处理机制的话，这些"孤儿"进程就会一直处于僵死状态，资源无法释放。此时解决的办法是在已经启动的进程里寻找一个进程来作为这些"孤儿"进程的父进程，或者直接让 systemd 进程作为它们的父进程，进而释放"孤儿"进程占用的资源。

6.1.4 进程的属性

在进程启动后，操作系统就为每个进程分配唯一的进程标识符，称为进程 ID（PID）。

通过 pidof 命令就可以查询某个指定进程的 PID，比如查看 sshd 服务的进程 PID。

```
[root@localhost ~]# pidof sshd
58535 55236 1150
```

可以看到这里列出了 3 个进程 PID，这是由于在运行了 sshd 服务之后，系统会启动一个 sshd 主进程，然后每当有用户远程连接上 Linux，就会产生一个 sshd 子进程，因而当前系统中有两个用户正在远程登录。

PID 是区别每个进程的唯一标识，systemd 进程的 PID 固定为 1，除此之外，其他所有进程的 PID 都是不固定的。当进程启动时，系统为其自动分配一个 PID，进程结束时，系统就将这个 PID 收回。

除 PID 之外，每个进程通常还具有以下属性。

- 父进程的 ID（PPID）。

- 启动进程的用户名（UID）。

- 进程的状态。

- 进程执行的优先级。

- 进程所在的终端名。

- 进程资源占用：进程占用资源的大小，如占用内存、CPU 的情况等。

6.1.5 进程的分类

按照进程的功能和运行的程序不同，进程可划分为两个大类。

- 系统进程：可以执行内存资源分配和进程切换等管理工作，这些进程的运行不受用户的干预，即使是 root 用户也不能干预系统进程的运行。

- 用户进程：通过执行用户程序、应用程序或内核之外的系统程序而产生的进程。此类进程可以在用户的控制下运行或关闭。我们所要了解和管理的主要就是这类用户进程。

针对用户进程，主要又分为交互进程和守护进程两类。

- 交互进程：由 Shell 启动的进程，即在终端通过输入命令启动的进程。交互进程既可以在前台运行，又可以在后台运行。

- 守护进程：主要是由运行各种服务所产生的进程，一般在系统后台运行，而且通常会随着 Linux 系统的启动而启动，在系统关闭的同时终止。由于守护进程始终是运行着的，因此一般其所处的状态是等待处理请求任务。例如，无论是否有人访问 Web 服务器上的网站，该服务器上的 httpd 服务都一直在运行。

6.2   查看进程状态

了解系统中进程的状态是对进程进行管理的前提，使用不同的命令工具可以从不同的角度查看进程状态。

6.2.1   ps 命令——查看进程静态信息

ps（process state）是 Linux 系统中标准的进程查看命令，它显示的是静态的进程统计信息，也就是在执行 ps 命令那一刻的进程情况。使用该命令可以了解进程是否正在运行以及运行的状态、进程是否结束、进程有没有僵死、哪些进程占用了过多的资源等。总之，大部分有关进程的信息可以通过执行该命令得到。

1．进程终端

直接执行 ps 命令，只显示当前用户在当前终端所启动的进程。

```
[root@localhost ~]# ps
  PID    TTY       TIME         CMD
 5290    pts/3     00:00:00     bash
 5309    pts/3     00:00:00     ps
```

可以看到，当前用户共启动了两个进程，分别是 "bash" 和 "ps"。其中 "ps" 就是刚才执行的 ps 命令所产生的进程，而 "bash" 则是当前终端所对应的终端进程，它也是 ps 进程的父进程。

不带任何选项的 ps 命令所显示的信息比较简略，只包括 4 个字段。其中 PID 已经介绍过。TIME 是指进程所占用的 CPU 时间，尽管有的进程已经运行了很长时间（如 bash），但是它们真正使用 CPU 的时间往往很短，因此该字段的值通常是 0。CMD 则是指启动该进程的命令名称。

这里重点介绍一下 TTY 字段。TTY 是指终端，这在 1.3.2 节中已经介绍过。对于 Linux 系统而言，终端主要分为两类：由用户在本地所打开的终端称为虚拟终端 TTY，由用户在远程所打开的终端称为伪终端 PTS。由于绝大多数情况下我们是远程对 Linux 服务器进行管理，因此用户所使用的终端主要是伪终端 PTS。每个终端都有相应的编号，执行 tty 命令就可以查看当前用户所在的终端。

```
[root@localhost ~]# tty
/dev/pts/3
```

我们还可以通过 echo 命令向指定的终端发送数据，从而实现类似于聊天工具的效果。

```
[root@localhost ~]# echo hello > /dev/pts/5
```

如果不加任何选项，那么 ps 命令只显示由当前用户在当前终端上所启动的进程。但通常情况下，我们希望能够查看到系统中的所有进程，也就是要包括由其他用户在其他终端上所打开的进程，这就要用到 ps 命令的相关选项。

ps 命令支持的选项比较多，这些选项一般通过组合的形式来使用。而且 ps 命令所使用的选项组合还分为 BSD 和 SystemV 两种不同的风格，其中，BSD 风格的选项之前一般不使用"-"，而 SystemV 风格的选项之前则要求必须使用"-"。下面分别予以说明。

2. BSD 选项组合

ps 命令使用"aux"选项组合可以显示系统中所有进程的详细信息，由于"ps aux"采用的是 BSD 风格，因此选项之前一般不加"-"。

选项的含义如下。

- a：显示与当前终端有关的所有进程，包括其他用户的进程。

- x：显示与当前终端无关的所有进程。a 选项和 x 选项一起使用，显示系统中的所有进程。

- u：以面向用户的格式显示进程信息（包括用户名、CPU 及内存使用情况等）。

由于"ps aux"命令显示的内容过多，因此一般它跟 more 命令或 grep 命令结合使用。

例如，分屏查看当前系统中所有进程的详细信息。

```
[root@localhost ~]# ps aux | more
USER    PID  %CPU  %MEM   VSZ    RSS  TTY  STAT  START  TIME  COMMAND
root     1   0.0   0.4   193628  4636  ?    Ss    00:14  0:06  /usr/lib/
systemd/systemd --switched-root --system --deserialize 21
root     2   0.0   0.0     0      0    ?    S     00:14  0:00  [kthreadd]
root     3   0.0   0.0     0      0    ?    S     00:14  0:07  [ksoftirqd/0]
......
```

主要输出项说明如下。

- USER：进程的所有者，即启动进程的用户名。

- %CPU：进程的 CPU 占用率。

- %MEM：进程的内存占用率。

- VSZ：进程占用的虚拟内存集的大小，单位为 KB。

- RSS：进程常驻内存集的大小，单位为 KB。

- TTY：启动进程的终端。"?"表示该进程由系统内核启动，与终端无关。

- STAT：进程的状态。可以发现绝大多数进程处于可中断的睡眠状态（S）。另外还有很多辅助的表示进程状态的符号，例如，"+"表示前台进程；"l"表示多线程进程；"N"表示低优先级进程；"<"表示高优先级进程；"s"表示该进程是会话领导者（session leader），如果把这样的进程关闭，那么由该进程所派生出来的子进程也将关闭。

- START：进程的开始时间。

- TIME：进程从启动以来占用 CPU 的总时间。

- COMMAND：启动该进程的命令名称。如果命名名称带有中括号（[]），则表示该进程由系统内核启动。

这里需要专门对"USER"项予以说明。每个进程都要由相应的用户启动，由于我们一直在以 root 用户的身份进行操作，因此可以发现绝大多数进程是由 root 用户启动的。但是并非所有进程的所有者都是 root，对于绝大多数的服务类进程，它们的所有者是一些专门的程序用户。例如，提供 Web 服务的 httpd 程序。我们首先通过执行下面的命令安装并运行 httpd。

```
[root@localhost ~]# yum install httpd -y
[root@localhost ~]# systemctl start httpd
```

然后查看 httpd 的相关进程。

```
[root@localhost ~]# ps aux | grep httpd
root    85411 0.0  0.5 221936    5008 ?   Ss   16:42    0:00 /usr/sbin/httpd
-DFOREGROUND
apache  85412 0.0  0.3 224020    3096 ?   S    16:42    0:00 /usr/sbin/httpd
-DFOREGROUND
apache  85413 0.0  0.3 224020    3096 ?   S    16:42    0:00 /usr/sbin/httpd
-DFOREGROUND
```

```
     apache 85414 0.0  0.3 224020    3096 ? S    16:42    0:00 /usr/sbin/httpd
-DFOREGROUND
     apache 85415 0.0  0.3 224020    3096 ? S    16:42    0:00 /usr/sbin/httpd
-DFOREGROUND
     apache 85416  0.0  0.3 224020    3096 ? S   16:42    0:00 /usr/sbin/httpd
-DFOREGROUND
     root   86382  0.0  0.0 112664     968 pts/4    S+  17:45 0:00 grep --color
=auto httpd
```

可以看到共有 7 个相关进程，其中最后一个进程是执行 grep 命令所产生的。为了避免干扰，我们也可以将 grep 进程过滤掉。

```
[root@localhost ~]# ps aux | grep httpd | grep -v grep
     root   85411 0.0  0.5 221936     5008 ?     Ss  16:42    0:00 /usr/sbin/httpd
-DFOREGROUND
     apache 85412 0.0  0.3 224020    3096 ?     S   16:42    0:00 /usr/sbin/httpd
-DFOREGROUND
     apache 85413 0.0  0.3 224020    3096 ?     S   16:42    0:00 /usr/sbin/httpd
-DFOREGROUND
     apache 85414 0.0  0.3 224020    3096 ?     S   16:42    0:00 /usr/sbin/httpd
-DFOREGROUND
     apache 85415 0.0  0.3 224020    3096 ?     S   16:42    0:00 /usr/sbin/httpd
-DFOREGROUND
     apache 85416 0.0  0.3 224020    3096 ? S    16:42    0:00 /usr/sbin/httpd
-DFOREGROUND
```

下面分析这 6 个与 httpd 服务相关的进程。

第一个进程是 httpd 的主进程，所有者是 root，主要负责管理 httpd 的子进程，而并不接收处理客户端请求。也就是说，其余 5 个进程都是由这个主进程所生成的，而且它还可以根据需要随时再生成新的子进程。

5 个子进程都是用来处理客户端请求的，它们的所有者都是 apache 用户。之所以要这样设置，主要目的是增强系统的安全性。例如，Web 服务器上的网站存在某些漏洞，黑客通过漏洞获取了网站的管理员权限，但由于 httpd 进程的所有者是一个低权限的 apache 用户，因此黑客在系统中能够执行的操作就非常有限。如果黑客想获得更多的系统权限，就必须进一步借助于提权等操作。

3. SystemV 选项组合

ps 命令的另一个常用的选项组合是 "-ef"，这是标准的 UNIX 风格，因而在选项之前需要加 "-"。

选项的含义如下。

- -e：显示系统中所有进程的信息。

- -f：显示进程的所有信息。

例如，分屏查看当前系统中所有进程的详细信息。

```
[root@localhost ~]# ps -ef | more
UID     PID    PPID  C  STIME    TTY    TIME      CMD
root      1       0  0  12月16   ?      00:00:14  /usr/lib/systemd/systemd
root      2       0  0  12月16   ?      00:00:00  [kthreadd]
root      3       2  0  12月16   ?      00:00:08  [ksoftirqd/0]
......
```

输出的绝大多数内容与"ps aux"命令相似，下面仅对部分内容予以说明。

- PPID：当前进程的父进程的 ID。

- C：进程所占用的 CPU 百分比。

- STIME：进程的启动时间。

由于使用 aux 选项组合不会显示父进程的 PID，因此如果需要查看 PPID 的话，那么就使用"-ef"选项组合。

6.2.2 top 命令——查看进程的动态信息

使用 ps 命令查看到的是静态的进程信息，并不能连续地反映当前进程的运行状态。若希望以动态刷新的方式显示各进程的状态信息，那么可以使用 top 命令。

top 命令将会在当前终端以全屏交互式的界面显示进程排名，及时跟踪包括 CPU、内存等系统资源的占用情况，默认情况下每 10s 刷新一次，其作用类似于 Windows 系统中的"任务管理器"。

top 命令的执行结果如图 6-2 所示。

```
top - 14:30:46 up  4:12,  5 users,  load average: 0.05, 0.03, 0.05
Tasks: 155 total,    1 running, 154 sleeping,    0 stopped,    0 zombie
%Cpu(s):  0.0 us,   0.3 sy,   0.0 ni, 99.7 id,   0.0 wa,   0.0 hi,   0.0 si,   0.0 st
KiB Mem :  999936 total,    65724 free,   312884 used,   621328 buff/cache
KiB Swap: 2097148 total,  2097148 free,        0 used.   434748 avail Mem

  PID USER      PR  NI    VIRT    RES    SHR S %CPU %MEM     TIME+ COMMAND
 7708 root      20   0  145632   5512   4192 S  0.3  0.6   0:00.04 sshd
 7751 root      20   0  157708   2252   1572 R  0.3  0.2   0:00.01 top
    1 root      20   0  125424   3912   2404 S  0.0  0.4   0:01.14 systemd
    2 root      20   0       0      0      0 S  0.0  0.0   0:00.00 kthreadd
    3 root      20   0       0      0      0 S  0.0  0.0   0:00.39 ksoftirqd/0
    6 root      20   0       0      0      0 S  0.0  0.0   0:00.18 kworker/u256:0
    7 root      rt   0       0      0      0 S  0.0  0.0   0:00.00 migration/0
    8 root      20   0       0      0      0 S  0.0  0.0   0:00.00 rcu_bh
    9 root      20   0       0      0      0 S  0.0  0.0   0:00.57 rcu_sched
   10 root      rt   0       0      0      0 S  0.0  0.0   0:00.07 watchdog/0
```

图 6-2 top 命令执行结果

在 top 命令显示的第一行信息中，依次表示当前的系统时间是 14:30:46；系统已经启动了 4h12min；当前登录系统的用户有 5 个；"load average"表明 CPU 的负载情况，后面的 3 个数值分别表示过去 1min、5min、15min 时间 CPU 的平均负载，数值越小意味着负载越低。具体内容将在 6.5.2 节进行介绍。

第二行信息表明了系统的进程运行情况，在图 6-2 所示的执行结果中，系统内共运行了 155 个进程，其中 1 个进程处于可运行状态，154 个进程处于睡眠状态，处于停止状态和僵死状态的进程是 0 个。

第三行显示的是目前 CPU 的使用情况，包括用户使用的比例、系统占用的比例和闲置（idle）比例。这部分数据均以百分比格式显示，例如"99.7 id"意味着有 99.7%的 CPU 资源正在空闲中。

第四行显示的是物理内存的使用情况，包括物理内存总量、空闲量、使用量和作为内核缓存的内存量。

第五行显示的是交换分区的使用情况，包括交换分区总量、空闲量、使用量和用于高速缓存的交换分区。

第六行以下显示的是进程的具体信息，与之前"ps aux"命令的显示结果大体相同。

在 top 命令的执行状态下，可以通过快捷键按照不同的方式对显示结果进行排序。例如，按<P>键以占用 CPU 的百分比进行排序（默认），按<M>键以占用内存的百分比排序，按<T>键以累计占用 CPU 的时间排序，按<N>键以进程启动的时间排序，按<Q>键退出。

6.2.3 伪文件系统（/proc）

/proc 目录被称为伪文件系统，因为在该目录中存放的并不是通常意义上的硬盘中的文件或目录，而是内存中正在运行的数据。也就是说，系统中所有进程的状态信息以文件的形式被存放在该目录中，而这也正是 Linux 系统"一切皆文件"的特点。

在/proc 目录中有很多以数字命名的目录，这些数字其实就是进程 PID，每个进程的状态信息都保存在相应的目录里。无论我们执行 ps 命令还是 top 命令，使用哪个选项，其实都是从/proc 目录中来获取进程的状态信息，只是这些命令将这些信息以人性化的形式呈现给我们而已。

例如，我们先执行命令"tty"获取当前所在的终端为 pts/1，然后执行命令"ps aux | grep pts/1 | grep -v grep"获取当前终端所对应的进程 PID 为 23556。

```
[root@localhost ~]# tty
/dev/pts/1
[root@localhost ~]# ps aux | grep pts/1 | grep -v grep
root    23556  0.0  0.3 160884  3516 ?    Ss  16:32  0:00 sshd: root@pts/1
```

那么在 "/proc/23556" 目录中存放的就是当前终端进程的状态信息。例如,在该目录下的 cmdline 文件中,存放了开启当前进程的命令。

```
[[root@localhost ~]# cat /proc/23556/cmdline
sshd: root@pts/1
```

6.3   控制进程

6.3.1   前台启动与后台启动

我们之前在 Shell 命令行中输入并执行某条命令,会启动一个相应的进程。默认情况下,我们所启动的进程属于前台进程,前台进程会将执行过程中产生的相关信息显示在终端上,并且在进程的执行过程中会占据当前终端。如果进程没有结束,则用户不能在当前终端中再进行其他的操作。

如果在要执行的命令后面加上一个 "&" 符号,则此时进程将转到当前终端的后台运行,其执行结果不在屏幕上显示,该进程也不会占据当前终端,用户仍可以继续执行其他的操作。后台启动适合那些运行期间不需要用户干预或执行时间较长的程序。

在实际工作中,我们可能经常需要将进程在前台和后台之间进行切换,下面将介绍如何改变进程的运行方式。

为了达到较好的演示效果,这里以 nc 命令为例来进行介绍。nc(netcat)是一款著名的网络安全工具,功能非常强大。在 CentOS 7 中默认安装了 nc,我们可以执行命令 "nc -lp 8000" 在本机开放 TCP 8000 端口。"-l" 选项表示 listen,"-p" 选项表示 port,通过这种方式就可以开放系统中任意一个未被占用的端口。

```
[root@localhost ~]# nc -lp 8000
```

在执行该命令之后,我们会发现当前终端将一直处于被占用的状态,而无法再进行任何操作。这是因为 nc 命令将持续监听指定的端口,除非我们按<Ctrl+C>组合键强制中止,否则 nc 命令将一直执行下去。因而对于这类运行之后将一直占据终端的命令,最好将其放到后台运行。下面我们先按<Ctrl+C>组合键将命令终止,然后再次执行命令 "nc -lp 8000 &",这样 nc 命令就会被自动放到后台去执行,同时显示出一行信息 "[1] 69429",其中的 "[1]"

表示正在当前终端后台运行的任务的编号，"69429"则是 nc 命令所产生的进程的 PID。

```
[root@localhost ~]# nc -lp 8000 &
[1] 69429
```

通过 jobs 命令可以查看当前终端中正在后台运行的进程任务，结合"-l"选项可以同时显示该进程对应的 PID。

```
[root@localhost ~]# jobs -l
[1]+ 69429 运行中                    nc -lp 8000 &
```

在 jobs 命令的输出结果中，每一行记录对应一个后台进程的状态信息，行首的数字表示该进程在后台的任务编号，"+"号表示这是默认最近的一个后台命令。若当前终端没有后台进程，将不会显示任何信息。

如果需要将后台进程再次转到前台来执行，那么可以使用 fg（frontground）命令。在使用 fg 命令时，需要指定后台进程对应的任务编号。如果需要结束一个后台进程，那么可以通过这种方式，先将其转到前台，然后再用<Ctrl+C>组合键强制终止。

```
[root@localhost ~]# fg 1              #将后台进程转到前台，并强制终止
nc -lp 8000
^C
```

除在命令后面加"&"符号之外，我们还可以按<Ctrl+Z>组合键将一个进程转入后台，只不过通过这种方式转入后台的进程将处于停止状态。

```
[root@localhost ~]# nc -lp 8000
^Z
[1]+ 已停止                    nc -lp 8000
[root@localhost ~]# jobs -l
[1]+ 69600 停止                    nc -lp 8000
```

bg（background）命令可以使被挂起的进程在后台继续执行。

```
[root@localhost ~]# bg 1
[1]+ nc -lp 8000 &
[root@localhost ~]# jobs -l
[1]+ 69600 运行中                    nc -lp 8000 &
```

6.3.2 解除进程与终端之间的关系

无论是通过在命令后面加"&"符号而后台执行的进程，还是通过<Ctrl+Z>组合键而转往后台的进程，它们都与当前终端相关。其实只要是由用户执行命令所打开的交互进程都是与终端相关的，也就是说，如果把终端关闭，那么该终端中的所有进程也会自动关闭。

怎么理解上面这段话呢？例如，我们通过 nc 命令在系统中开放了 8000 端口，但是因

为到了下班时间或者其他原因，需要将执行该命令的终端关闭，那么 nc 命令也就被自动终止了。如果我们希望 nc 命令在系统中始终监听 TCP 8000 端口，这就很难实现。之所以会这样，是因为当前终端是所有在其中运行的进程的父进程，它是一个会话领导者，所以只要将它关闭，那么终端中所有的子进程自然也将被关闭。

例如，我们执行下面的一系列操作：首先在后台执行 nc 命令，所产生的进程 PID 为 69925，然后查找到该进程的父进程的 PID 为 68622，而 68622 进程正是在当前终端（pts/3）上所运行的 bash。bash 是该终端上所有进程的父进程，只要关闭了 bash，终端中的所有进程就都会随之关闭。

```
#在后台执行nc命令，进程PID为69925
[root@localhost ~]# nc -lp 8000 &
[1] 69925
#nc进程的父进程的PID为68622
[root@localhost ~]# ps -ef | grep 69925 | grep -v grep
root       69925   68622  0 16:51 pts/3    00:00:00 nc -lp 8000
#PID 68622对应的是bash进程
[root@localhost ~]# ps -ef | grep 68622 | grep -v grep
root       68622   68618  0 15:07 pts/3    00:00:00 -bash
root       69925   68622  0 16:51 pts/3    00:00:00 nc -lp 8000
root       69941   68622  0 16:52 pts/3    00:00:00 ps -ef
```

如果希望某些进程能够始终在后台运行，那么可以通过 nohup 命令解除其与当前终端之间的关系。例如，我们希望无论当前终端是否关闭，都始终在后台执行 nc 命令监听本机的 TCP 8000 端口，可以执行下面的命令。

```
[root@localhost ~]# nohup nc -lp 8000 &
[1] 70085
[root@localhost ~]# nohup: 忽略输入并把输出追加到"nohup.out"
```

命令执行之后，将当前终端关闭，然后再次打开一个新的终端。首先执行 "netstat -antp | grep :8000" 命令查找在系统中开放 TCP 8000 端口的进程，可以看到进程 PID 为 70085。然后执行 "ps -ef | grep 70085 | grep -v grep" 命令查看该进程的详细信息，可以看到该进程的父进程 PID 为 1，也就是 Linux 系统的初始化进程 systemd，该进程所在的终端变为了 "?"，表示这是一个系统后台进程，不再与任何终端关联。

```
#查找开放TCP 8000端口的进程
[root@localhost ~]# netstat -antp | grep :8000
tcp    0      0 0.0.0.0:8000      .0.0.0:*              LISTEN      70085/nc
tcp6   0      0 :::8000           :::*                  LISTEN      70085/nc
#查看nc进程的详细信息
[root@localhost ~]# ps -ef | grep 70085 | grep -v grep
root       70085       1  0 17:03 ?        00:00:00 nc -lp 8000
```

因此，通过 nohup 方式执行命令所产生的进程就成为了系统的后台进程，如果管理员不强制终止的话，那么这类进程将一直运行下去。

6.3.3 终止进程执行

通常情况下，我们在系统中每执行一个命令就会产生一个相应的进程，当命令执行结束时，进程也就随之终止了。有些命令一旦执行就会一直处于运行状态，比如 ping、nc 等，如果这些进程是在前台运行的话，那么可以通过<Ctrl+C>组合键将其终止；如果进程是在当前终端的后台运行，也可以先通过 fg 命令将其调入前台，然后通过<Ctrl+C>组合键终止。但是，如果要终止一个在其他终端或是系统后台运行的进程，那么就只能借助于 kill 命令了。在 Linux 系统中要终止进程执行，通常使用 kill 命令。

通过 kill 命令终止进程时，需要使用进程的 PID 作为参数。例如，先用 nc 命令开启一个后台进程，然后再用 kill 命令将该进程终止。

```
[root@localhost ~]# nc -lp 8000 &      #开启一个后台进程
[1] 70928
[root@localhost ~]# jobs -l            #查看后台进程
[1]+ 70928 运行中                  nc -lp 8000 &
[root@localhost ~]# kill 70928         #终止进程
[root@localhost ~]#
[1]+ 已终止                        nc -lp 8000
```

kill 命令通过向进程发出终止信号使其退出运行。kill 命令可以发出的信号有多种，每个信号都有一个编号，其中默认使用的是 15 号信号 SIGTERM。若进程已经无法响应终止信号，那么可以发出 9 号信号 SIGKILL，强行将进程终止，此时就需要使用"-9"选项。

例如，我们开启一个 Vim 进程并将其挂起至后台，由于在没有正常保存退出的情况下，Vim 进程是不允许被随意结束的，因此这时使用不加任何选项的 kill 命令无法将 Vim 进程终止。

```
[root@localhost ~]# vim test.txt       #按 Ctrl+Z 组合键将进程转入后台

[1]+ 已停止                        vim test.txt
[root@localhost ~]# jobs -l            #查看后台进程
[1]+ 71068 停止                    vim test.txt
[root@localhost ~]# kill 71068         #单纯使用 kill 命令无法终止进程
[root@localhost ~]# jobs -l            #进程仍然被挂起在后台
[1]+ 71068 停止                    vim test.txt
```

使用带有"-9"选项的 kill 命令，可以将进程强制终止。

```
[root@localhost ~]# kill -9 71068      #强制终止进程
[root@localhost ~]#
```

```
[1]+   已杀死                    vim test.txt
[root@localhost ~]# jobs -l              #后台中已经没有被挂起的进程
```

需要注意的是，强制终止进程运行可能会导致程序的部分数据丢失，因此一般情况下不要轻易使用 "-9" 选项。

除 kill 命令之外，我们还可以使用 killall 命令来终止一组进程。killall 命令的作用是通过程序的名字，直接结束所有进程。

例如，我们查看 sshd 服务的相关进程，发现共有 5 个。如果用 kill 命令来结束，需要执行 5 次命令，而使用 killall 则可以很轻松地将问题一次性解决。

```
[root@localhost ~]# pidof sshd
7708 7028 6000 4777 953
[root@localhost ~]# killall sshd
```

需要注意的是，如果将 sshd 进程全部终止，则客户端与服务器之间的所有连接都将被断开。此时，需要在服务器端执行 "systemctl start sshd" 命令重新启动 sshd 服务，然后在客户端通过 XShell 与服务器重新建立连接。

6.4 查看用户的登录信息

进程管理的主要目的之一就是查看并了解系统运行的状态信息，比如有哪些用户当前正在登录系统、系统资源的消耗和使用情况等。下面介绍如何查看用户登录信息。

Linux 是一个多用户的操作系统，在同一时间内可能会有多个用户同时登录使用系统，可以通过 users、who 或者 w 命令来查看当前有哪些用户正在登录系统。

6.4.1 users 命令——查看登录用户名

users 命令功能比较简单，它只能列出当前登录的用户名。

```
[root@localhost ~]# users
root root root
```

结果显示当前共有 3 个用户以 root 的身份在不同的终端上登录。

6.4.2 who 命令——查看登录用户的信息

who 命令显示的信息就要详细一些，可以列出用户名、终端、登录时间和来源地点等信息。

例如，下面执行 who 命令后的显示结果共有 3 行，每行的含义如下。

- 第一行信息表示 root 用户在终端 tty1 上登录，由于 tty1 是一个虚拟终端，因此这表示 root 是在系统本地登录。

- 第二行信息表示 root 用户在终端 pts/0 上登录，由于 pts/0 是一个伪终端，因此这表示 root 用户是在远程登录，最后的 IP 地址就是用户所在的客户端 IP。

- 第三行信息同样表示 root 用户在远程终端 pts/2 上登录，客户端 IP 地址为 192.168.80.1。

```
[root@localhost ~]# who
root     tty1          2019-01-11 16:24
root     pts/0         2019-02-08 07:26 (192.168.80.1)
root     pts/2         2019-02-10 07:46 (192.168.80.1)
```

6.4.3 w 命令——查看登录用户的详细信息

w 命令可视为增强版的 who 命令，它显示的信息更为详细。除 who 命令的功能之外，它还可以列出用户的登录时间和正在执行的命令等信息。

在 w 命令显示的第一行信息中，还依次显示了系统当前时间、系统已经启动的时间、当前登录到系统的用户个数，以及在过去 1min、5min、15min 内的 CPU 的平均负载情况。这部分信息与 top 命令所显示的第一行信息相同。

```
[root@localhost ~]# w
 08:10:28 up 1 day, 23:53,  3 users,  load average: 0.01, 0.02, 0.05
USER     TTY      FROM           LOGIN@    IDLE   JCPU    PCPU   WHAT
root     tty1                    11:48     2days  0.09s   0.09s  -bash
root     pts/0    192.168.80.1   15:31     2days  0.06s   0.06s  -bash
root     pts/2    192.168.80.1   07:46     4.00s  0.15s   0.04s  w
```

6.4.4 last 命令——查看登录记录

使用 last 命令可以看到系统的登录记录，即哪些人曾经以什么用户身份在什么终端上登录本机。

```
[root@localhost ~]# last
root     pts/1    192.168.80.1   Mon Sep 18 14:56   still logged in
root     pts/3    192.168.80.1   Mon Sep 18 14:30 - 14:54  (00:24)
root     pts/1    192.168.80.1   Mon Sep 18 07:05 - 14:54  (07:49)
......
```

由于 last 命令是通过查询日志文件来获取的登录信息，而日志文件又很容易被黑客篡改，因此不能单纯以该命令的输出信息来判断系统有无被恶意入侵。

6.4.5 "踢出"可疑用户

下面以用户"jerry"为例演示如何将可疑用户"踢出"系统。

首先以普通用户"jerry"的身份在 XShell 上远程登录 Linux 系统。

然后在虚拟机中执行 who 命令或 w 命令找到登录到系统中的可疑用户（jerry），并记录其登录终端的编号（pts/0）。

```
[root@localhost ~]# who
root      tty1      2019-1-08 10:07 (:0)
root      pts/2     2019-1-08 15:07 (192.168.80.1)
jerry     pts/0     2019-1-08 15:16 (192.168.80.1)
```

查找可疑用户登录终端所对应的进程 PID（10763）。

```
[root@localhost ~]# ps aux | grep pts/0 | grep -v grep
jerry     10762  0.0  0.1  97808  1780   ?       S    15:16  0:00 sshd:
jerry@pts/0
jerry     10763  0.0  0.1  108328 1768  pts/0    Ss+  15:16  0:00 -bash
```

强制结束该进程，"踢出"对应的用户。

```
[root@localhost ~]# kill -9 10763
[root@localhost ~]# who
root      tty1      2013-11-08 10:07 (:0)
root      pts/2     2013-11-08 15:07 (192.168.80.1)
```

6.5 查看系统资源的占用信息

系统资源主要是指 CPU、内存以及磁盘存储空间，管理员通过监视这些系统资源的占用信息，可以随时了解系统的资源消耗情况。

6.5.1 查看 CPU 的硬件信息

通过执行"cat /proc/cpuinfo"命令可以查看 CPU 的硬件信息，在 CPU 的硬件信息中，我们最关心的是 CPU 的核心数量，与 CPU 核心数量相关的信息主要有以下几点。

- processor：CPU 的编号，编号从 0 开始。

- cpu cores：CPU 核心的数量。

- physical id：物理 CPU 的编号，编号从 0 开始。

假设某台服务器中安装有 2 个 CPU，每个 CPU 都有 2 个核心，那么物理 CPU 的数量就是 2 个，而 CPU 核心的数量共有 4 个。也就是说，从操作系统的层面来看，这台服务器中一共有 4 个 CPU。每个 CPU 都被称为一个 processor，编号分别为 processor0、processor1、processor2 和 processor3，而 processor0 和 processor1 同属于一个物理 CPU，这个物理 CPU 的编号为 physical id 0，processor2 和 processor3 同属于一个物理 CPU，这个物理 CPU 的编号为 physical id 1。

对于我们的虚拟机，由于当初在创建虚拟机时只选择了 1 个 CPU 和 1 个核心，因此查看到的物理 CPU 和 CPU 核心的数量都是 1 个。

```
[root@localhost ~]# cat /proc/cpuinfo
processor       : 0              #CPU 的编号
vendor_id       : GenuineIntel
cpu family      : 6
model           : 61
model name      : Intel(R) Core(TM) i5-5200U CPU @ 2.20GHz
stepping        : 4
microcode       : 0x2a
cpu MHz         : 2194.918
cache size      : 3072 KB
physical id     : 0              #物理 CPU 的编号
siblings        : 1
core id         : 0
cpu cores       : 1              #CPU 核心的数量
......
```

如果不清楚自己的虚拟机到底有几个 CPU，那么可以打开虚拟机的硬件设置界面进行查看，如图 6-3 所示。

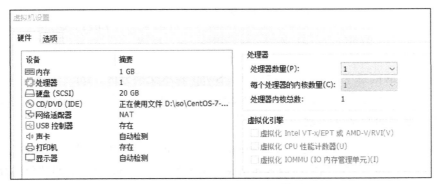

图 6-3　查看虚拟机的 CPU 数量

在 CPU 的硬件信息中，除核心数量之外，还可以通过"vendor_id"查看 CPU 的制造商，通过 "model name" 字段查看 CPU 的名字和编号，通过 "cpu MHz" 查看 CPU 的主频，通过 "cache size" 查看 CPU 的缓存容量。其他信息不是经常用到，就不一一介绍了。

6.5.2　uptime 命令——查看 CPU 的使用情况

执行 uptime 命令可以显示系统当前时间、系统已经运行的时长、当前登录的用户数以及 CPU 的平均负载等信息。可以发现，uptime 命令所显示的信息正是 top 命令显示结果中的第一行信息。

```
[root@localhost ~]# uptime
14:30:46 up 4:12, 5 users, load average: 0.05, 0.03, 0.05
```

我们通过 uptime 命令可以了解 CPU 的负载情况。平均负载是指单位时间内系统处于可运行状态 R 和不可中断睡眠状态 D 的平均进程数，也就是等待运行的进程队列的长度，数值越小意味着负载越低。此部分值可参考 CPU 的个数，如超过 CPU 个数的两倍以上，则说明系统负载高，需立即处理；小于 CPU 的个数则说明系统负载不高，服务器处于正常状态。

6.5.3　free 命令——查看内存的使用情况

free 命令可以显示内存、缓存和交换分区的使用情况。

常用选项如下。

- -h：人性化显示，以 K（KB）、M（MB）、G（GB）等单位表示容量。
- -s：指定动态显示时的刷新频率。

例如，查看内存等使用情况，每 10s 刷新一次。

```
[root@localhost ~]# free -h -s 10
              total      used      free     shared   buff/cache   available
Mem:           976M      513M       78M        11M         385M         237M
Swap:          2.0G       83M      1.9G
```

在上面显示的信息中，Mem 表示内存，Swap 表示交换分区，total 表示总量，used 表示已使用的数量，free 表示空闲数量，shared 表示共享内存的数量，buff/cache 表示缓冲和缓存的大小，available 表示系统可用内存的大小。

在这些信息中，我们重点关注的是 Mem 行的 available 数值的大小，它反映了系统当前真实的可用内存容量。它的值之所以大于 free，是因为加入了 buff/cache 的部分内存空间。

buffer（缓冲区）是为了提高内存和硬盘或其他 I/O 设备之间的数据交换速度而设计的；cache（缓存）则经常被用在磁盘 I/O 请求上，比如有多个进程都要访问某个文件，系统可以把该文件变成 cache 以被同时访问，从而提高系统的性能。buffer 和 cache 所占用的部分内存空间，当系统需要时还可以根据情况进行回收，因此，available 部分的数值就是 free 再加上可以回收的 buff/cache 部分的数值。

在观察系统的内存使用情况时，还需要特别留意 swap（交换分区）的信息。交换分区的概念在之前曾介绍过，它类似于 Windows 系统中的虚拟内存，但 Linux 的交换分区相比 Windows 的虚拟内存在设计上要更为高效，因为 Linux 系统会优先使用物理内存，只有万不得已时才会动用交换分区。因而只要发现系统没有使用 swap，就不用担心内存太小。而如果常常看到 swap 空间被占用了很多，就得考虑增加物理内存了，这也是在 Linux 服务器上查看内存是否够用的一个重要参考依据。

6.5.4 df 命令——查看硬盘的使用情况

利用之前介绍过的"df –hT"命令可以显示硬盘文件系统的使用情况。尤其是对于根分区，要经常关注其可用空间还有多少。

```
[root@localhost ~]# df -hT | grep -v tmpfs
文件系统                          类型      容量    已用    可用   已用%  挂载点
/dev/mapper/cl_localhost-root    xfs       17G    4.1G   13G    24%   /
/dev/sda1                        xfs      1014M   173M   842M   18%   /boot
/dev/sr0                         iso9660   4.1G   4.1G    0     100%  /mnt/cdrom
```

利用"du –hs"命令可以查看某个指定目录的大小，以便及时了解系统中哪个目录所占用的空间最大。例如，查看根目录下的每个子目录所占用空间的大小。

```
[root@localhost ~]# du -hs /*
7.9M    /bin
34M     /boot
40M     /etc
......
```

6.6 服务的相关介绍

6.6.1 什么是服务

如何对 Linux 系统中的服务进行管理，是本章的重点内容之一。那么到底什么是"服务"呢？

服务也是一种程序，但它是一种比较特殊的程序：服务是在系统后台运行并等待用户或其他软件调用的一类特殊程序。在 6.1.5 节中曾介绍过，我们通过执行命令所打开的进程大多属于交互进程，如果不采用 nohup 进行处理，那么这些进程基本上与终端相关，只要将进程所在的终端关闭，这些进程也就自动终止了。但是服务则不同，我们无论在哪个终端上运行服务，该服务所产生的进程都与终端无关，也就是说，将终端关闭之后，这些服务进程仍然会在系统后台自动运行。

下面以 vsftpd 服务为例进行说明。首先执行"yum install vsftpd -y"命令安装 vsftpd 服务，然后在 pts/0 终端执行"systemctl start vsftpd"命令运行服务，最后执行"ps -ef | grep vsftpd | grep -v grep"命令查看 vsftpd 服务所产生的进程的信息，可以看到 vsftpd 进程的父进程的 PID 为 1（也就是初始化进程 systemd），并且进程所在的终端为"?"，表明这是一个系统后台进程。

```
[root@localhost ~]# yum install vsftpd -y        #安装 vsftpd 服务
[root@localhost ~]# tty                          #当前终端为 pts/0
/dev/pts/0
[root@localhost ~]# systemctl start vsftpd       #启动 vsftpd 服务
[root@localhost ~]# ps -ef | grep vsftpd | grep -v grep  #查看 vsftpd 服务进程
root       69538       1  0 16:04 ?        00:00:00 /usr/sbin/vsftpd /etc/
vsftpd/vsftpd.conf
```

"服务"是为其他程序或者用户提供的，因此，这些服务进程要在系统后台始终处于运行状态，以随时等待被调用。Linux 系统中服务名称的最后一般带有字母 d，如 vsftpd、httpd、sshd 等，d 是英文单词 daemon 的缩写，表示这是一种守护进程。

按照所服务的对象不同，Linux 系统中的服务分为对内和对外两种类型。对内服务面向的是本地计算机，主要作用是维持本地计算机的正常运行；对外服务面向的是网络上的用户，主要作用是为网络中的用户提供各种功能。

CentOS 系统主要用来搭建各种网络服务器，而绝大多数的服务器程序是以服务的状态在系统中运行的，因此，我们所要研究的主要是那些对外提供功能的网络服务。通常情况下，运行了某种对外的服务后，都会在系统中开放相应的端口，如运行 httpd 服务后会开放 TCP 80 端口，运行 FTP 服务后会开放 TCP 21 端口等。

在这里要介绍启动、停止和重启服务等通用操作，而所有这些操作都离不开系统初始化进程 systemd。

6.6.2　系统初始化进程 systemd

初始化进程是 Linux 系统启动时第一个被执行的程序，它负责启动并管理其他各种服务，完成 Linux 系统的初始化工作，为用户提供合适的工作环境。

CentOS 7 系统的初始化进程是 systemd。由于 systemd 是由系统自动在后台运行的，是一种典型的服务，因此一般也称其为 systemd 服务，它运行之后所产生的进程为 systemd 进程。systemd 进程的 PID 永远为 1，systemd 进程启动之后将陆续运行系统中的其他程序，不断生成新的进程，这些进程称为 systemd 进程的子进程，反过来说，systemd 进程是这些进程的父进程。这些子进程也可以进一步生成各自的子进程，最终构成一棵进程树，共同为用户提供服务。因此，systemd 进程是维持整个 Linux 系统运行的所有进程的基础，该进程是不允许被轻易终止的。

执行 pstree 命令可以以树形结构显示系统中的所有进程以及它们之间的层级关系，从中可以很明显地发现 systemd 是系统中所有进程的父进程。

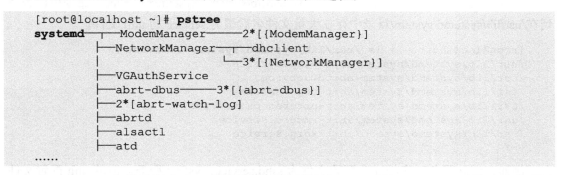

```
[root@localhost ~]# pstree
systemd─┬─ModemManager─────2*[{ModemManager}]
        ├─NetworkManager─┬─dhclient
        │                └─3*[{NetworkManager}]
        ├─VGAuthService
        ├─abrt-dbus───────3*[{abrt-dbus}]
        ├─2*[abrt-watch-log]
        ├─abrtd
        ├─alsactl
        ├─atd
......
```

在 CentOS 7 之前的版本中，采用的初始化进程是 init，而从 CentOS 7 开始，正式采用了全新的 systemd 初始化进程。systemd 相比之前的 init，在一些方面具有明显优势。

优势之一，在系统启动时采用了并发启动机制，因而 CentOS 7 的开机速度相比之前的版本得到了不少的提升。之前的 init 是按照顺序依次去启动每一项服务，即使有些服务之间并没有依赖关系，也要依次排队等待，但现在的 CPU 都是多核心的，操作系统也可以并行处理多个任务，因而没必要让那些本不相关的服务互相等待，systemd 让那些不存在依赖关系的服务同时并行启动，因而大大加快了系统启动的速度。

优势之二，systemd 提供了按需启动服务的功能。当 init 进行系统初始化的时候，它会将所有可能用到的后台服务全部启动运行，并且系统必须等待所有的服务都启动就绪之后，才允许用户登录。这种做法有两个缺点：启动时间过长和浪费系统资源。某些服务（如 CUPS 打印服务）可能在多数服务器上很少用到，因而没必要花费时间去启动这些服务，同样耗费在这些服务上的系统资源也是一种浪费。systemd 只有在某个服务被真正请求的时候才启动它，当该服务结束时，systemd 可以动态关闭它，等待下次需要时才会再次启动。

另外，systemd 还具有服务依赖关系自我检查等诸多功能，对于那些已经习惯了 init 的用户，虽然在刚开始接触 systemd 时可能会有很多不适应，但这毕竟是大势所趋，我们应该积极地去学习并接受这些更为先进的技术和特性。

6.6.3　systemd unit

对于 systemd 而言，它有一个核心概念被称为 unit（单元），systemd 的系统管理功能主要就是通过各种 unit 来实现的。每个 unit 都有一个相应的配置文件对其进行标识和配置，这些配置文件主要存放在/usr/lib/systemd/system/和/etc/systemd/system/目录中。

systemd 的 unit 分为多种类型，其中比较重要的是对服务进行管理的 Service unit（服务单元），系统中的每一种服务都会有一个与之相对应的服务单元，这类 unit 的配置文件通常以 ".service" 作为文件名后缀。执行 "ls /usr/lib/systemd/system/*.service" 命令可以查看到在/usr/lib/systemd/system/目录中存在大量文件名后缀为.service 的 unit 文件。

```
[root@localhost ~]# ls /usr/lib/systemd/system/*.service
/usr/lib/systemd/system/abrt-ccpp.service
/usr/lib/systemd/system/abrtd.service
/usr/lib/systemd/system/abrt-oops.service
/usr/lib/systemd/system/abrt-pstoreoops.service
/usr/lib/systemd/system/abrt-vmcore.service
/usr/lib/systemd/system/abrt-xorg.service
……
```

例如，sshd 服务对应的 unit 配置文件为 sshd.service，vsftpd 服务对应的 unit 配置文件为 vsftpd.service。但是，由于 CentOS 7 系统中默认并没有安装 vsftpd 服务，因此 vsftpd.service 文件默认不存在，在安装 vsftpd 服务之后，该文件也就被自动创建出来了。

```
# sshd.service 文件默认存在
[root@localhost ~]# ls /usr/lib/systemd/system/sshd.service
/usr/lib/systemd/system/sshd.service
# vsftpd.service 文件默认不存在
[root@localhost ~]# ls /usr/lib/systemd/system/vsftpd.service
ls: 无法访问/usr/lib/systemd/system/vsftpd.service: 没有那个文件或目录
#安装 vsftpd 服务之后，vsftpd.service 文件被自动创建
[root@localhost ~]# yum install vsftpd -y
[root@localhost ~]# ls /usr/lib/systemd/system/vsftpd.service
/usr/lib/systemd/system/vsftpd.service
```

在每个服务单元的配置文件中，都定义了一些对该服务进行配置管理的设置项，对于这些配置文件的具体内容，我们不需要去了解。除 Service unit 之外，还有一类比较重要的 unit 称为 Target unit（目标单元），这类 unit 配置文件以 ".target" 作为文件名后缀，主要用于模拟实现系统运行级别。关于系统运行级别的概念，将在随后进行介绍。

查看 Target unit 配置文件。

```
root@localhost ~]# ls /usr/lib/systemd/system/*.target
/usr/lib/systemd/system/anaconda.target        /usr/lib/systemd/system/
```

```
printer.target
    /usr/lib/systemd/system/basic.target          /usr/lib/systemd/system/
rdma-hw.target
    /usr/lib/systemd/system/bluetooth.target       /usr/lib/systemd/system/
reboot.target
    ……
```

除此之外，systemd 的 unit 还包括 Device unit（设备单元），用于定义系统内核需要识别的设备；Mount unit（挂载单元），用于定义文件系统的挂载点；Socket unit（套接字单元），用于标识进程间通信用的 socket 文件。另外，还有 Snapshot unit、Swap unit、Automount unit 等诸多 unit，这些 unit 并不常用，因此就不一一介绍了。

6.7 利用 systemctl 命令管理服务

之前曾介绍过，在 Linux 系统中提供了很多服务。这些服务依照其功能可以分为系统服务与网络服务。我们需要管理的主要是各种网络服务，如提供远程登录的 sshd 服务、提供网站浏览功能的 httpd 服务等。

在 CentOS 5 和 CentOS 6 系统中，对服务的管理主要是通过 service 和 chkconfig 命令完成的，在 CentOS 7 中则主要通过 systemd 中的 systemctl 工具来对服务进行管理。systemctl 是 systemd 提供的一个重要管理工具，主要负责控制 systemd 系统和服务管理器，它集 service 和 chkconfig 等众多命令的功能于一体，功能非常强大。下面将介绍它的主要用法。

6.7.1 管理服务运行状态

利用 systemctl 命令管理服务运行状态的语法格式如下。

systemctl start|stop|status|restart|reload 服务名

"start|stop|status|restart|reload" 表示可以对服务执行的管理动作，它们之间是 "或" 的关系，每次只能选择执行其中一种动作。start 表示启动服务，stop 表示停止服务，status 表示查看服务运行状态，restart 表示重启服务，reload 表示重新加载服务。

systemd 将系统中的每个服务都看作一个服务单元（Service unit），在服务的名称后面加上 ".service" 作为后缀。在利用 systemctl 命令对服务进行管理时，服务名称后面加不加 ".service" 后缀均可。例如，执行 "systemctl status sshd.service" 或 "systemctl status sshd" 命令都可以查看 sshd 服务的运行状态。

下面介绍在执行 "systemctl status" 命令时所显示的服务状态信息。

在所显示的信息中，第二行的 "Loaded: loaded (/usr/lib/systemd/system/sshd.service;

enabled; vendor preset: enabled)",表示服务已经被加载,该服务的 Service unit 配置文件为 /usr/lib/systemd/system/sshd.service,"enabled"表示该服务已经被设为开机自动启动,"vendor preset: enabled" 表示该服务在系统中默认被预设为开机自动启动。

第三行的 "Active" 部分显示 "active(running)",表示服务正处于运行状态。

第六行的 "Main PID: 1150 (sshd)" 表示该服务运行之后所产生的主进程 PID 为 1150,进程名为 sshd。

最后会显示若干行在日志文件中所记录的与该服务有关的一些信息。

```
[root@localhost ~]# systemctl status sshd.service
● sshd.service - OpenSSH server daemon
   Loaded: loaded (/usr/lib/systemd/system/sshd.service; enabled; vendor
preset: enabled)
   Active: active (running) since 二 2019-01-08 13:57:42 CST; 2 weeks 3
days ago
     Docs: man:sshd(8)
           man:sshd_config(5)
 Main PID: 1150 (sshd)
    Tasks: 1
   CGroup: /system.slice/sshd.service
           └─1150 /usr/sbin/sshd -D

 1 月 18 10:09:46 localhost.localdomain sshd[35662]: Accepted password for
root from 192.168.80.1 ...h2
 1 月 19 11:28:37 localhost.localdomain sshd[37475]: Accepted password for
root from 192.168.80.1 ...h2
 1 月 24 07:27:49 localhost.localdomain sshd[38938]: Accepted password for
root from 192.168.80.1 ...h2
    ......
```

下面在系统中安装 vsftpd 服务(如果已安装,那么此处可忽略),然后查看 vsftpd 服务的运行状态,在 "Active" 部分显示 "inactive(dead)",表示服务已经安装,但是没有运行。再继续查看 httpd 服务的运行状态,由于我们并没有安装 httpd 服务,因此系统提示没有发现该服务。

```
[root@localhost ~]# yum install vsftpd -y
......
[root@localhost ~]# systemctl status vsftpd
● vsftpd.service - Vsftpd ftp daemon
   Loaded: loaded (/usr/lib/systemd/system/vsftpd.service; disabled;
vendor preset: disabled)
   Active: inactive (dead)
[root@localhost ~]# systemctl status httpd
Unit httpd.service could not be found.
```

　　下面执行"systemctl start vsftpd"命令启动 vsftpd 服务，并再次查看服务状态，发现已经处于运行状态。

```
[root@localhost ~]# systemctl start vsftpd
[root@localhost ~]# systemctl status vsftpd
● vsftpd.service - Vsftpd ftp daemon
   Loaded: loaded (/usr/lib/systemd/system/vsftpd.service; disabled;
vendor preset: disabled)
   Active: active (running) since 三 2018-12-26 07:44:55 CST; 6s ago
……
```

　　在之后对服务的配置管理中，如果修改了某项服务的设置，那么必须将服务重启，才可使得修改后的设置生效。例如，重启 vsftpd 服务，可以执行"systemctl restart vsftpd"命令。

```
[root@localhost ~]# systemctl restart vsftpd
```

　　重启服务实际上就是将服务先停止，然后再启动的过程。如果不需要再运行某个服务，那么也可以将服务直接停止。例如，停止 vsftpd 服务，可以执行"systemctl stop vsftpd"命令。

```
[root@localhost ~]# systemctl stop vsftpd
```

　　需要注意的是，利用 restart 方式重启服务，会使服务产生短暂的中断。如果需要在不中断服务的前提下使得修改后的服务设置生效，那么可以使用 reload 方式重新加载服务。例如，重新加载 vsftpd 服务，可以执行"systemctl reload vsftpd"命令。

```
[root@localhost ~]# systemctl reload vsftpd
```

　　使用 reload 方式重新加载服务，虽然可以避免服务中断，但是对某些服务配置所做的修改，必须要重启（restart）才能生效，比如修改了服务的端口号等。另外，reload 方式也不是适用于所有的服务，有些服务（如 network 服务）就无法通过 reload 方式重新加载，这一点在实际应用中需要注意。

　　最后介绍一下如何查看系统中所有正在运行的服务，可以执行命令"systemctl list-units --type service"。选项"list-units"表示列出所有的 unit，选项"--type service"则表示列出服务类的 unit。

```
[root@localhost ~]# systemctl list-units --type service
UNIT              LOAD     ACTIVE   SUB       DESCRIPTION
abrt-ccpp.service loaded   active   exited    Install ABRT coredump hook
abrt-oops.service loaded   active   running   ABRT kernel log watcher
abrt-xorg.service loaded   active   running   ABRT Xorg log watcher
abrtd.service     loaded   active   running   ABRT Automated Bug Reporting
Tool
……
```

　　如果在该命令之后再加上"--all"选项，则表示列出系统中所有的服务，无论该服务是否正在运行。

```
[root@localhost ~]# systemctl list-units --type service --all
  UNIT                    LOAD      ACTIVE    SUB      DESCRIPTION
  abrt-ccpp.service       loaded    active    exited   Install ABRT coredump hook
  abrt-oops.service       loaded    active    running  ABRT kernel log watcher
  abrt-vmcore.service     loaded    inactive  dead     Harvest vmcores for ABRT
......
```

6.7.2　管理服务启动状态

除系统服务之外，我们后来所安装运行的各种服务都是临时启动的，在系统关机或重启之后，这些服务不会自动运行。我们还可以通过 systemctl 命令来管理服务的启动状态。

利用 systemctl 命令管理服务启动状态的语法格式如下。

systemctl enable|disable|is-enabled　服务名

"enable|disable|is-enabled"表示可以执行的动作，同样每次只能选择执行其中的一种。enable 表示将服务设为开机自动启动，disable 表示禁止服务开机自动启动，is-enabled 表示查看服务的启动状态。

下面以 sshd 服务为例介绍对服务启动状态的设置方法。

例如，查看 sshd 服务是否为开机自动启动。命令执行后显示"enabled"表示服务是开机自动启动，显示"disabled"则表示服务不是开机自动启动。

```
[root@localhost ~]# systemctl is-enabled sshd
enabled
```

例如，禁止 sshd 服务开机自动启动。

```
[root@localhost ~]# systemctl disable sshd
Removed symlink /etc/systemd/system/multi-user.target.wants/sshd.service.
[root@localhost ~]# systemctl is-enabled sshd
disabled
```

例如，将 sshd 服务重新设置为开机自动启动。

```
[root@localhost ~]# systemctl enable sshd
Created symlink from /etc/systemd/system/multi-user.target.wants/sshd.
service to /usr/lib/systemd/system/sshd.service.
[root@localhost ~]# systemctl is-enabled sshd
enabled
```

如果要查看系统中所有服务的开机启动状态，那么可以执行"systemctl list-unit-files --type service"命令。

```
[root@localhost ~]# systemctl list-unit-files --type service
UNIT FILE                                      STATE
abrt-ccpp.service                              enabled
abrt-oops.service                              enabled
abrt-pstoreoops.service                        disabled
abrt-vmcore.service                            enabled
......
```

6.7.3 vsftpd 服务管理示例

当使用 Linux 系统搭建一台服务器时，一般要进行以下的操作流程。

① 安装相应的服务程序。

② 运行服务。

③ 将服务设为自动启动。

④ 对服务进行配置。

⑤ 重新启动或加载服务。

如何对服务进行配置将在后续章节中介绍，下面以安装管理 vsftpd 服务为例演示前 3 步操作。

① 安装服务。

查询系统中是否已经安装了 vsftpd 程序。

```
[root@localhost ~]# rpm -qa | grep vsftpd
```

确认程序没有安装后，用 yum 命令安装程序。

```
[root@localhost ~]# yum install vsftpd -y
```

② 启动服务。

```
[root@localhost ~]# systemctl start vsftpd
```

③ 将服务设为开机自动运行。

```
[root@localhost ~]# systemctl enable vsftpd
```

上述 3 步操作属于通用操作，我们基本上在配置每一种服务之前都需要先将这 3 步操作执行一遍。

6.8   管理系统运行级别

6.8.1   什么是运行级别

Linux 系统在启动过程中所要运行的服务或程序都是由初始化进程来负责启动的，但是当我们有不同的工作需求时，需要启动的服务也会有所区别。例如，对于我们熟悉的 Windows 系统，在正常启动模式下，所有被设为开机自动运行的服务或程序都会被自动启动，但如果是进入安全模式，那么就只会启动系统基本的程序以及微软官方的服务，其他非必要的程序以及非微软的服务都将不被运行。在 Linux 系统中也采用了类似的机制，它将在系统运行时需要启动的各种服务程序相互组合以构成不同的搭配关系，满足不同的系统需求。传统的 init 初始化进程将这种服务搭配关系称为"运行级别"（RunLevel），而 systemd 则称之为"目标"（Target）。只不过在 Target 中包含的是许多相关的 Unit，每个 Target 其实就是一个 Unit 组，当启动某个 Target 的时候，systemd 会同时启动其中所有的 Unit。

"运行级别"和"目标"所要实现的功能是类似的。在 systemd 中，使用 5 种目标来对应 init 中的 7 种运行级别，从而实现向后兼容。它们的对应关系和功能见表 6-1。

表 6-1   systemd 与 init 的功能实现对应关系

init 运行级别	systemd 目标名称	作　用
0	runlevel0.target, poweroff.target	关机
1	runlevel1.target, rescue.target	单用户模式
2	runlevel2.target, multi-user.target	等同于级别 3
3	runlevel3.target, multi-user.target	多用户的字符界面
4	runlevel4.target, multi-user.target	等同于级别 3
5	runlevel5.target, graphical.target	多用户的图形界面
6	runlevel6.target, reboot.target	重启

在这 7 种运行级别中，常用的是 3 和 5，即"multi-user.target"和"graphical.target"，分别代表了字符模式和图形模式。在选择了相应的运行级别后，系统在启动时所运行的服

务就会有所区别。例如，将系统默认运行级别设为 3，那么系统启动时将自动进入字符模式，所有与图形模式相关的服务都不会运行，我们也就无法执行图形界面下的任何操作。如果将系统默认运行级别设为 5，则系统启动时将自动进入图形模式，系统将自动运行与图形模式相关的各种服务。由于我们的系统安装了图形桌面环境，因此系统的默认运行级别就是 5，即 "graphical target"。

6.8.2 切换和设置运行级别

不同的运行级别代表了系统不同的运行状态，每种运行级别下所运行的服务或程序会有所区别。作为一名系统运维人员，一方面我们需要明确系统当前运行在哪种运行级别之下，另一方面我们可能还需要在各种运行级别之间切换。不同于 Windows 系统，在 Linux 系统中不必重启系统即可在不同的运行级别之间进行切换。

在 CentOS 5 和 CentOS 6 系统中对运行级别进行管理，主要是借助于 runlevel 和 init 命令，CentOS 7 也支持 runlevel 和 init 命令，但是更加推荐使用 systemctl 命令。

例如，通过执行 "systemctl get-default" 命令可以查看系统的默认运行级别。

```
[root@localhost ~]# systemctl get-default
graphical.target
```

使用 runlevel 命令可以查看系统当前所处的运行级别，在命令的输出结果中分别包含切换前的级别和目前的级别。例如，执行 runlevel 命令查看系统当前的运行级别。显示结果中的 "5"，表示系统当前所处的级别是 5；显示结果中的 "N"，表示之前未切换过运行级别，也就是说，系统的默认运行级别就是 5。

```
[root@localhost ~]# runlevel
N 5
```

使用 init 命令可以切换系统的运行级别，init 作为一个 CentOS 5/6 时期的命令，需要使用与运行级别相对应的数字（0～6）作为命令参数。例如，将系统运行级别由图形模式（5）切换为字符模式（3），并确认状态。

```
[root@localhost ~]# init 3
[root@localhost ~]# runlevel
5 3
```

切换到字符模式后，执行 free 命令查看内存的使用情况，可以发现内存占用相比图形模式有大幅降低。

```
root@localhost ~]# free -h          #查看级别 3 下的内存使用情况
          total      used      free      shared    buff/cache    available
Mem:      972M       222M      325M      8.2M      424M          538M
```

```
Swap:           2.0G            0B            2.0G
[root@localhost ~]# free -h            #查看级别 5 下的内存使用情况
          total        used        free      shared    buff/cache   available
Mem:       972M        376M        70M        8.5M        526M        374M
Swap:       2.0G          0B        2.0G
```

如果将系统运行级别切换到 0 或者 6，则分别表示将系统关闭或重启。

例如，关闭系统。

```
[root@localhost ~]# init 0
```

例如，重启系统。

```
[root@localhost ~]# init 6
```

在 CentOS 7 系统中，也可以使用 systemctl isolate 命令来临时切换系统的运行级别。例如，将运行级别切换为 multi-user.target。

```
[root@localhost ~]# systemctl isolate multi-user.target
```

通过上面的方式来切换系统运行级别只是临时生效，当系统重启之后，还是会进入默认的运行级别。如果要改变系统的默认运行级别，那么可以执行 "systemctl set-default *TARGET*.target" 命令，比如将系统的默认运行级别设置为 3，即 "multi-user.target"，可以执行命令 "systemctl set-default multi-user.target"。需要注意的是，修改系统的默认运行级别后，需要将系统重启才可切换到相应的运行级别。

```
[root@localhost ~]# systemctl set-default multi-user.target
Removed symlink /etc/systemd/system/default.target.
Created symlink from /etc/systemd/system/default.target to /usr/lib/
systemd/system/multi-user.target.
```

另外，通过查看或修改 "/etc/systemd/system/default.target" 文件也可以确定系统的默认运行级别。例如，查看该文件可以发现，这是一个指向 "/lib/systemd/system/graphical.target" 的符号链接文件，因而系统当前的运行级别是 "graphical target"。

```
[root@localhost ~]# ll /etc/systemd/system/default.target
lrwxrwxrwx 1 root root 36 9
月   6 10:30 /etc/systemd/system/default.target -> /lib/systemd/system/
graphical.target
```

将 "/etc/systemd/system/default.target" 指向不同的目标文件，同样可以修改系统的默认运行级别。例如，下面的两条命令就是将系统的默认运行级别设置为 "multi-user.target"，我们执行 "systemctl set-default" 命令其实也是执行了相同的操作。

```
[root@localhost ~]# rm -f /etc/systemd/system/default.target
[root@localhost ~]# ln -s /lib/systemd/system/multi-user.target
/etc/systemd/system/default.target
```

系统默认的运行级别一般建议设置为 3 或 5，千万不要设置为 0 或 6，否则将导致系统无法启动。由于 Linux 主要作为服务器操作系统，因此平时使用时一般将 Linux 服务器放置在数据中心机房，管理员通过远程管理工具对其进行操作。对 Linux 系统的管理操作一般是在字符界面下通过命令完成的，很少用到图形界面，而且图形界面也要消耗更多的系统资源，同时也会导致系统不稳定，因此，大多数情况下系统的运行级别被设置为 3（multi-user.target）。在介绍完这部分内容之后，也建议读者将自己的 Linux 系统的默认运行级别修改为 multi-user.target。

6.8.3　重置 root 用户密码

在使用系统的过程中，我们有可能会不慎遗忘管理员账号的密码，那么此时该如何重置管理员账号密码呢？如果你曾经有过重置 Windows 系统管理员账号密码的经验，就会知道这个操作其实很简单。重置 Windows 系统管理员密码，首先需要用引导盘启动系统并进入 WinPE，然后再利用 WinPE 中提供的各种密码重置工具，就可以很轻易地重置管理员密码。Linux 系统也是同样如此，而且操作相比 Windows 系统要更加简单，因为它不需要引导盘，也不需要专门的密码重置工具，Linux 系统本身就提供了相应的功能。

在之前的 CentOS 5 和 CentOS 6 系统中，可以在系统启动的过程中选择进入单用户模式（运行级别 1），此时无须密码即可以 root 身份登录系统，然后可以修改 root 用户密码。在 CentOS 7 系统中，由于采用了 systemd 初始化进程，并且系统引导程序也换成了 GRUB 2，因此无法再像之前版本的系统那样，通过进入单用户模式来重置 root 密码，而是需要进入救援模式来进行密码重置，操作也比较简单。救援模式是 CentOS 系统提供的一个类似于 WinPE 的系统维护环境。当然，无论是单用户模式还是救援模式，都只能在系统本地登录时才能使用，而无法通过网络远程操作，这样设计的目的很明显是出于系统安全性的考虑。

要进入救援模式，首先应重启系统，并在引导界面中快速移动上下方向键，避免进入系统，而是停留在引导界面中。然后将光标定位在第一行，并按<E>键进入引导菜单编辑界面，如图 6-4 所示。

然后将光标移动到以"linux16"开头的行，并在这行的尾部追加"rd.break"参数，最后按<Ctrl+X>组合键来执行内核参数，如图 6-5 所示。

大约 30s 后便可进入系统的救援模式，如图 6-6 所示。

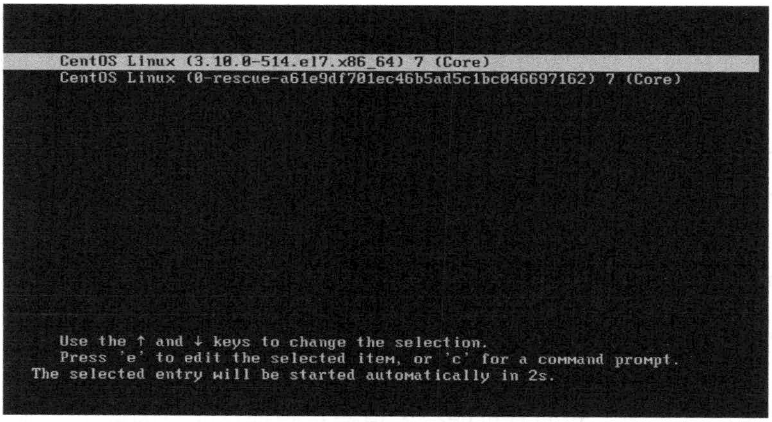

图 6-4　此时按<E>键

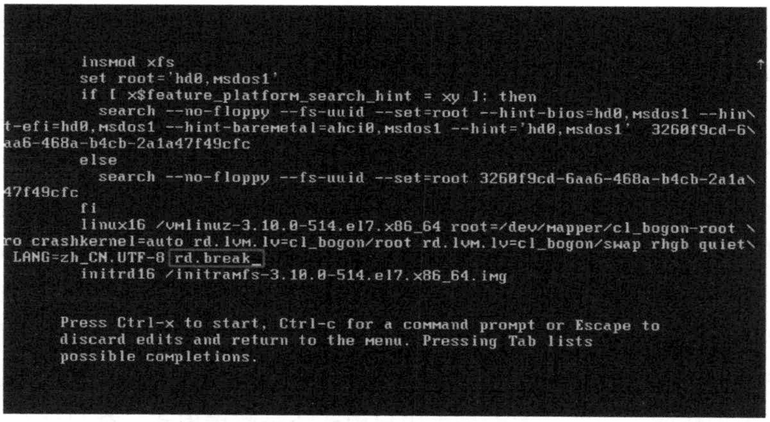

图 6-5　内核信息的编辑界面

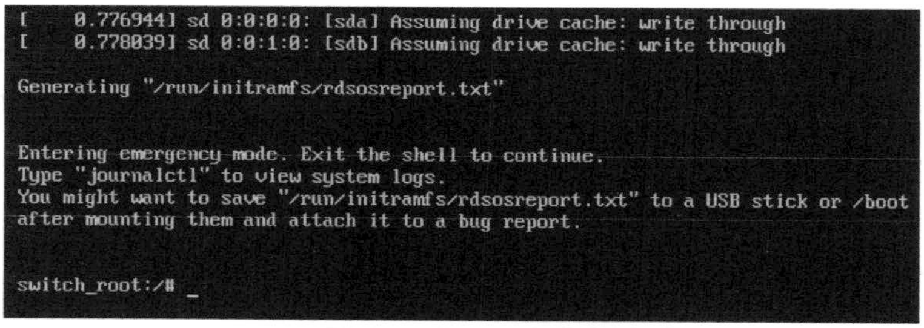

图 6-6　Linux 系统的救援模式

接下来可以按照图 6-7 所示依次输入以下命令，等待系统重启之后即可使用新密码登录 Linux 系统了。

```
switch root:/# mount -o remount,rw /sysroot    #将根目录重新挂载为读写模式
switch_root:/# chroot /sysroot                 #切换到根目录
sh-4.2# LANG=en              #将系统语言设置为英文，否则会出现乱码
sh-4.2# passwd root                            #修改并确认密码
sh-4.2# touch /.autorelabel                    #重新打上 SELinux 标签
sh-4.2# exit                                   #退出
switch_root:/# reboot                          #重启系统
```

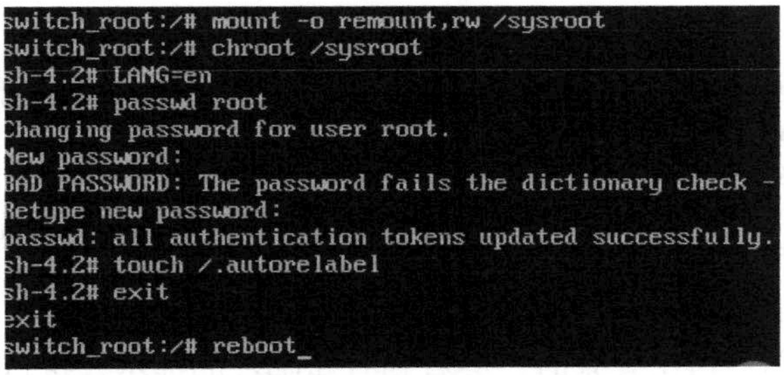

图 6-7　重置 root 密码

6.9　管理计划任务

计划任务可以让系统在指定的时间自动执行预先计划好的管理任务，因而计划任务是实现 Linux 系统自动化运维的一种重要途径。我们可以通过计划任务来执行那些需要在指定时间或者周期性执行的操作，从而大大减轻运维人员的工作量。另外，对于那些比较费时而且占用资源较多的操作，也可以通过设置计划任务，将它们安排在深夜由系统自动运行，从而避免影响正常的服务运行。

Linux 系统中提供了两种计划任务，一种是只会执行一次的 at 计划任务，另一种是可以周期性执行的 cron 计划任务。

6.9.1　配置 at 一次性计划任务

使用 at 制订一次性计划任务前需要确保 atd 服务是运行的，否则计划任务不会被执行。在 CentOS 7 系统中，atd 是作为系统服务自动运行的。

```
[root@localhost ~]# systemctl status atd        #atd 服务默认已经运行
    atd.service - Job spooling tools
    Loaded: loaded (/usr/lib/systemd/system/atd.service; enabled; vendor
preset: enabled)
    Active: active (running) since — 2018-12-17 15:27:28 CST; 1 weeks 3
days ago
    Main PID: 1118 (atd)
```

```
        Tasks: 1
......
```

下面通过实例来说明如何配置 at 计划任务。

执行 at 命令并在其后指定一个时间点，命令执行之后会自动进入交互模式，在该模式下，可以依次输入准备执行的命令，最后按<Ctrl+D>组合键保存并退出。需要注意的是，该模式下，可以在按<Ctrl>键的同时删除我们输入的内容。

```
[root@localhost ~]# at 11:46          #指定在当天 11:46 执行计划任务
at> cat /etc/redhat-release           #计划任务内容
at> echo "hello"                      #计划任务内容
at> <EOT>                             #输入完毕后按 Ctrl+D 组合键结束
job 1 at Wed Dec 26 11:46:00 2018     #系统提示有编号为 1 的计划任务
```

到了指定的时间之后，系统会自动执行计划任务中的相关命令，并将执行结果以邮件的形式发送给用户。用户再次登录时，会看到有新邮件的提示，执行 mailx 命令可以查看邮件。

```
[root@Localhost ~]#                             #系统提示有新邮件
您在 /var/spool/mail/root 中有新邮件
[root@Localhost ~]# mailx                       #查看邮件，提示有一封编号为 1 的邮件
Heirloom Mail version 12.5 7/5/10.  Type ? for help.
"/var/spool/mail/root": 1 messages 1 new
>N  1 root        Wed Dec 26 11:43  14/488   "Output from your job    1"
& 1                                             #输入邮件编号
Message  1:
From root@Localhost.localdomain  Wed Dec 26 11:46:01 2018
Return-Path: <root@Localhost.localdomain>
X-Original-To: root
Delivered-To: root@Localhost.localdomain
Subject: Output from your job            1
To: root@Localhost.localdomain
Date: Wed, 26 Dec 2018 11:46:01 +0800 (CST)
From: root@Localhost.localdomain (root)
Status: R

CentOS Linux release 7.6.1810 (Core)    #计划任务执行结果
hello

& exit                                          #退出邮件
```

配置好计划任务之后，我们还可以对其进行查看和管理。

at 命令的常用选项有以下几个。

* -l：列出等待执行的计划任务。

* -d：删除指定的计划任务。

- -c：查看计划任务的具体内容。

```
[root@localhost ~]# at -l                       #查看等待执行的计划任务
1    Wed Dec 26 11:46:00 2018 a root
[root@localhost ~]# at -c 1                      #查看编号为1的计划任务的具体内容
[root@localhost ~]# at -d 1                      #删除编号为1的计划任务
```

at 命令可以使用的时间格式有很多，下面列举了几种常见形式。

- HH:MM [YYYY-mm-dd]：H 代表小时、M 代表分钟、Y 代表年、m 代表月、d 代表日，如 at 10:05 或 at 10:05 2018-12-28。

- tomorrow（明天）：如 at 10:05 tomorrow。

- now+#：#可以用 minutes、hours、days 等代替，如 at now+3minutes，表示在 3min 以后执行计划任务；at 16:10+3days 表示 3 天以后的 16:10 执行计划任务。

另外，我们也可以通过非交互方式创建计划任务。

```
[root@localhost ~]# echo 'systemctl restart http' | at 23:30
job 2 at Fri Dec 28 23:30:00 2018
[root@localhost ~]# at -l
2    Fri Dec 28 23:30:00 2018 a root
```

6.9.2 配置 cron 周期性计划任务

在更多情况下，我们可能需要周期性地执行某项操作，比如在每天凌晨 2:00 自动将/etc 目录进行打包备份，因而相比 at 一次性计划任务，cron 周期性计划任务的应用要更为广泛，我们也应重点掌握。

cron 功能由 crond 服务提供，这也是一个系统服务，在 CentOS 7 系统中已经自动运行。

```
[root@localhost ~]# systemctl status crond
    crond.service - Command Scheduler
    Loaded: loaded (/usr/lib/systemd/system/crond.service; enabled; vendor
preset: enabled)
    Active: active (running) since 三 2018-02-28 18:19:42 CST; 3h 7min ago
......
```

1. 计划任务列表的编制说明

设置用户的周期性计划任务主要通过 crontab 命令进行，执行该命令会生成一个以用户名命名的配置文件，并自动保存在/var/spool/cron 目录中。crontab 命令的常用选项是"-e"，作用是编辑计划任务列表。执行"crontab –e"命令之后，将打开计划任务编辑界面（其实就是 Vi 编辑器）。通过该界面，用户可以自行添加具体的任务配置，配置文件中的每行代表一条记录，每条记录包括 6 个字段，其格式如图 6-8 所示。

字段	说明
分钟	取值为0~59的任意整数
小时	取值为0~23的任意整数
日期	取值为1~31的任意整数
月份	取值为1~12的任意整数
星期	取值为0~7的任意整数，0或7代表星期日
命令	要执行的命令或程序脚本

图 6-8　计划任务说明

记录中的前 5 个字段用于指定任务重复执行的时间规律，第 6 个字段用于指定具体的任务内容。每条计划任务记录必须要遵循"分钟 小时 日期 月份 星期 命令"的格式，所设置的命令在"分钟+小时+日期+月份+星期"都满足的条件下才会执行。另外，在时间周期设置中，没有设置的位置要用"*"号占位。

配置计划任务的重点和难点是如何设置时间周期，计划任务列表中时间周期的表示方法如图 6-9 所示。

2. 配置计划任务

下面通过几个具体的案例来说明如何配置计划任务。

例如，以 root 用户的身份设置计划任务，要求每天 14:25 查看/etc/passwd 文件。在配置计划任务

图 6-9　时间周期的表示方法

时,命令建议使用绝对路径,因为当系统执行计划任务中的操作时,无法获取环境变量 PATH 中保存的路径。关于命令的绝对路径，可以使用 which 命令查找确认。

```
[root@localhost ~]# crontab -e
25 14 * * * /usr/bin/cat /etc/passwd
```

cron 计划任务的执行结果同样会以邮件的形式发送给用户，可以执行 mailx 命令查看。

例如，在每天的 15:00 自动执行 "echo "Hello World""。下面给出了两种不同的设置方法，其中第一种是错误的，因为这样会在 15:00 的每分钟都执行该操作；第二种才是正确

的设置方法，只在 15:00 执行一次操作。

```
* 15 * * * /usr/bin/echo "Hello world"        #错误的做法
0 15 * * * /usr/bin/echo "Hello world"        #正确的做法
```

在配置计划任务时应注意，如果在一个较大的时间点上进行了设置，那么较小的时间点就不能使用*，而必须要指定一个具体的数值。因此，如果希望每隔 3h 执行一次操作，那么正确的设置方法如下。

```
0 */3 * * * /usr/bin/echo "Hello world"       #正确的做法
```

下面给出了一个具体的计划任务配置案例。

例如，以 root 用户的身份设置一份计划任务列表，完成如下任务。

- 每天 7:50 自动开启 sshd 服务，22:50 关闭 sshd 服务。

- 每隔 5 天，在 23:00 清空一次 FTP 服务器公共目录 "/var/ftp/pub" 中的数据。

- 每周六的 7:30 重新启动系统中的 httpd 服务。

- 每周一、三、五的 17:30，使用 tar 命令自动备份 "/etc/httpd" 目录。

```
[root@localhost ~]# crontab -e
50 7 * * * /usr/bin/systemctl start sshd
50 22 * * * /usr/bin/systemctl stop sshd
0 23 */5 * * /usr/bin/rm -rf /var/ftp/pub/*
30 7 * * 6 /usr/bin/systemctl restart httpd
30 17 * * 1,3,5 /usr/bin/tar -zcf httpd.tar.gz /etc/httpd
```

在配置计划任务时，应注意的几个问题如下。

- 当编写一个时间间隔较长的计划任务时，建议先将时间周期设置得短一些，确保操作可以正确执行，然后再进行设置。

- "%" 在 cron 计划任务中有特殊用途。如果要在计划任务的命令中使用%，则需要使用 "\%" 的形式进行转义，或者是将%放置于单引号中。

下面专门说明一下 "%" 的使用这个问题。例如，希望在每天凌晨 2:00 将/etc 目录打包压缩之后进行备份，备份的文件名采用 "etc-年-月-日.tar.gz" 的形式，那么应该采用如下形式配置计划任务。

```
0 2 * * * /usr/bin/tar -zcf /root/etc-$(date +\%F).tar.gz /etc
```

3. 维护计划任务列表

利用 crontab 命令所设置的计划任务属于用户计划任务，在到了相应的时间点之后，就由指定的用户去执行任务操作。除此之外,我们还可以配置系统计划任务,配置方法是直接编辑修改/etc/crontab 文件。在配置系统计划任务时,应遵循"分钟 小时 日期 月份 星期 用户 命令"的格式,相比用户计划任务,这里增加了"用户"设置项,在到了相应的时间点之后,同样是由指定的用户去执行任务操作。

```
0 */3 * * * root /usr/bin/echo "Hello world"
```

通常情况下,我们采用用户计划任务。下面介绍用户计划任务的常用维护方法和crontab 命令的常用选项。

(1)"-u"选项,为指定的用户设置计划任务

例如,为 jerry 用户设置计划任务,在每周日的 23:55 将"/etc/passwd"文件的内容复制到主目录中,并保存为"pwd.txt"文件。

```
[root@localhost ~]# crontab -e -u jerry
55 23 * * 7 /bin/cp /etc/passwd /home/jerry/pwd.txt
```

(2)"-l"选项,查看用户计划任务列表

例如,查看当前用户的计划任务列表。

```
[root@localhost ~]# crontab -l
50 7 * * * /sbin/service sshd start
50 22 * * * /sbin/service sshd stop
0 * */5 * * /bin/rm -rf /var/ftp/pub/*
30 7 * * 6 /sbin/service httpd restart
30 17 * * 1,3,5 /bin/tar zcvf httpd.tar.gz /etc/httpd
```

如果要查看指定用户的计划任务列表,那么需要再加上"-u"选项。

例如,查看用户 jerry 的计划任务列表。

```
[root@localhost ~]# crontab -l -u jerry
55 23 * * 7 /bin/cp /etc/passwd /home/jerry/pwd.txt
```

(3)"-r"选项,删除指定用户的计划任务列表

例如,删除 jerry 用户的计划任务列表。

```
[root@localhost ~]# crontab -r -u jerry
[root@localhost ~]# crontab -l -u jerry
no crontab for jerry
```

"crontab -r"是删除整个计划任务列表,如果只需删除某一条计划任务记录,那么可以执行"crontab -e"进入计划任务编辑状态,然后单独删除某一行即可。

思考与练习

选择题

假设系统中进程的三态模型如图 6-10 所示，其中的 a、b 和 c 的状态分别为(　　　　)。

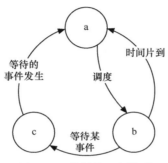

图 6-10　进程的三态模型

A. 就绪态、运行态、阻塞态

B. 运行态、阻塞态、就绪态

C. 就绪态、阻塞态、运行态

D. 阻塞态、就绪态、运行态

操作题

1. 分屏查看当前系统中所有进程的详细信息。

2. 查看静态的所有进程统计信息，过滤包含 bash 的进程信息。

3. 查看进程的动态信息，了解前 3 个进程的 PID、CPU 及内存等系统资源占用情况。

4. 将/var 目录复制到/tmp 目录，要求在后台执行该命令。

5. 利用 Vi 编辑器编辑/etc/inittab 文件，程序运行之后，将其转入后台执行。

6. 查看当前终端中在后台运行的进程，并显示其 PID。

7. 强制终止 Vi 编辑器进程。

8. 设置 Linux 系统每次开机后自动进入字符模式界面。

9. 对比图形模式与字符模式对内存的占用情况。

10. 编辑计划任务，每天 22:30 查看内存使用情况，并将结果追加保存到/var/log/mem.log 文件中。

11. 编辑计划任务，每周二、周四和周日备份/var/log/messages 文件至/tmp 目录中，文件名称格式为 "messages-yyyymmdd"。

12. 编辑计划任务，在 11 月份的每天 6:00～12:00，每隔 2h 执行一次/usr/bin/httpd.sh 脚本文件。

第 7 章
Shell 脚本编程基础

在 Linux 系统中，Shell 不仅为用户提供了交互式的命令执行界面，还允许用户通过脚本语言进行编程。Shell 脚本编程，可使大量任务自动完成，从而提高系统运维的工作效率。能够根据各种任务需求编写出相应的 Shell 脚本程序，是作为一名 Linux 系统运维人员所必须掌握的基本技能。本章将介绍关于 Shell 脚本编程的一些基础知识。

7.1　创建 Shell 脚本程序

7.1.1　什么是 Shell 脚本编程

一个计算机程序主要由指令和数据两部分组成。从编程风格的角度来说，目前的编程语言主要分为面向过程编程和面向对象编程两大类。传统的编程语言，如 C 语言、Basic 语言等，都是采用面向过程编程，这种编程方式以指令为中心，数据服务于指令，在编程时一般根据业务逻辑从上到下来编写代码。目前的主流编程语言则基本是采用面向对象编程，这种编程方式以数据为中心，指令服务于数据，其主要特点是类和对象的使用。我们编写 Shell 脚本主要是用来完成一些自动化运维任务，不需要开发大型程序，因而 Shell 脚本编程属于典型的面向过程编程。

另外，从程序执行方式的角度来说，编程语言又分为编译型和解释型两大类。

编译型的编程语言需要将整个程序转换为二进制代码，再交由计算机执行，如 C 语言、C++语言等。在运行程序时，计算机直接读取编译之后的目标代码（object code）。由于目标代码非常接近计算机底层，因此执行效率很高，这是编译型语言的优点。但是，由于编译型语言多半运行于底层，所处理的是字节、整数、浮点数或其他机器层级的对象，因此往往实现一个简单的功能就需要大量复杂的代码。例如，在 C++中，我们很难进行"将一个目录里所有的文件复制到另一个目录中"之类的简单操作。

解释型语言也被称作"脚本语言",执行用这类语言编写的程序时,需要由解释器以行为单位,将每行代码依次转换为二进制代码,然后分别交由计算机执行。因为每次执行程序都多了解释的过程,所以效率有所下降。使用脚本编程语言的优点是,它们多半运行在比编译型语言还高的层级,能够轻易处理文件与目录之类的对象;缺点是它们的效率通常不如编译型语言。权衡之下,使用脚本编程还是值得的:花费 1h 写成的简单脚本所实现的功能用 C 或 C++ 来编写,可能需要更长时间,而且一般来说,脚本执行的速度已经够快了,快到足以让人忽略它性能上的问题。脚本编程语言的例子有 Python、PHP 等,Shell 脚本编程也属于典型的解释型编程语言。

其实,从严格意义上来讲,Shell 并不能被视为一门编程语言,它更类似于 Windows 系统中的批处理程序,主要是一些命令的集合。编写 Shell 脚本的主要目的是可以批量执行一系列的系统命令,并通过选择、循环等程序结构加以控制。总之,相比于 C、Python、Java 等编程语言,Shell 脚本编程要简单得多。

但是 Shell 脚本编程也存在一些缺陷。由于 Shell 脚本是过程式编程,要根据所实现的功能从前往后逐步写代码,这就会导致很多代码无法重用,因而不适合开发大型项目或处理复杂问题。因此,我们主要通过 Shell 脚本编写一些小型程序,以快速完成简单的自动化运维任务。如果要完成复杂的大型任务,那么推荐使用 Python。Python 是一门面向对象的编程语言,功能相比 Shell 要强大得多。另外,在 Python 中还有大量的库可供调用。对于目前的系统运维人员来说,仅仅学会 Shell 脚本编程已经无法满足平时的工作要求了,Python 几乎成为运维人员必须学习的语言。本书主要介绍 Shell 脚本编程的一些核心功能,能够掌握这些核心功能并加以灵活运用,就已经可以解决大多数的日常问题了。

7.1.2 Shell 脚本的基本语法

Shell 脚本的基本语法较为简单,主要由开头部分、注释部分及可执行语句部分组成。

一个简单的 Shell 脚本程序如下所示。

```
#! /bin/bash
# This is my first Shell-Script.
date
echo "Hello World!"
```

在脚本文件的第一行要求顶格写出解释器的路径,用于指明解释执行当前脚本的解释器程序文件。所谓的解释器也就是系统中的 Shell,对于 CentOS 系统来说,默认使用的 Shell

是 Bash，因而这里需要指定 Shell 的完整路径"/bin/bash"。在很多 Shell 脚本中，还会使用 sh 作为解释器。sh 是 Solaris 和 FreeBSD 系统中默认使用的 Shell。在 CentOS 系统中，sh 其实是 Bash 的一个软链接，因而在脚本文件的开头使用"#! /bin/sh"，与使用"#! /bin/bash" 是没有区别的。

```
# /bin/sh 是/bin/bash 的软链接
[root@localhost ~]# ll /bin/sh
lrwxrwxrwx. 1 root root 4 9月   5 18:25 /bin/sh -> bash
```

Shell 环境设置行必须放在脚本文件的第一行，而且这行语句应以"#!"开始。在脚本文件中，其他以"#"开头的内容都将被视为注释信息，如果以"#!"开头的 Shell 环境设置行不是放在脚本文件的第一行，则也会被视为注释，注释行在执行脚本时将予以忽略。

编写脚本程序时，添加必要的注释语句是一个良好的习惯。这将大大增强脚本文件的可读性，方便在不同时间、不同用户之间交流使用。

可执行语句是脚本程序中重要的组成部分，在命令行操作界面中可以执行的命令都可以写入脚本中。默认情况下，程序会按照顺序依次解释执行。除此之外，还可以添加一些程序结构语句，用于灵活控制执行过程，提高程序执行效率。

在上述各组成部分中，只有可执行语句是必不可少的。第一行的 Shell 环境设置可以不写，作为默认值时，会自动由当前加载该脚本的 Shell 负责对其进行解释执行。尽管如此，还是建议明确指定 Shell 环境，以保证脚本程序的完整性和可移植性。

7.1.3　编写 Shell 脚本文件

编写一个完整可运行的 Shell 脚本需要经过以下步骤。

1. 创建文件

使用文本编辑器程序（如 Vim）创建脚本文件，脚本程序的文件名通常以".sh"作为后缀，但这只是大家的习惯用法，系统并没有强制要求。

例如，在当前目录下创建名为 first.sh 的脚本文件，并在文件中输入下列简单的语句。

```
[root@localhost ~]# vim first.sh
#!/bin/bash
date
echo "Hello World!"
```

2. 设置可执行权限

刚才创建完的 first.sh 文件还不能执行，需要给它设置可执行权限。

```
[root@localhost ~]# chmod a+x first.sh
[root@localhost ~]# ll first.sh
-rwxr-xr-x. 1 root root 41 4月  6 04:40 first.sh
```

3. 执行 Shell 脚本

由于 Shell 脚本并不是外部命令，它的路径并不在 PATH 变量里，因此要执行 Shell 脚本，必须指明脚本文件的路径。

```
[root@localhost ~]# /root/first.sh
2018 年 07 月 03 日 星期二 17:15:36 CST
Hello World!
```

如果脚本文件在当前目录下，那么可以通过相对路径的表示方式来执行，这也是习惯用法。

```
[root@localhost ~]# ./first.sh
```

另外，我们也可以直接指定使用 bash 来解释执行当前的脚本文件，这时甚至不需要为脚本文件设置可执行权限，可直接把它作为命令参数传递给 bash 执行。

```
[root@localhost ~]# bash first.sh
```

bash 其实也是一个 Linux 命令，通过"-x"选项可以输出脚本的执行过程，通常用于对脚本程序进行调试。在运行脚本之后的输出结果中，带有"+"的输出行是所执行的命令，未带"+"的输出行是命令执行结果。

```
[root@localhost ~]# bash -x first.sh
+ date
2018 年 07 月 03 日 星期二 17:16:26 CST
+ echo 'Hello World!'
Hello World!
```

通过 bash 命令的"-n"选项可以检查脚本语法错误。bash 命令加上"-n"选项之后，不会执行脚本，仅查询脚本语法是否有问题，并给出错误提示。

```
[root@localhost ~]# bash -n test.sh
test.sh:行 10: 语法错误: 未预期的文件结尾
```

需要注意的是，"bash -n"仅能检查语法错误，而无法判断脚本中的命令是否存在错误。

4. 添加注释信息

作为一个完整的脚本文件，还应当添加必要的注释信息，以增强脚本的可读性。因为随着时间的推移，脚本数量越来越多，脚本中的代码越来越长，可能连我们自己都无法分清每个脚本或脚本中的各部分代码的作用和功能，所以为脚本中的代码语句添加注释是必要的。另外，可能会有多个系统管理员，为脚本加上注释也便于互相理解各自编写的脚本。

下面继续完善 first.sh 脚本，即添加适当的注释。

```
[root@localhost ~]# vim first.sh
#! /bin/bash
# This is my first Shell-Script.
date
echo "Hello World!"
```

7.2　Shell 变量

与其他编程语言一样，Shell 脚本程序中也离不开各种变量。变量可以保存系统和用户需要使用的特定参数或数值。

Shell 脚本中常见的变量类型包括用户自定义变量、环境变量、位置变量和预定义变量。

- 用户自定义变量：由用户自行定义、修改和使用，作用域仅为当前 Shell 进程。

- 环境变量：由系统定义，主要用于设置用户工作环境。

- 位置变量：通过命令行给脚本程序传递参数。

- 预定义变量：Bash 中内置的有特殊功能的变量，不能直接修改，如变量 "$?" 可以返回命令执行后的状态。

下面分别介绍这些变量的特性及用法。

7.2.1　用户自定义变量

用户自定义变量是由用户自行定义的变量，只在用户自己的 Shell 环境中有效，因此又称其为本地变量。在编写 Shell 脚本程序时，通常需要设置一些特定的自定义变量，以适应程序执行过程中的各种变化，满足不同的需要。

1. 定义变量

Bash 中的变量无须事先声明，而是直接指定变量名称及初始值，相当于声明和赋值过程同时实现。Bash 中的变量也无须定义类型，默认把所有变量都视为字符型。

定义变量的基本格式如下（等号两边没有空格）。

变量名=变量值

变量名只能包含数字、字母和下画线，而且不能以数字开头。在为变量命名时，变量名最好 "见名知义"，命名机制遵循某种规则。另外，不允许使用程序的保留字为变量命名，如 if、then、else 等。

例如，新建一个名为 day 的变量，初始内容设置为 Sunday。

```
[root@localhost ~]# day="Sunday"
```

在变量名称前添加前导符号$，可以引用一个变量的内容。如果需要输出变量的内容，那么可以使用 echo 命令。

例如，查看变量 day 的内容。

```
[root@localhost ~]# echo $day
Sunday
```

当变量名称容易和紧跟其后的其他字符相混淆时，需要加大括号（{}）将其包围起来，以便于解释器识别变量的边界。

例如，在变量 day 的内容后紧跟"Morning"字符串并一起显示。

```
[root@localhost ~]# echo ${day}Morning
SundayMorning
```

2. 变量赋值

在等号"="后面直接指定变量内容是为变量赋值的基本方法。除此以外，还有一些常用的变量赋值方法，包括双引号、单引号、反撇号和 read 命令。

（1）双引号（"）

在为变量赋值时，如果变量值中包含空格，就需将整个字符串用双引号包围起来。

```
[root@localhost ~]# today="Today is Saturday"
[root@localhost ~]# echo $today
Today is Saturday
```

双引号被称为弱引用，当使用双引号时，允许在其中使用$符号来引用其他变量的值。

```
[root@localhost ~]# echo $day
Sunday
[root@localhost ~]# today="Today is $day"
[root@localhost ~]# echo $today
Today is Sunday
```

在脚本中定义普通字符串变量时，应尽量把变量的内容用双引号包围起来。如果变量的内容只是单纯的数字，那么可以不加引号。

（2）单引号（'）

单引号被称为强引用，使用单引号时，不允许在其中引用其他变量的值，$符号或者其他任何符号将被作为普通字符看待。

```
[root@localhost ~]# echo $day
Sunday
[root@localhost ~]# today='Today is $day'
[root@localhost ~]# echo $today
Today is $day
```

（3）反撇号（`）

反撇号被称为命令引用，当使用反撇号时，允许将执行特定命令的输出结果赋给变量。反撇号内包含的字符串必须是能够执行的命令，执行后会用输出结果替换该命令字符串。

例如，统计当前远程登录到系统（使用 PTS 终端）的用户数量，并将结果保存到变量 UserNum 中。

```
[root@localhost ~]# UserNum='who | grep "pts" | wc -l'
[root@localhost ~]# echo $UserNum
2
```

不过，由于反撇号容易跟单引号混淆，因此这里推荐另外一种与反撇号具有相同功能的用法 "$()"。

例如，用一行命令找出安装了 fdisk 程序的软件包名称（需要先确定 fdisk 程序的文件位置）。

```
[root@localhost ~]# rpm -qf $(which fdisk)
findutils-4.5.11-6.el7.x86_64
```

尤其是在需要嵌套使用命令替换操作时，反撇号将力所不能及，这时就只能使用 "$()"。

```
[root@localhost ~]# FdiskPKG=$(rpm -qf $(which fdisk))
[root@localhost ~]# echo $FdiskPKG
util-linux-2.23.2-59.el7.x86_64
```

反撇号和 "$()" 除给变量赋值之外，还可以直接用于嵌套执行多条命令。这种方法在之前已经用过很多次了。例如，将/etc 目录打包压缩为一个以 "etc_当前日期" 命名的、后缀为.bak 的文件。

```
[root@localhost ~]# tar zcf etc_$(date +%F).bak /etc
[root@localhost ~]# ll *.bak
-rw-r--r--. 1 root root 11637993 10 月 10 07:11 etc_2018-10-10.bak
```

（4）read 命令

除上述的赋值操作之外，还可以使用 Bash 的内置命令 read 来给变量赋值。read 命令可以从键盘读取输入，实现简单的交互过程。

read 命令从键盘读入一行内容，并以空格为分隔符，将读入的各字段分别赋值给指定的变量（多余的内容赋值给最后一个变量）。若指定的变量只有一个，则将整行内容赋值给该变量。

例如，从键盘输入一整行数据，依次赋值给变量 g1 和 g2。

```
[root@localhost ~]# read g1 g2
Good morning,teacher
[root@localhost ~]# echo $g1
Good
[root@localhost ~]# echo $g2
morning,teacher
```

read 命令可以结合"-p"选项来设置提示信息，用于告知用户应该输入的内容等相关事项，并将输入结果赋值给变量。

```
[root@localhost ~]# read -p "Please input your number:" YourNum
Please input your number:254
[root@localhost ~]# echo $YourNum
254
```

3. 变量算术运算

在 Shell 脚本程序中可以进行一些简单的算术运算，主要用于脚本程序的过程控制，如循环次数等。

常用的算术运算符主要有以下几种。

- +、-：加减运算。

- *、/：乘除运算。

- %：取模运算，计算数值相除后的余数。

- **：乘方运算。

默认情况下，Shell 将所有的变量都视为字符型，因而如果直接使用运算符在变量之间进行加法运算，那么只能实现字符串之间的连接。

```
[root@localhost ~]# num1=2
[root@localhost ~]# num2=3
[root@localhost ~]# echo $num1+$num2
2+3
```

在 Shell 中要实现变量的算术运算，必须使用特定的算术运算格式，主要有以下几种。

（1）let 命令

let 是 Bash 的内部命令，它可以实现变量的算术运算，但需要将运算结果保存到指定的变量中。

```
[root@localhost ~]# let sum=$num1 + $num2
[root@localhost ~]# echo $sum
5
```

（2）$[算术运算表达式]

通过这种方法可以直接对变量进行算术运算，无须将结果赋值给变量。

```
[root@localhost ~]# echo $[$num1 * $num2]
6
```

（3）$((算术运算表达式))

这种方法与"$[]"基本类似，只是表示方式不同。

```
[root@localhost ~]# echo $(($num1 ** $num2))
8
```

通常情况下，建议采用"$[]"方式进行算术运算。

7.2.2 环境变量

为了保证系统能够正常运行，Linux 系统需要定义一些永久性的变量。这些变量的值不会因程序结束或系统重启而失效，主要用于存储会话和工作环境的信息，比如用户的家目录、命令查找路径、用户当前目录、登录终端等，这些变量通常称为环境变量。为了区别于用户自定义变量，环境变量通常全为大写字符，如 PATH、PWD、SHELL 等。

1. 查看环境变量

环境变量的名称比较固定，它的值一般由系统自行维护，并会随着用户状态的改变而改变。每个用户的环境变量都不相同，用户可以通过读取环境变量来了解自己的当前状态。

通过执行 env 命令或 export 命令，可以查看系统中所有的环境变量。下面列举了其中一些较常用的环境变量，我们有必要了解这些变量的用途，以便在管理和维护系统时使用。

- HOME：当前用户的家目录。

- PATH：当前用户的命令搜索路径。

- USER：当前用户的登录名称。

- UID：当前用户的 UID。

- SHELL：当前用户使用的 Shell。

- HISTSIZE：当前用户的历史命令条数。

- PWD：用户当前的工作目录。

- LANG：Shell 使用的默认语言。

下面以两个典型的环境变量为例，介绍它们的设置和使用方法。

（1）PATH 变量

变量 PATH 指定了 Shell 中可执行文件所在的路径。

例如，查看变量 PATH 的内容，注意，每个路径之间用 ":" 间隔。

```
[root@localhost ~]# echo $PATH
/usr/local/sbin:/usr/local/bin:/usr/sbin:/usr/bin:/root/bin
```

我们在 Shell 中执行的每一个外部命令都有一个相对应的程序文件，按理说，在执行这些命令时都需要指定它们的完整路径。我们之所以可以无须考虑路径，无论在任何位置都可以直接执行这些命令，正是因为 PATH 变量的作用。例如，当我们执行 ls 命令时，Shell 就会自动从 PATH 变量所指定的路径里去查找 ls 命令所对应的程序文件。如果我们将 ls 命令程序文件所在的 "/usr/bin" 目录从 PATH 变量里去除，那么 ls 命令也就无法直接执行了。

另外我们也可以注意到，在 root 用户的 PATH 变量里有一个路径是 "/root/bin"，因此，如果我们创建了该目录，并将所编写的 Shell 脚本文件都存放在这个目录里，那么就可以像执行 Shell 命令那样，无论在任何位置都可以直接执行这些脚本程序了。

每个用户的环境变量的值都是不同的，比如切换到 student 用户，查看 PATH 变量的值。

```
[root@localhost ~]# su - student
[student@CentOSServer ~]$ echo $PATH
/usr/local/bin:/bin:/usr/bin:/usr/local/sbin:/usr/sbin:/home/student/
.local/bin:/home/student/bin
```

PATH 变量里的部分内容对于所有用户都是相同的，比如每个用户的 PATH 变量里都会有 "/usr/local/bin" 和 "/usr/local/sbin" 目录，因此，如果我们把脚本程序放在这些目录里，那么系统中的所有用户都可以直接执行这些脚本程序。

（2）LANG 变量

变量 LANG 中存放 Shell 当前所用的默认语言。

例如，查看当前所使用的系统语言。

```
[root@localhost ~]# echo $LANG
zh_CN.UTF-8
```

例如，将系统语言设置为英文。

```
[root@localhost ~]# LANG="en_US"
[root@localhost ~]# echo $LANG
en_US
```

如果把系统语言设置为英文，则在显示中文信息时将会出现乱码。

```
[root@localhost ~]# ls
宝佛   肥菠   载   模傥   使档   柿翾   anaconda-ks.cfg   臀   西颤   initial-
setup-ks.cfg
```

如果发现系统中出现乱码，那么可以检查 LANG 变量是否被设置成了英文，若是，则将变量的值重新设置为"zh_CN.UTF-8"即可。

我们也可以一次性查看多个环境变量，并使其按要求的格式显示。

例如，以冒号分隔，显示当前用户的用户名、家目录以及所使用的 Shell。

```
[root@localhost ~]# echo "$USER:$HOME:$SHELL"
root:/root:/bin/bash
```

2. 自定义环境变量

之前曾提到过，对于用户自定义的变量，默认情况下只能在当前的 Shell 环境中使用，因此称为本地变量。本地变量在新开启的 Shell 环境以及自己的子 Shell 中都是无效的。

例如，在当前 Shell 环境下定义一个变量 name，这个变量在子 Shell 中是无法使用的。

```
[root@localhost ~]# name="teacher"            #定义变量
[root@localhost ~]# echo $name                #输出变量的值
teacher
[root@localhost ~]# bash                       #开启子 Shell
[root@localhost ~]# echo $name                #无法使用变量

[root@localhost ~]# exit                       #退出子 Shell
exit
[root@localhost ~]# echo $name                #可以使用变量
teacher
```

再开启一个终端，打开一个新的 Shell，在这个终端中也无法使用我们此前所定义的变量。

如果想定义一个在所有终端中都可以使用的变量，那么需要把这个变量定义成环境变量。也就是说，除系统中预先设置好的环境变量之外，用户也可以根据需要来定义新的环境变量。

定义环境变量需要使用 export 命令，例如将 NAME 定义为环境变量。这里为了与环境变量的命名风格保持一致，变量名称将全部采用大写字母表示。将 NAME 定义为环境变量之后，在当前 Shell 的子 Shell 中就可以直接使用这个变量了。

```
[root@localhost ~]# export NAME="teacher"      #定义环境变量
[root@localhost ~]# bash                       #开启子 Shell
[root@localhost ~]# echo $NAME                  #可以使用变量
teacher
```

如果要撤销我们所自定义的环境变量，那么可以使用 unset 命令。例如，撤销自定义环境变量 NAME。

```
[root@localhost ~]# unset NAME                  #撤销变量
[root@localhost ~]# echo $NAME                  #变量已经被撤销
```

unset 命令同样也可以用于撤销用户自定义变量。

但是通过刚才这种方式所定义的环境变量，其作用范围也仅限于当前 Shell 及其子 Shell，如果我们切换到另一个终端，仍然无法使用当前设置的变量。而且，即使在当前 Shell 中切换到另一个用户的身份，也是无法使用这个自定义的环境变量的。另外，通过这种方式定义的环境变量是临时性的，当用户退出登录或者系统重启之后，自定义的变量都会失效。

如何才能定义一个对于所有终端或者所有用户永久有效的环境变量呢？这就需要修改 Bash 的配置文件。

3. Bash 配置文件

Bash 与我们使用的 Linux 中的其他大多数程序一样，也有自己的配置文件，系统环境变量就是通过这些 Bash 配置文件来定义的。当我们设置或改变环境变量时，只对当前 Shell 环境有效，如果要自定义永久有效的环境变量，或者永久更改某个环境变量的值，则需要修改 Bash 配置文件。

相对于其他程序，Bash 配置文件要稍微复杂一些。Bash 的配置文件不止一个，而是由多个分散在系统不同位置的配置文件组成，当用户登录 Shell 时，就会自动读取并执行这些配置文件中的相关设置。Bash 配置文件从总体上分为以下两大类。

- profile 类文件：这类文件只在用户登录时执行一次。
- bashrc 类文件：这类文件不但在用户登录时会执行，而且每当用户打开新的 Shell 或者创建子 Shell 时也会执行，也就是说，bashrc 类文件会反复执行多次。

另外，无论是 profile 类文件还是 bashrc 类文件，都可以细分为全局配置和局部配置两个类别，这样 Bash 配置文件就又被细分为以下 4 种类别。

- profile 类的全局配置文件：/etc/profile、/etc/profile.d/*.sh（目录中所有以 ".sh" 结尾的文件）。

- profile 类的局部配置文件： ~/.bash_profile（"~/" 泛指用户家目录）。

- bashrc 类的全局配置文件：/etc/bashrc。

- bashrc 类的局部配置文件：~/.bashrc。

　　全局配置文件对系统中所有用户都会生效，可以为系统中的每个用户初始化工作环境，而局部配置文件则只对相应用户生效。当然，如果全局配置和局部配置发生冲突，那么应以局部配置为准。

　　有些读者可能会产生疑惑，为什么 Bash 的配置文件要如此复杂？其实这是因为 Bash 这个程序在 Linux 系统中太重要了，它要考虑大量不同的应用场合。下面我们通过几个实例来说明这些配置文件的区别和应用。

　　首先，我们仍以之前的定义环境变量为例。我们希望可以将 NAME 定义为一个在所有终端上对所有用户都永久有效的环境变量，那么就可以修改/etc/profile 文件，系统中很多内置的环境变量就是由这个文件来定义的。打开该文件之后，可以发现这其实是一个 Shell 脚本文件，里面有大量的代码，我们将光标移到文档末尾，在文档最后插入一行语句来定义环境变量。

```
[root@localhost ~]# vim /etc/profile          #在文档末尾插入环境变量定义语句
export NAME="teacher"
```

　　保存并退出之后，由于在 Bash 配置文件中定义的设置不会立即生效，因此我们可以使用 "source" 或 "." 命令在当前 Shell 中重新加载配置文件，使其生效。

```
[root@localhost ~]# source /etc/profile       #重新加载配置文件
[root@localhost ~]# echo $NAME                 #变量生效
teacher
```

　　然后，打开一个新的终端，并以 root 用户身份登录，可以发现 NAME 变量仍然有效。而且即使切换到其他用户，这个变量也仍然有效。

　　修改/etc/profile 文件之所以可以达到这样的效果，是因为系统中的所有用户在登录 Shell 时都会自动加载并执行这个文件中的设置。另外，除修改/etc/profile 文件之外，我们也可以在/etc/profile.d/目录中新建一个后缀为 ".sh" 的脚本文件，并在这个文件中写入要自定义的环境变量，这可以达到相同的效果。

　　下面首先将/etc/profile 文件中添加的语句 export NAME="teacher"删除，然后在/etc/profile.d/目录中创建一个名为 name.sh 的脚本文件，并在该文件中写入环境变量定义语句。为了与之前的操作进行区分，这里将 NAME 变量的值设置为 student。

```
[root@localhost ~]# vim /etc/profile.d/name.sh    #创建脚本文件
export NAME="student"                              #在文件中写入环境变量定义语句
```

保存并退出之后，同样执行"source /etc/profile"命令重新加载配置文件使其生效，然后可以测试，无论在当前终端还是其他终端中，无论以什么身份登录，都可以使用这个自定义的环境变量。

我们之前所做的这两种操作：修改/etc/profile 文件，在/etc/profile.d/目录中新建一个脚本文件并进行设置，它们实现的效果是相同的。在 CentOS 7 系统中，推荐采用后一种方式。将一个大配置文件中的设置项按照类别提取出来，并分散存储在各个小配置文件中，这种模块化的设计思路在 CentOS 7 系统中备受推崇，我们之后在对很多服务进行配置时也会发现这个特点。

除此之外，修改局部配置文件"~/.bash_profile"也可以实现类似的效果，它们之间的区别是，/etc/profile 文件对系统中的所有用户都有效，而~/.bash_profile 则只对特定用户有效。下面仍然通过实例来说明。

首先仍是将文件/etc/profile.d/name.sh 删除，或者改成不以.sh 作为文件名后缀，使其失效。然后修改 root 用户家目录中的".bash_profile"文件，在其中添加环境变量定义语句。

```
[root@localhost ~]# vim .bash_profile        #修改/root/.bash_profile 文件
export NAME="QuGuangPing"                     #在文件末尾添加环境变量定义语句
```

修改完成后执行"source .bash_profile"命令加载配置文件使其生效，然后在当前终端以及其他终端中以 root 用户身份登录时，都可以使用 NAME 变量。但是，当切换到其他用户身份时，NAME 变量无效。

清楚了/etc/profile 文件和~/.bash_profile 文件的区别之后，我们就可以根据需要来为系统中的所有用户或者某个用户定义环境变量。

除自定义环境变量之外，我们还可以修改系统内置的环境变量。例如，我们希望将所有用户的历史命令记录条数设置为 100 条，这就需要修改/etc/profile 文件。

```
[root@localhost ~]# vim /etc/profile         #修改文件中原有的值
HISTSIZE=100
[root@localhost ~]# source /etc/profile      #重新加载文件，使设置生效
[root@localhost ~]# echo $HISTSIZE
100
```

如果我们只是希望将 student 用户的历史命令记录条数设置为 500 条，且不影响其他用户，那么需要修改/home/student/ .bash_profile 文件。

```
[student@localhost ~]$ vim .bash_profile          #在文件尾部增加下面一行
HISTSIZE=500
[student@localhost ~]$ source .bash_profile
[student@localhost ~]$ echo $HISTSIZE
500
```

至此，我们就了解了 profile 类配置文件，那么 bashrc 类文件又是做什么的呢？其实这两类文件的作用是类似的，都可以用于定义用户在登录 Shell 时要自动执行的操作。它们的区别在之前也提到过：profile 类配置文件只在用户登录 Shell 时会被加载执行；而 bashrc 类配置文件除在用户登录 Shell 时会被加载执行之外，每当用户打开新的 Shell 或者子 Shell 时，都会被加载执行。

下面仍是通过实例进行说明。

例如，在/etc/profile 文件的尾部添加一条命令"echo 'hello world'"，在/etc/bashrc 文件的尾部添加一条命令"echo '你好'"。

```
[root@localhost ~]# vim /etc/profile
echo 'hello world'
[root@localhost ~]# vim /etc/bashrc
echo '你好'
```

当我们利用系统中的任意一个用户登录 Shell 时，都会自动加载并执行这两个文件中的设置，出现提示信息："hello world"和"你好"。

```
[root@localhost ~]# su - student
上一次登录: 二 7月  3 18:09:17 CST 2018pts/3 上
hello world
你好
```

当我们再打开一个子 Shell 时，则只会执行/etc/bashrc 中的设置。

```
[student@localhost ~]$ bash
你好
```

在理解所有这些 Bash 配置文件的特性之后，我们就可以发现它们的用途是非常广泛的，通过修改这些配置文件，就可以指定用户在登录 Shell 时自动执行某些操作。

例如，我们希望当用户每次登录系统时都会出现一句提示"欢迎，又是新的一天！"，那么可以在/etc/profile.d 目录中新建一个脚本文件。

```
[root@localhost ~]# vim /etc/profile.d/welcome.sh
echo "欢迎，又是新的一天！"
```

另外，这些 Bash 配置文件也是病毒和"木马"程序喜欢修改的目标。病毒和"木马"程序将启动程序添加到这些文件中，就可以达到在用户登录时自动加载运行的目的。作为系统运维人员，应当经常关注这些文件是否被改动。我们可以将正常状态下的配置文件进行备份，然后定期用 diff 命令进行对比，从而判断文件是否被改动过。或者，我们也可以使用 chattr 命令为这些文件添加只读属性，从而防止它们被篡改。例如，为目录/etc/profile.d 以及其中的所有文件添加只读属性。

```
[root@localhost ~]# chattr -R +i /etc/profile.d/
[root@localhost ~]# lsattr /etc/profile.d/
----i----------- /etc/profile.d/csh.local
----i----------- /etc/profile.d/sh.local
----i----------- /etc/profile.d/colorgrep.csh
......
```

7.2.3 位置变量

在使用 Shell 程序时，为了方便通过命令行给程序提供操作参数，Bash 引入了位置变量的概念。

位置变量与 Shell 脚本程序执行时所使用的命令参数相对应，命令行中的参数按照从左到右的顺序依次赋值给位置变量。位置变量名称格式是"$n"，其中 n 是参数的位置序号，从 1 开始，最多到 9。例如，$1、$2、$3 分别代表了命令的第 1、2、3 个参数。

下面通过 test01.sh 脚本来说明位置变量的作用。

首先编写脚本。

```
[root@localhost ~]# vim test01.sh
#!/bin/bash
echo "第一个位置参数是$1"
echo "第二个位置参数是$2"
echo "第三个位置参数是$3"
```

然后为脚本设置权限，执行脚本并向其传递 3 个参数。可以发现，我们所传递的 3 个参数依次被赋值给位置变量$1、$2、$3。

```
[root@localhost ~]# chmod u+x test01.sh          #为脚本设置执行权限
[root@localhost ~]# ./test01.sh 1 2 3            #执行脚本并向其传递参数
第一个位置参数是 1
第二个位置参数是 2
第三个位置参数是 3
```

再次执行脚本，并传递不同的参数。

```
[root@localhost ~]# ./test01.sh one two three
第一个位置参数是 one
第二个位置参数是 two
第三个位置参数是 three
```

我们在执行很多命令时所带的参数都可以理解成是通过位置变量的形式传递给命令

程序的。例如 "cat /etc/passwd"，cat 程序通过位置变量$1 获取了用户所传递的参数 "/etc/passwd"。

7.2.4 预定义变量

预定义变量是 Shell 中预先定义好的一些特殊变量，用户只能使用预定义变量，而不能自己创建新的预定义变量，也不能直接为预定义变量赋值。

所有的预定义变量都是由 "$" 符号和另外一个符号组成的，其中比较常用的预定义变量是 "$?"。"$?" 用于检查上一条命令的执行状态，如果上一条命令正确执行，那么 "$?" 的值为 0；如果上一条命令未能正确执行，那么 "$?" 的值可以是 1~255 的一个任意值。

下面举例说明预定义变量 "$?" 的作用。

```
[root@localhost ~]# ping 192.168.80.1 -c 2          #能够成功 ping 通目标主机
PING 192.168.80.1 (192.168.80.1) 56(84) bytes of data.
64 bytes from 192.168.80.1: icmp_seq=1 ttl=64 time=0.582 ms
64 bytes from 192.168.80.1: icmp_seq=2 ttl=64 time=0.476 ms
……
[root@localhost ~]# echo $?                          #$?的返回值为 0
0
[root@localhost ~]# ping 192.168.80.11 -c 2          #无法 ping 通目标主机
PING 192.168.80.11 (192.168.80.11) 56(84) bytes of data.
From 192.168.80.101 icmp_seq=1 Destination Host Unreachable
From 192.168.80.101 icmp_seq=2 Destination Host Unreachable
……
[root@localhost ~]# echo $?                          #$?的返回值为非零值
2
```

预定义变量主要用于 Shell 脚本程序，例如通过 "$?" 就可以判断命令的执行结果，从而决定程序的下一步执行流程。

除 "$?" 之外，比较常用的预定义变量还有 "$#" "$0"，它们表示的含义如下。

- $#：表示命令行中位置参数的数量。

- $0：表示当前脚本的名称。

下面通过对之前的 test01.sh 脚本进行修改来说明这两个预定义变量的用法。

```
[root@localhost ~]# vim test01.sh
#!/bin/bash
echo "当前运行的脚本是$0"
echo "当前共有$#个位置参数"
echo "第一个位置参数是$1"
echo "第二个位置参数是$2"
echo "第三个位置参数是$3"
```

脚本执行结果如下。

```
[root@localhost ~]# ./test01.sh 1 2 3
当前运行的脚本是./test01.sh
当前共有 3 个位置参数
第一个位置参数是 1
第二个位置参数是 2
第三个位置参数是 3
```

$0 在生产环境中主要用于输出脚本的帮助信息，比如下面的脚本。

```
[root@localhost ~]# vim test.sh
#!/bin/bash
echo "Usage: $0 {start|stop|restart|status}"
```

脚本的执行结果如下。

```
[root@localhost ~]# ./test.sh
Usage: ./test.sh {start|stop|restart|status}
```

"$#" 在生产环境中主要用于判断用户传递参数的个数，具体用法随后详细介绍。

7.3 条件测试与比较

当需要在 Shell 脚本中有选择性地执行任务时，面临的问题就是如何设置判断条件。根据需要判断的条件内容和类型的不同，条件测试主要包括文件状态测试、整数值比较、字符串比较，以及同时判断多个条件的逻辑测试。

条件测试的结果可以通过预定义变量 "$?" 来判断，当 "$?" 的返回值为 0 时，表示条件测试成功，否则（非零值）表示测试失败。

条件测试语句的格式如图 7-1 所示。

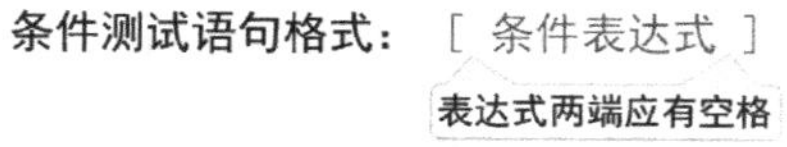

注意，中括号 "[]" 与其中的条件表达式之间至少需要有一个空格进行分隔。

条件测试语句格式： [条件表达式]

表达式两端应有空格

图 7-1 条件测试语句格式

7.3.1 文件状态测试

文件状态测试是指根据给定的路径名称，判断该名称对应的是文件还是目录，或者判断文件是否可读、可写、可执行等。根据所判断的状态不同，在条件表达式中需要使用不同的测试操作符。

下面是常用的文件状态测试操作符。

- **-d**：测试是否是目录。

- **-f**：测试是否为文件。

- **-e**：测试目录或文件是否存在。

- **-r**：测试当前用户是否有读取权限。

- **-w**：测试当前用户是否有写入权限。

- **-x**：测试当前用户是否有执行权限。

- **-L**：测试是否为符号链接文件。

下面举例予以说明。

例如，判断/etc/ssh 是否是目录。

```
[root@localhost ~]# [ -d /etc/ssh ]          #判断/etc/ssh 是否是目录
[root@localhost ~]# echo $?                   #返回值为 0，表明是目录
0
```

例如，判断是否存在/tmp/test。

```
[root@localhost ~]# [ -e /tmp/test ]
[root@localhost ~]# echo $?                   #返回值为非零值，表明/tmp/test 不存在
1
```

例如，判断当前用户对/etc/passwd 是否具有写入权限。

```
[root@localhost ~]# [ -w /etc/passwd ]
[root@localhost ~]# echo $?
0
```

例如，判断当前用户对/root/test01.sh 是否具有执行权限。

```
[root@localhost ~]# [ -x /root/test01.sh ]
[root@localhost ~]# echo $?
0
```

7.3.2 整数值比较

整数值比较是指根据给定的两个数值判断它们的大小关系。注意，在使用中括号进行整数值比较时，不能使用传统的=、>和<等比较符号，因为这些传统的符号在 Shell 中都有特定的含义，比如>和<分别表示输出和输入重定向，所以如果要使用这些传统符号，必须要在它们前面加上反斜线"\"进行转义，如"\>""\<"等。

```
#使用>和<进行整数值比较
[root@localhost ~]# [ 3 \> 2 ]
```

```
[root@localhost ~]# echo $?
0
[root@localhost ~]# [ 3 \< 2 ]
[root@localhost ~]# echo $?
1
```

我们在 Shell 脚本程序中进行整数值比较时，很少会使用这些传统的比较符号，取而代之的是一些专门的操作符。下面列出常用的整数值比较操作符。

- -eq：等于。

- -ne：不等于。

- -gt：大于。

- -lt：小于。

- -le：小于或等于。

- -ge：大于或等于。

例如，判断变量 num 的值是否大于 0。

```
[root@localhost ~]# num=5
[root@localhost ~]# [ $num -gt 0 ]
[root@localhost ~]# echo $?
0
```

例如，测试当前登录到系统中的用户数量是否小于或等于 10。

```
[root@localhost ~]# [ $(who | wc -l) -le 10 ]
[root@localhost ~]# echo $?
0
```

7.3.3　字符串比较

字符串比较主要是指比较两个字符串是否相同，测试字符串是否为空等。

"字符串比较"常用的操作符有以下几种。

- =：匹配。

- !=：不匹配。

- -z：检查字符串是否为空。

需要注意的是，在进行字符串比较时，建议为字符串加上引号，并且等号两侧留有空格。

例如，提示用户输入一个文件路径，并判断是否是 "/etc/fstab"。

```
[root@localhost ~]# read -p "Location:" FilePath
Location:/etc/fstab
[root@localhost ~]# [ $FilePath = "/etc/fstab" ]
[root@localhost ~]# echo $?
0
```

例如,判断当前用户是否是 root。

```
[root@localhost ~]# [ $USER = "root" ]
[root@localhost ~]# echo $?
0
```

由于 Shell 默认把所有变量都视为字符型,因此可以通过字符串比较符 "-z" 来判断某个变量的值是否为空。

```
[root@localhost ~]# a=123          #定义变量 a
[root@localhost ~]# [ -z $a ]      #判断变量 a 的值是否为空
[root@localhost ~]# echo $?
1
[root@localhost ~]# [ -z $b ]      #判断变量 b 的值是否为空,变量 b 并没有被定义
[root@localhost ~]# echo $?
0
```

7.3.4 逻辑测试

通过逻辑测试可以同时测试多个条件,根据这些条件是否同时成立或者其中一个条件成立等情况,来决定采取何种操作。

Bash 中的逻辑测试操作符分为两类,一类主要是-a 和-o,另一类主要是&&和||。下面分别予以说明。

1. -a 和-o

逻辑测试通常可以使用的操作符有以下几种。

- -a:逻辑与,表示前后两个条件都成立时整个测试结果才为真。

- -o:逻辑或,表示前后两个条件中只要有一个成立,则整个测试结果即为真。

- !:逻辑非,表示当指定的条件不成立时,整个测试结果为真。

例如,判断/tmp/test 是否是一个文件,并且当前用户是否对其具有写入权限,要求两个条件同时成立。

```
[root@localhost ~]# [ -f /tmp/test -a -w /tmp/test ]
[root@localhost ~]# echo $?
0
```

例如，判断变量 num 的值是否大于 0 并且小于 9。

```
[root@localhost ~]# num=5
[root@localhost ~]# [ $num -gt 0 -a $num -lt 9 ]
[root@localhost ~]# echo $?
0
```

例如，测试文件/tmp/test1 和/tmp/test2 是否存在，其中只要有一个存在即可。

```
[root@localhost ~]# [ -f /tmp/test1 -o -f /tmp/test2 ]
[root@localhost ~]# echo $?
1
```

2. &&和||

除"-a"和"-o"之外，逻辑测试操作符还有"&&"和"||"。"&&"表示逻辑与，"||"表示逻辑或。但是"&&"和"||"不能通过中括号来连接两个测试条件，它们主要用于连接两条命令。

例如下面的表达式。

command1 && command2

在这个表达式中，如果 command1 的执行结果为假，那么 command2 不会再执行。因为对于"逻辑与"操作，只要有一个测试条件不成立，那么整个测试结果也就必然为假，所以此时就无须再去判断 command2 能否执行。反之，如果 command1 的执行结果为真，那么 command2 就必须执行。

如果使用"逻辑或"操作符来连接两个命令，情况又不同，例如下面的表达式。

command1 || command2

在这个表达式中，如果 command1 的执行结果为真，那么 command2 不再执行，因为对于"逻辑或"操作，只要有一个测试条件成立，那么整个测试结果就必然为真，所以此时也无须再去判断 command2 能否执行。反之，如果 command1 的执行结果为假，那么 command2 必须执行。

因此，对于"&&"和"||"的特点，可以总结如下。

- &&：当前面的命令执行成功后才会执行后面的命令。
- ||：当前面的命令执行失败后才会执行后面的命令。

相较于"-a"和"-o"，"&&"和"||"应用得要更为广泛，因为借助于它们，我们无须通过"$?"也同样可以判断条件测试是否成功。

例如，判断当前的用户是否是 teacher，若不是，就提示"Not teacher"。

```
[root@localhost ~]# echo $USER
root
[root@localhost ~]# [ $USER = "teacher" ] || echo "Not teacher"
Not teacher
```

例如，判断当前的用户是否是 teacher，若是，就提示"Good morning teacher"；若不是，就提示"not teacher"。

```
[root@localhost ~]# echo $USER
root
[root@localhost ~]# [ $USER = "teacher" ] && echo "Good morning teacher"
|| echo "not teacher"
not teacher
```

同样是上面这个操作，我们切换到 teacher 用户再来试一下。

```
[root@localhost ~]# useradd teacher
[root@localhost ~]# su - teacher
[teacher@localhost ~]$ [ $USER = "teacher" ] && echo "Good morning teacher"
|| echo "not teacher"
Good morning teacher
```

例如，只要"/etc/rc.d/rc.local"或者"/etc/init.d/rc.local"中有一个是文件，就显示"yes"，否则无任何输出。

```
[root@localhost ~]# [ -f /etc/rc.d/rc.local ] || [ -f /etc/init.d/rc.local ]
&& echo "yes"
```

例如，测试"/etc/profile"文件是否有可执行权限，若没有可执行权限，就输出"No x mode"。

```
[root@localhost ~]# [ ! -x "etc/profile" ] && echo "No x mode"
No x mode
```

例如，若当前用户是 root 且使用的 Shell 是"/bin/bash"，就输出"yes"，否则无任何输出。

```
[root@localhost ~]# [ $USER = "root" ] && [ $SHELL = "/bin/bash" ] && echo
"yes"
yes
```

在这两个逻辑测试操作符中，"&&"尤为常用。在我们之前的操作中，都是通过查看预定义变量"$?"的值来判断条件测试结果，但是这种操作比较烦琐，输出结果也不是很直观。为了便于查看条件测试操作的结果，通常将"&&"命令和 echo 命令一起使用。当条件成立时，直接输出"yes"。因为对于"&&"连接的两条命令，只有前面的命令执行成功后才会执行后面的命令，否则后面的命令将被忽略。

例如，判断文件"/dev/cdrom"是否存在，如果存在，就直接输出"yes"。

```
[root@localhost ~]# [ -e /dev/cdrom ] && echo "yes"
yes
```

7.4　程序结构

Shell 作为一种解释型的脚本编程语言，同样包含选择、循环这些基本的程序控制结构。通过使用选择、循环等控制语句，可以编写出应用更加灵活、功能更加强大的 Shell 脚本。与其他编程语言相比，Shell 程序的结构控制语句在语法上会有一些差别，但基本的逻辑关系是相似的。

7.4.1　if 选择语句

通过之前介绍的逻辑操作符"&&"和"||"，我们已经可以实现简单的选择结构，但是如果要执行的命令序列比较复杂，那么还是应该使用 if 语句。

典型的 if 语句结构如下。

```
if 条件测试命令
then
    命令序列 1
else
    命令序列 2
fi
```

在上述语句中，首先通过 if 判断条件测试命令的返回状态值是否为 0（0 表示条件成立）。如果结果是 0，就执行 then 后面的命令序列 1，然后跳转至 fi 结束判断；如果条件测试命令的返回状态值不为 0（条件不成立），就执行 else 后面的命令序列 2，一直到 fi 结束。

例如，检查"/var/log/messages"文件是否存在，若存在，就统计文件内容的行数并输出，否则输出提示信息。

```
#!/bin/bash
LogFile="/var/log/messages"
if [ -e $LogFile ]
then
        wc -l $LogFile
else
        echo "$LogFile 不存在"
fi
```

为了使代码更为简洁，通常会将 if 语句和 then 写在同一行，中间用分号分隔。

```
#!/bin/bash
LogFile="/var/log/messages"
if [ -e $LogFile ] ; then
        wc -l $LogFile
else
        echo "$LogFile 不存在"
fi
```

例如，监测 httpd 服务的运行状态，若发现 httpd 服务已经停止，就在"/var/log/messages"文件中追加写入日志信息（包括当时的日期和时间），并重启 httpd 服务。

```
[root@localhost ~]# vim httpTest.sh
#!/bin/bash
systemctl status httpd &> /dev/null
if [ $? -ne 0 ] ; then
    echo " $(date +'%F %T') httpd service is stopped" >> /var/log/messages
    systemctl start httpd
fi
```

脚本的执行结果如下。

```
[root@localhost ~]# systemctl stop httpd
[root@localhost ~]# ./httpTest.sh
[root@localhost ~]# tail /var/log/messages
2018-07-12 11:13:21 httpd service is stopped
Jul 12 11:13:21 CentOSServer systemd: Starting The Apache HTTP Server...
```

当然，上面的脚本也可以用"&&"和"||"来实现，代码如下。

```
#!/bin/bash
systemctl status httpd &> /dev/null || echo "$(date +'%F %T') httpd
service is stopped" >> /var/log/messages && systemctl start httpd
```

采用"&&"和"||"的方式虽然可以使代码更为简洁，但不如 if 语句容易理解，读者可以根据自身情况选择使用。

当然，像这类监测系统状态的脚本，如果全都需要由管理员手动来执行，那么是没有多少意义的。因此，这类脚本往往需要与计划任务结合起来使用，比如设置一个计划任务，每隔 2h 执行一次 httpd 服务监测脚本。

```
[root@localhost ~]# crontab -e
0 */2 * * * /root/httpTest.sh
```

7.4.2　case 分支语句

case 语句用于需要进行多重分支选择的情况，格式如下。

```
case 变量值 in
模式1)
```

```
        命令序列 1
        ;;
模式 2)
        命令序列 2
        ;;
……
*)
        默认执行的命令序列
esac
```

在上述语句中，将使用 case 后面的变量值与模式 1、模式 2……进行逐一比较（各模式中为用户预设的固定值），直到找到与之相匹配的值，然后执行该模式下的命令序列，当遇到双分号";;"后跳转至 esac，表示结束分支。如果一直找不到与之相匹配的值，就执行最后一个模式"*)"后的命令序列，遇到 esac 后结束分支。

case 语句的结构特点如下。

- case 行尾必须为单词"in"，每一模式必须以右括号")"结束。

- 双分号";;"表示命令序列的结束，除"*)"后的命令序列之外，其余的命令序列都需要加";;"表示结束。

- 匹配模式中可以使用通配符*、?、[]。例如，"a*"表示以 a 开头的所有字符；"a?"表示字符串的长度只有两个字符，第一个字符是 a，第二个字符任意；"a[0-9]"表示字符串的长度只有两个字符，第一个字符是 a，第二个字符是一个数字。另外，还可以使用竖杠"|"表示"或"，例如"a|b"表示 a 或者 b。

- 最后的"*)"表示默认模式，当使用前面的各种模式均无法匹配该变量时，将执行"*)"后的命令序列。

例如，由用户从键盘输入一个字符，并判断该字符是否为英文字母、数字或者其他字符，并输出相应的提示信息。

```bash
#!/bin/bash
read -p "请任意输入一个字符，并按回车键：" key
case "$key" in
        [a-z] | [A-Z])
                echo "这是英文字母"
                ;;
        [0-9])
                echo "这是数字"
                ;;
        *)
                echo "这是功能键或其他字符"
esac
```

我们之前所使用的很多带选项的命令，都通过 case 分支语句来区分执行不同的选项。例如，我们编写一个实现如下功能的脚本：当用户输入选项"-m"时，可以查看内存的使用状况；当用户输入选项"-c"时，可以查看 CPU 的使用状况；当用户输入选项"-h"时，可以查看硬盘的使用状况；如果用户不输入任何选项，就输出提示信息"请使用-m、-c、-h 选项！"。

这里可以通过位置变量$1来获取用户输入的选项，代码如下。

```bash
#!/bin/bash

#查看内存的使用状况，使用-m 选项
#查看 CPU 的使用状况，使用-c 选项
#查看硬盘的使用状况，使用-h 选项

case "$1" in
  "-m")
        free -h
        ;;
  "-c")
        uptime
        ;;
  "-h")
        df -hT
        ;;
  *)
        echo "请使用-m、-c、-h 选项！"
esac
```

7.4.3 for 循环语句

for 循环语句的格式如下。

```
for 变量名 in 取值列表
do
      命令序列
done
```

在 Shell 脚本中使用 for 循环语句时，for 关键字的后面会有一个"变量名"，变量名依次获取 in 关键字后的取值列表内容（以空格分隔），每次仅取一个，然后进入循环（do 和 done 之间的部分），执行循环体内的命令序列，当执行到 done 时，结束本次循环。之后，变量名继续获取取值列表里的下一个变量值，并执行循环体内的命令序列，直到取完取值列表里的所有值之后循环结束。

Shell 中的 for 语句不需要执行条件判断，循环次数取决于预先设置的取值列表。

例如，依次输出 user1、user2、user3、user4 和 user5。

```
#!/bin/bash
for i in 1 2 3 4 5
do
     echo user$i
done
```

如果取值列表中的数值在一个连续的范围内，那么可以利用大括号（{}）生成数字序列。我们将上面的代码改进一下。

```
#!/bin/bash
for i in {1..5} ; do
    echo user$i
done
```

例如，编写一个脚本来计算 1+2+3+…+100。

```
#!/bin/bash
sum=0
for i in {1..100} ; do
     sum=$[$sum+$i]
done
echo $sum
```

如果我们要生成一个稍微复杂的数字序列，如 1、3、5、7、…、99，大括号（{}）就无法满足需求了。因而 for 循环通常会结合 seq 命令一起使用，通过 seq 命令可以自动生成一个整数值的数字序列。执行"seq --help"命令可以查看 seq 的帮助信息，在帮助信息的头部详细介绍了该命令的用法。

```
[root@localhost ~]# seq --help
用法：seq [选项]... 尾数
 或：seq [选项]... 首数 尾数
 或：seq [选项]... 首数 增量 尾数
```

如果 seq 命令的后面只指定一个数值，那么该数值表示尾数，首数默认为 1，增量默认也为 1，因而会自动产生一个从 1 开始，每次递增 1，直到该尾数终止的数字序列。

```
[root@localhost ~]# seq 5
1
2
3
4
5
```

如果 seq 命令的后面指定两个数值，那么第一个数值表示首数，第二个数值表示尾数，增量默认为 1。

```
[root@localhost ~]# seq 3 5
3
```

```
4
5
```

seq 命令的后面如果指定 3 个数值，则第一个数值为首数，第二个为增量，第三个为尾数。

```
[root@localhost ~]# seq 3 2 9
3
5
7
9
```

了解 seq 命令的用法之后，开始编写一个脚本来计算 1+3+5+…+99。

```
#!/bin/bash
sum=0
for i in $(seq 1 2 99) ; do
     sum=$[$sum+$i]
done
echo $sum
```

将上面的脚本稍加变化，就可以由用户输入任意数，然后计算从 1 到该数的累加之和。

```
[root@localhost ~]# vim sum.sh
#!/bin/bash
sum=0
for i in $(seq $1) ; do
          sum=$[$sum+$i]
done
echo "从 1 到$1 的累加之和是$sum"
[root@localhost ~]# ./sum.sh 10
从 1 到 10 的累加之和是 55
```

seq 命令有一个常用选项“-w”，可以自动在数字之前加 0，使得整个数字序列的宽度相同。例如，生成“01、02、…、10”的数字序列。

```
[root@localhost ~]# seq -w 10
01
02
03
04
05
06
07
08
09
10
```

下面编写一个批量创建文件的脚本，假设在/root/test 目录下批量创建 10 个文件，名称依次为 test-01、test-02、…、test-10。

```
[root@localhost ~]# vim test.sh
#!/bin/bash
for f in $(seq -w 10) ; do
      [ ! -d /root/test ] && mkdir /root/test
      touch /root/test/test-$f
done
[root@localhost ~]# bash test.sh
[root@localhost ~]# ls test
test-01   test-02   test-03   test-04   test-05   test-06   test-07   test-08
test-09   test-10
```

当然，上面的操作只是为了演示 for 循环的用法，如果单纯只是为了创建 test-01、test-02、…、test-10 这样连续的文件，其实只用一条命令即可完成。

```
[root@localhost ~]# touch /root/test/test-{01..10}
```

7.4.4　while 循环语句

与 for 循环不同，while 循环主要用于循环次数不确定的情况。

while 语句格式如下。

```
while  条件测试命令
do
      命令序列
done
```

在上述语句中，首先判断条件测试命令的返回状态值是否为 0（0 表示条件成立），如果结果为 0，就执行 do 后面的命令序列，每次执行到 done 时就返回 while 再次进行条件测试，并判断返回状态值。如此循环，直到所测试的条件不成立时，才会跳出 while 循环，循环结束。

由于 while 循环不会生成取值列表，因此相比 for 循环要更为高效。下面通过 while 循环来计算 1～100 的累加之和。

```
#!/bin/bash
sum=0
i=1
while [ $i -le 100 ] ; do
            sum=$[$sum+$i]
            i=$[$i+1]
done
echo $sum
```

例如，通过 while 循环批量创建 10 个用户，用户名分别为 student1、student2、……、student10，密码统一设置为 123。

```
#!/bin/bash
i=1
while [ $i -le 10 ] ; do
    id student$i &> /dev/null    #判断用户是否已经存在
    if [ $? -ne 0 ] ; then
            useradd student$i &> /dev/null
            echo 123 | passwd --stdin student$i &> /dev/null
            echo "用户 student$i 已成功创建"
    else
            echo "用户 student$i 已存在"
    fi
    i=$[$i+1]
done
```

另外，通过 while 循环还可以实现对文件按行进行遍历，语法格式如下。

```
while read line
do
    命令序列
done < 指定文件
```

在采用这种程序结构时，首先在 while 循环结尾的 done 处通过输入重定向读取指定的文件，然后依次读取文件的每一行并将其赋值给变量 line，最后交由循环体中的命令序列进行处理。

例如，我们通过 while 循环遍历文件的方式来实现 Linux 系统命令 cat 的执行效果。

```
#!/bin/bash
while read line ; do
        echo $line
done < /etc/passwd
```

例如，我们希望将/etc/passwd 文件中每个用户的 UID 相加，最后输出所有用户的 UID 之和。在这段代码中，使用 cut 命令来截取用户 UID。关于 cut 命令的详细用法，将在 7.6.2 节中进行介绍。

```
#!/bin/bash
sum=0
while read line ; do
        uid=$(echo $line | cut -d: -f3)
        sum=$[$sum+$uid]
done < /etc/passwd
echo $sum
```

需要注意的是，在使用 while 循环语句时，有两个特殊的条件测试值：true 和 false。使用"true"作为测试条件时，条件将永远成立，循环体内的语句无限次执行下去；使用"false"作为测试条件时，条件永远不成立，循环体内的语句将不会执行。这两个特殊值也可以用在 if 语句的条件测试中，通常使用 true 作为循环条件，从而实现无限循环。下面将结合循环控制语句 break 来介绍相关用法。

7.4.5　循环控制语句

在使用 for、while 循环语句和 case 分支语句的过程中，当满足特定的条件时可能会需要中断循环体的执行，或者直接跳转到开头重新判断测试条件（而不再执行后面的命令序列）。这时可以使用 break 或 continue 语句对程序执行流程进行控制，这两个语句与在其他大部分编程语言中的含义是类似的。

1．break 语句

break 是"中断"的意思，用于跳出当前所在的循环体，但并不是退出程序。

例如，编写一个用来循环创建用户的脚本，用户名之间没有规律，密码统一为 123456。如果输入"ok"，就停止脚本运行。

```
#!/bin/bash
while true ; do
        read -p "请输入用户名：" name
        [ $name = "ok" ] && echo "程序退出" && break
        id $name &> /dev/null
        if [ $? -ne 0 ] ; then
                useradd $name &> /dev/null
                echo "123456" | passwd --stdin $name &> /dev/null
                echo "成功创建用户$name"
        else
                echo "用户$name 已存在"
        fi
done
```

脚本的运行结果如下。

```
[root@localhost ~]# ./addUser.sh
请输入用户名：bob
用户 bob 已存在
请输入用户名：mary
成功创建用户 mary
请输入用户名：ok
程序退出
```

需要注意的是，break 语句只能退出该层循环。如果在程序中用到循环嵌套，大循环里面还有小循环，那么 break 仅仅是退出那一层循环，它的上层循环不受影响。

2．continue 语句

continue 是"继续"的意思，用于暂停本次操作，并跳转至循环语句的顶部重新测试条件，本次执行过程中 continue 后的命令序列将被忽略。

例如，删除/root/test 目录中的 test-1、test-2、test-4、test-5、test-6、test-8、test-9 和 test-10 文件。

```
#!/bin/bash
for i in $(seq 10) ; do
                #遇到需要保留的文件时跳转而不删除
                [ $i -eq 3 -o $i -eq 7 ] && continue
                rm -f /root/test/test-$i
done
```

在编写脚本时，需要注意 continue 和 break 的区别：continue 结束的不是整个循环，而是本次循环。

7.4.6 shift 和 exit 语句

1. shift 语句

shift 实际上是 Bash 中的一个特殊的内部命令，但是在命令行中较少使用，而更多的是用在 Shell 脚本程序中。执行 shift 语句后，位置变量（$1～$9）中的命令行参数会依次向左传递。

例如，当前脚本程序获得如下位置变量。

```
$1=file1、$2=file2、$3=file3、$4=file4
```

执行一次 shift 命令后会丢弃最左边的一个值，各位置变量的值将变为如下所示。

```
$1=file2、$2=file3、$3=file4
```

再次执行 shift 命令后，各位置变量的值将变为如下所示。

```
$1=file3、$2=file4
```

合理利用 shift 命令，可以在位置参数的数量不固定的情况下灵活实现程序的功能。

例如，编写一个 Shell 程序，计算多个整数值的和，需要计算的各个数值在执行脚本时作为命令行参数由用户给出。

```
[root@localhost ~]# vim sumer.sh
#!/bin/bash
sum=0
while [ $# -gt 0 ] ; do                          #当位置参数的个数大于 0 时执行循环
        sum=$[$sum+$1]
        shift
done
echo "sum=$sum"
```

```
[root@localhost ~]# ./sumer.sh 12 25 31      #计算 12、25、31 的和
sum=68
```

2. exit 语句

在 Shell 脚本中，exit 语句用于退出脚本，也就是说，如果程序执行到 exit 语句的位置，那么将立即结束并退出程序，exit 语句之后的代码都不会被执行。

exit 语句通常用于程序非正常退出的情况。例如，某个程序需要用户输入两个参数，那么在程序的起始位置首先就应判断用户输入的参数是否是两个，如果不是的话，就输出提示信息并退出程序。

```
#!/bin/bash
[ $# -ne 2 ] && echo "请输入 2 个参数！" && exit 1
echo "你输入的参数是：$1、$2"
```

在这段代码中，exit 语句后面带有数字 1，这个数字用于定义程序的返回状态值。之前曾经介绍过，我们可以通过预定义变量 "$?" 来判断命令的执行结果，对于脚本程序同样如此。如果程序是正常执行结束并退出的，那么用 "$?" 得到的返回状态值就是 0；如果程序是通过执行 exit 语句（非正常）退出的，那么返回状态值就应该是 1~255 的任意数。

例如，执行脚本程序并获取返回状态值。

```
[root@localhost ~]# ./test2.sh 123 abc      #执行程序时输入两个参数，程序正常退出
"你输入的参数是：123、abc"
[root@localhost ~]# echo $?                  #程序的返回状态值是 0
0
[root@localhost ~]# ./test2.sh              #执行程序时不输入参数，程序非正常退出
  请输入 2 个参数！
[root@localhost ~]# echo $?                  #程序的返回状态值是事先定义好的 1
1
```

在脚本程序中，我们可以根据需要在程序的不同位置设置多个 exit 语句，并为每个 exit 语句设置不同的返回状态值。这样，当程序非正常退出时，我们只要通过查看返回状态值，就可以得知程序是因为什么而非正常退出了。

7.4.7　多任务并发执行

正常情况下，Shell 脚本中的命令是串行执行的，一条命令执行完才会执行接下来的命令。比如下面这段代码。

```
#!/bin/bash
for i in {1..10};do
    echo $i
```

```
done
echo "END"
```

执行结果如下。

```
1
2
3
4
5
6
7
8
9
10
END
```

可以看到，循环体中的"echo $i"命令是串行执行的。但是如果所执行的命令耗时比较长，则会导致整个程序的执行时间非常长，甚至长时间失去响应。

例如，我们需要完成这样一个任务：编写一个脚本，扫描 192.168.80.0/24 网络中当前在线的主机有哪些（能 ping 通就认为在线）。

要完成这个任务，编写脚本并不复杂，下面是写好的代码。

```
#!/bin/bash
for i in {1..254};do
        ip="192.168.80.$i"
        ping -c 2 $ip &> /dev/null && echo $ip is up
done
```

这里对脚本中使用的 ping 命令稍作说明。Linux 中的 ping 命令在执行后会连续不断地发包，因而脚本中的 ping 命令使用了"-c"选项，指定只发两次包，如果能收到响应，就认为目标主机在线。

这个脚本在逻辑上并没有问题，但是之后由于要对网络中的 254 个 IP 地址轮流执行 ping 命令，耗时非常长，而且此时的脚本无法使用<Ctrl+C>组合键强制终止，因此只能使用<Ctrl+Z>组合键转入后台，然后再用 kill 命令强制结束进程。

```
[root@localhost ~]# bash ping.sh
192.168.80.1 is up
192.168.80.2 is up
^C
^Z
[1]+  已停止               bash ping.sh
[root@localhost ~]# jobs -l              #查看后台工作任务
[1]+ 101100 停止            bash ping.sh
[root@localhost ~]# kill -9 101100       #强制结束进程
```

```
[root@localhost ~]#
[1]+  已杀死                 bash ping.sh
```

实际上这个脚本中循环执行的 ping 命令之间并没有依赖关系，也就是说不必非要等到 "ping 192.168.80.1" 结束之后才执行 "ping 192.168.80.2"，这些 ping 命令完全可以并发执行。

如果使用 Python，那么可以借助于多线程技术来实现命令的并发执行，而 Shell 不支持多线程，因而只能采用多进程的方式。具体的实现方法很简单，就是在要并发执行的命令后面加上 "&"，将其转入后台执行，这样就可以在执行完一条命令之后，不必等待其执行结束，就立即转去执行下一条命令。

我们还是以之前的代码为例，在循环体中的 echo 命令之后加上 "&"。

```
#!/bin/bash
for i in {1..10};do
        echo $i &
done
echo "END"
```

执行结果如下。

```
[root@localhost ~]# bash test.sh
END
[root@localhost ~]# 1
2
3
6
7
4
8
9
10
5
```

可以看到，在并发执行时不能保证命令的执行顺序，而且本应在整个循环执行结束之后再执行的 "echo "END"" 命令，却在程序一开始就被执行了。因此，在并发执行时，我们通常需要保证在循环体中的所有命令都执行完后再执行接下来的命令，这时就可以使用 wait 命令来实现。在 Shell 中使用的 wait 命令，相当于其他高级语言里的多线程同步。

下面对代码进行改进，增加 wait 命令。

```
#!/bin/bash
for i in {1..10};do
        echo $i &
done
```

```
wait
echo "END"
```

这样执行结果就正常了。

```
[root@localhost ~]# bash test3.sh
6
7
2
3
4
8
9
10
5
1
END
```

了解了程序并发执行的原理之后，我们对 ping 脚本也同样进行改进。

```
#!/bin/bash
for i in {1..254};do
        ip="192.168.80.$i"
        ping -c 2 $ip &> /dev/null && echo $ip is up &
done
wait
```

此时脚本的执行速度将大大提高。

```
[root@localhost ~]# bash ping.sh
192.168.80.10 is up
192.168.80.20 is up
192.168.80.2 is up
192.168.80.1 is up
192.168.80.135 is up
```

因而当要循环执行的命令之间没有依赖关系时，完全可以采用并发执行的方式，这样可以大幅提高代码的执行效率。当然，并发执行也有缺陷，就是当需要并行执行的命令数量特别多，尤其是所执行的命令占用的系统资源非常多时，可能会将整个系统的资源全部耗尽，从而影响其他程序的运行，因此还可以借助其他技术来限制并发执行的进程数量，由于比较复杂，这里就不进行介绍了。

7.5　Shell 函数

在编写 Shell 脚本完成较复杂的任务时，经常会发现某些命令或语句需要重复使用，从程序执行效率及简洁性的角度考虑，通常会把这些命令序列组成一个共用块，并为其命名，这就是函数。使用函数的最大好处是可以实现代码的重用，通过在脚本文件中使用函数，可以大大减少程序的代码行数，简化程序的复杂度。

7.5.1   函数的定义和调用

在使用一个 Shell 函数之前，要求必须先进行定义，而且定义函数的语句必须放在调用函数的语句之前。

定义函数的语句格式如下。

```
function 函数名 {
        命令序列
}
```

通常情况下习惯简化掉 function，但这时要求必须在函数名称后面加上小括号。定义函数的常用语句格式如下。

```
函数名() {
        命令序列
}
```

其中函数名由用户自行设置，命令序列则是需要重复使用的一条或多条命令。函数中的代码只有在被调用时才会执行，调用函数时，直接使用函数名即可，不需要加小括号。

例如，编写一个自动阅卷时累加总分的脚本，当设定的条件成立时，累计总分；当条件不成立时，输出提示信息。这里将输出错误提示的部分代码变成函数的形式。

```
#!/bin/bash
#定义 error 函数
error() {
        echo "第$sn 题错误。"
}
sum=0          #变量 sum 计算总分
sn=1           #变量 sn 表示题号
[ -d /home/teacher ] && sum=$[$sum+1] || error
sn=2
[ -x /etc/passwd ] && sum=$[$sum+1] || error
echo "sum="$sum
```

执行结果如下。

```
[root@localhost ~]# ./exam01.sh
第 2 题错误。
sum=1
```

7.5.2   函数的参数传递

在调用函数时经常需要为其传递一些参数，这些参数就是需要由函数来处理的数据。

在 Shell 中通常通过位置变量来为函数传递参数，如$1、$2 分别表示向函数传递的第一个和第二个参数。

例如，在脚本中定义一个加法函数，用于计算任意两个数之和。

```
#!/bin/bash
add() {
        echo $[$1+$2]              #通过位置变量接收两个参数
}
add 12 34                          #将 12 传递给 add 函数的$1，将 34 传递给$2
add 56 789                         #将 56、789 依次传递给 add 函数
```

例如，在某个脚本中经常需要执行添加用户的操作，可以将添加用户的部分代码变成函数，并根据需要随时调用。

```
#!/bin/bash

addUser() {
        id $1 &> /dev/null              #通过位置变量$1 接收参数
        if [ $? -eq 0 ] ; then
                echo "用户$1 已存在"
        else
                useradd $1 && echo "成功创建用户$1"
        fi
}

addUser zhangsan
addUser lisi
```

7.6　常用的文本编辑命令

在 Linux 中"一切皆文件"，而且很多配置文件都是纯文本文件，因而在工作中我们经常需要对大量的文本信息进行处理。例如，从一系列文本信息中截取出指定的部分，按指定的内容对文本信息进行排序，对文本信息中的指定内容进行替换等。在 Linux 系统中有 3 个应用较为广泛的文本处理工具：grep、sed 和 awk，它们被合称为"文本处理三剑客"。grep 命令在第 2 章中已有介绍，这里将重点介绍 sed 命令和 awk 命令，同时介绍一下比较常用的 cut 命令和 sort 命令。在介绍如何使用这些命令之前，需要先介绍一下正则表达式，因为通过正则表达式设置各种匹配规则，可以准确地找出我们要处理的文本信息。

7.6.1　正则表达式

正则表达式（Regual Expression，REGEXP）是指用事先定义好的一些特定字符来制订过滤规则，从而从大量的文本信息中找出我们需要的内容。也就是说，正则表达式是为处

理大量字符串而定义的一套规则和方法,我们在 2.4.6 节中所介绍过的 "^" 和 "$" 都属于正则表达式。正则表达式是一种在计算机领域中通用的规则,不仅仅是 Linux 系统,PHP 和 Python 等很多编程语言也都支持正则表达式。

需要注意的是,正则表达式不同于通配符。正则表达式针对的是文件内容,可以以行为单位找出我们所需要的文本信息,主要用于 grep、awk、sed 这类文本处理工具。而通配符则主要针对的是文件名,因而主要用于 ls、find、cp 等命令。

正则表达式中用来创建匹配规则的特定字符被称为元字符,这些字符在正则表达式中不表示本身原有的含义,而是被指定了一些特定的功能。学习正则表达式,主要就是要了解这些元字符的含义,并能够灵活地将它们组合使用。

正则表达式中的元字符整体被分为 4 类。

- 字符匹配元字符:用于匹配其他字符,主要包括点号 "."、方括号 "[ ]"。
- 匹配次数元字符:用在要指定次数的字符后面,用于指定前面的字符要出现的次数,主要包括星号 "*"、加号 "+"、大括号 "{ }"。
- 分组元字符:用于对关键字进行分组,主要是小括号 "( )"。
- 位置锚定元字符:用于指定关键字的位置,比如之前已经介绍过的 "^" 和 "$"。

下面将结合 grep 命令来分别介绍这几类元字符的使用方法。

1. 字符匹配元字符

点号 "." 在正则表达式中可以匹配任意单个字符,类似于之前所使用的通配符问号 "?"。

例如,从/etc/passwd 文件中查找所有以 s 开头、以 n 结尾,并且中间包含两个任意字符的字符串所在的行。

```
[root@localhost ~]# grep "s..n" /etc/passwd
bin:x:1:1:bin:/bin/sbin/nologin
daemon:x:2:2:daemon:/sbin:/sbin/nologin
……
```

中括号 "[ ]" 更是与通配符中的功能完全一样,可以匹配指定范围内的任意单个字符,也能够用 "!" 或 "^" 表示不在指定字符范围内的其他字符。例如,[a-z]可以匹配任意一个小写字母,[A-Z]可以匹配任意一个大写字母,[0-9]可以匹配任意一个数字,[a-zA-Z0-9]则可以匹配任意一个字母或数字。

例如,从/etc/passwd 文件中查找所有以 100 开头,并且后面是任意一位数字的字符串所在的行。

```
[root@localhost ~]# grep 100[0-9] /etc/passwd
admin:x:1001:1001::/home/admin:/bin/bash
```

例如，从/etc/shadow 文件中查找以任意字母或数字开头的所有行。

```
[root@localhost ~]# grep "^[a-zA-Z0-9]" /etc/shadow
root:$6$pxIC8UDRlkZtdMQ.$OYhCA3rU6E156c9jccfXvQGEOAiCbScL.x.v3gVNK1NtKie
st0MR5sv4ZoWEeEoycOOONcthkbjY8K7g54hGX1::0:99999:7:::
bin:*:17110:0:99999:7:::
```

例如，从/proc/meminfo 文件中查找以大写字母 S 或小写字母 s 开头的所有行。

```
[root@localhost ~]# grep "^[sS]" /proc/meminfo
SwapCached:            0 kB
SwapTotal:       2097148 kB
```

2. 匹配次数元字符

星号 "*" 在正则表达式中表示匹配前面的字符任意次，而且可以是 0 次。下面要注意与通配符进行区分，正则表达式中的*并不表示匹配任意字符，而是表示匹配任意次数。

例如，正则表达式 "x*y" 可以匹配 "xy" "xxy" "xxxxy" 等字符串，而且还可以匹配 "xay" "aby" "123y" 等任何以 "y" 结尾的字符串，这是由于 "*" 可以匹配的次数是任意次，而且包括 0 次，因此对于表达式 "x*y"，只要某个字符串中包含字母 "y"，则无论是否有 "x"，都可以匹配。

在正则表达式中，星号 "*" 通常与点号 "." 配合使用，如 ".*" 用于匹配任意数量的任意字符。例如，在/etc/passwd 文件中查找所有以 r 开头、以 t 结尾且中间为任意字符的字符串所在的行。

```
[root@localhost ~]# grep "r.*t" /etc/passwd
root:x:0:0:root:/root:/bin/bash
abrt:x:173:173::/etc/abrt:/sbin/nologin
user01:x:1010:1010::/htdocs/www:/bin/bash
……
```

问号 "?" 在正则表达式中表示匹配前面的字符 0 次或 1 次。需要注意的是，由于 "?" 还有其他含义，因此在正则表达式中需要在 "?" 的前面加上 "\" 对其进行转义，如 "\?"。

例如，在/etc/passwd 文件中以表达式 "r\?t" 作为查找条件，实际上可以将所有含有字母 t 的行查找出来。

```
[root@localhost ~]# grep "r\?t" /etc/passwd
root:x:0:0:root:/root:/bin/bash
shutdown:x:6:0:shutdown:/sbin:/sbin/shutdown
halt:x:7:0:halt:/sbin:/sbin/halt
……
```

如果以 "rr\?t" 作为查找条件，那么表示查找所有以字母 r 开头、字母 t 结尾且中间一个字符可以是字母 r 或者没有字符的字符串。

```
[root@localhost ~]# echo rrt >> /etc/passwd
[root@localhost ~]# echo rat >> /etc/passwd
[root@localhost ~]# grep "rr\?t" /etc/passwd
abrt:x:173:173::/etc/abrt:/sbin/nologin
rtkit:x:172:172:RealtimeKit:/proc:/sbin/nologin
rrt
```

加号 "+" 在正则表达式中表示匹配前面的字符至少 1 次，正则表达式中的加号 "+" 同样需要在前面加上 "\" 进行转义，如 "\+"。

例如，以 "ro\+t" 作为查找条件，表示查找所有以字母 r 开头、字母 t 结尾且中间字符至少是 1 个字母 o 的字符串。

```
[root@localhost ~]# grep "ro\+t" /etc/passwd
root:x:0:0:root:/root:/bin/bash
operator:x:11:0:operator:/root:/sbin/nologin
```

大括号 "{ }" 在正则表达式中可以精确指定匹配前面的字符多少次，大括号 "{ }" 在正则表达式中也需要转义，如 "\{m \}"，m 表示匹配的次数。

例如，以 "ro\{2\}t" 作为查找条件，表示查找所有以字母 r 开头、字母 t 结尾且中间包含两个字母 o 的字符串。

```
[root@localhost ~]# grep "ro\{2\}t" /etc/passwd
root:x:0:0:root:/root:/bin/bash
operator:x:11:0:operator:/root:/sbin/nologin
```

大括号 "{ }" 还可以指定匹配的次数范围，如 "\{m,n \}" 表示至少匹配 m 次，最多 n 次。例如，"ro\{1,3\}t" 表示对字母 o 至少匹配 1 次，最多 3 次；"\{m, \}" 表示至少匹配 m 次，多则不限。因此，执行命令 "grep "ro\{3,\}t" /etc/passwd"，查找不到任何结果。

```
[root@localhost ~]# grep "ro\{3,\}t" /etc/passwd
```

例如，从/etc/passwd 文件中查找包含两位数或三位数的行。

```
[root@localhost ~]# grep -w "[0-9]\{2,3\}" /etc/passwd
mail:x:8:12:mail:/var/spool/mail:/sbin/nologin
operator:x:11:0:operator:/root:/sbin/nologin
......
```

3．分组元字符

小括号 "( )" 用于对关键字进行分组，小括号也需要转义。之前我们只对前一个字符指定匹配的次数，如果要对多个连续的字符指定匹配范围，那么需要对其进行分组。例如"\(ro\)\{1,3\}",表示关键字"ro"作为一个整体,至少要出现 1 次,最多出现 3 次。

```
[root@localhost ~]# grep "\(ro\)\{1,3\}" /etc/passwd
root:x:0:0:root:/root:/bin/bash
operator:x:11:0:operator:/root:/sbin/nologin
```

4. 扩展正则表达式

转义字符"\"除可以对之前所说的各种元字符进行转义之外,还可以去除正则表达式中元字符的特殊属性,而只表示其本身原有的含义。例如,"\."就可以只表示"."本身。

例如,显示/root 目录中所有以"."开头的文件。

```
[root@localhost ~]# ls -a /root | grep "^\."
.
..
.bash_history
.bash_logout
.bash_profile
.bashrc
……
```

另外,"\"还可以与某些字符组合在一起,从而表示一些特定的含义。例如,"\d"表示任意一个数字,相当于"[0-9]";"\w"表示任意一个字母、数字或下划线,即"A～Z""a～z""0～9""_"中的任意一个,相当于"[A-Za-z0-9_]"。

但是,在正则表达式中大量使用转义字符"\",将会使得正则表达式很难理解,因此,在原有的基本正则表达式(BRE)的基础之上,又引入了它的升级版本——扩展正则表达式(ERE)。扩展正则表达式的主要改进在于对元字符不必再使用"\"进行转义,比如"?"可以直接写,而不必写成"\?"。

如果 grep 命令要使用扩展正则表达式,就需要加上"-E"选项,或者使用 grep 命令的升级版——egrep 命令。

```
[root@localhost ~]# grep -E "ro+t" /etc/passwd
root:x:0:0:root:/root:/bin/bash
operator:x:11:0:operator:/root:/sbin/nologin
[root@localhost ~]# egrep "ro+t" /etc/passwd
root:x:0:0:root:/root:/bin/bash
operator:x:11:0:operator:/root:/sbin/nologin
```

另外,利用 grep 命令或 egrep 命令的"-o"选项,可以仅显示匹配到的字符串。例如,要从"ifconfig ens33"命令的执行结果中提取出 IP 地址,可以执行如下命令,其中正则表达式"[0-9.]{7,}"表示一个由点号"."和任意数字组成的至少 7 个字符的组合,而这恰好就是 IP 地址的表示形式。

```
[root@server ~]# ifconfig ens33 | egrep -o "inet [0-9.]{7,}" | cut -d" " -f2
192.168.80.128
```

扩展正则表达式增加了逻辑运算符"|"（逻辑或），例如从/etc/passwd 文件中找出含有关键字"root"或"student"的行。

```
[root@localhost ~]# egrep "root|student" /etc/passwd
root:x:0:0:root:/root:/bin/bash
operator:x:11:0:operator:/root:/sbin/nologin
student:x:1000:0:student:/home/student:/sbin/nologin
```

例如，从/var/log/messages 文件中找出所有含有 IP 地址或子网掩码的行。

```
[root@localhost ~]# egrep "[0-9]{1,3}\.[0-9]{1,3}\.[0-9]{1,3}\.[0-9]{1,3}
" /var/log/messages
    Feb 23 10:08:56 localhost NetworkManager[6666]: <info>  [1550887736.5956]
dhcp4 (ens33):    plen 24 (255.255.255.0)
    Feb 23 10:08:56 localhost NetworkManager[6666]: <info>  [1550887736.5957]
dhcp4 (ens33):    gateway 192.168.80.2
    Feb 23 10:08:56 localhost NetworkManager[6666]: <info>  [1550887736.5958]
dhcp4 (ens33):    nameserver '192.168.80.2'
    ……
```

5. 比较符号"=~"

符号"=~"可用于判断一个变量的值是否匹配对应的正则表达式，但在使用"=~"进行判断时，要求必须使用双中括号"[[ ]]"，而不能使用"[ ]"。双中括号"[[ ]]"支持扩展正则表达式，对元字符不必使用"\"转义。

例如，判断变量$tel 是否由 11 位数字组成。

```
root@kali:~# tel=12345678900
root@kali:~# [[ $tel =~ [0-9]{11} ]] && echo "yes"
yes
```

例如，判断变量$num 是否全部由数字组成。^和$结合在一起使用，表示整行匹配。

```
[root@localhost ~]# num=123
[root@localhost ~]# [[ $num =~ ^[0-9]+$ ]] && echo yes || echo no
yes
[root@localhost ~]# num=a123
[root@localhost ~]# [[ $num =~ ^[0-9]+$ ]] && echo yes || echo no
no
```

例如，通过变量 ip 接收用户输入的 IP 地址，然后判断用户输入的数据是否符合 IP 地址规范。

```
[root@localhost ~]# read -p "Please input IP address: " ip
Please input IP address: 192.168.80.1
[root@localhost ~]# [[ $ip =~ ^[0-9]{1,3}\.[0-9]{1,3}\.[0-9]{1,3}\.[0-9]
```

```
{1,3}$ ]] && echo "yes" || echo "no"
    yes
```

"=~"也经常用于判断在某个字符串中是否包含了另外一个字符串。

```
[root@localhost~]# a="hello world"
[root@localhost~]# [[ $a =~ "hello" ]] && echo "yes"
yes
```

7.6.2　cut 命令——按列截取文件内容

如果要从一个文本文件或一堆文本信息中按行来提取我们想要的数据，则通过 grep 命令就可以实现，但是如果要按列来提取数据，这就要用到 cut 命令了。

cut 命令用于按"列"提取文本字符，命令格式如下。

cut　[选项]　文本信息

cut 命令通常需要结合"-d"和"-f"两个选项一起使用。

* -d：以指定的字符为分隔符，将文本信息分隔为多个字段。

* -f：挑选出的指定字段。

例如，从/etc/passwd 文件中查找 root 用户的信息，然后按冒号进行分隔，并截取第 2 个字段的内容。

```
[root@localhost ~]# grep "^root" /etc/passwd
root:x:0:0:root:/root:/bin/bash
[root@localhost ~]# grep "^root" /etc/passwd | cut -d: -f2
x
```

又如，下面的命令用于提取当前主机的 IP 地址，需要注意的是，如果要以空格作为分隔符，那么应将空格放在一对单引号或双引号之内。

```
[root@localhost ~]# ifconfig ens33 | grep -w inet
        inet 192.168.80.10  netmask 255.255.255.0  broadcast 192.168.80.255
[root@localhost ~]# ifconfig ens33 | grep -w inet | cut -d' ' -f 10
192.168.80.10
```

"-f"选项还可以用来挑选多个字段，例如从/etc/passwd 文件中查找 root 用户的信息，然后按冒号进行分隔，并截取第 2、3、4、5 字段的内容。

```
[root@localhost ~]# grep "^root" /etc/passwd
root:x:0:0:root:/root:/bin/bash
[root@localhost ~]# grep "^root" /etc/passwd | cut -d: -f2-5
x:0:0:root
```

"-f"选项也可以挑选多个不连续的字段，比如只截取 root 用户信息的第 1 个和第 7 个字段的内容。

```
[root@localhost ~]# grep "^root" /etc/passwd | cut -d: -f1,7
root:/bin/bash
```

7.6.3   sort 命令——对文本信息进行排序

sort 命令用于对文本信息按指定内容进行排序。需要注意的是，如果利用 sort 命令对文本文件进行排序，那么排序之后只影响输出结果，而不影响源文件。

默认情况下，sort 命令以行为单位，从每行的首字母开始按 ASCII 码值的大小依次进行排序。

例如，对/etc/passwd 文件按默认规则进行排序。

```
[root@localhost ~]# sort /etc/passwd
abrt:x:173:173::/etc/abrt:/sbin/nologin
adm:x:3:4:adm:/var/adm:/sbin/nologin
avahi:x:70:70:Avahi mDNS/DNS-SD Stack:/var/run/avahi-daemon:/sbin/nologin
bin:x:1:1:bin:/bin:/sbin/nologin
chrony:x:995:993::/var/lib/chrony:/sbin/nologin
......
```

sort 命令的常用选项如下。

（1）"-r"选项，逆序排序，即按降序排序

例如，对/etc/passwd 文件按默认规则进行降序排序。

```
[root@localhost ~]# sort -r /etc/passwd
usbmuxd:x:113:113:usbmuxd user:/:/sbin/nologin
tcpdump:x:72:72::/:/sbin/nologin
systemd-network:x:192:192:systemd Network Management:/:/sbin/nologin
sync:x:5:0:sync:/sbin:/bin/sync
......
```

（2）"-t"和"-k"选项，指定分隔符，并按指定字段排序

sort 命令也可以像 cut 命令那样，以指定的字符作为分隔符，然后按照指定的字段进行排序。与 cut 命令不同的是，sort 命令是用"-t"选项指定分隔符，用"-k"选项指定排序字段。

例如，对/etc/passwd 文件按冒号进行分隔，并按第 3 个字段进行排序。

```
[root@localhost ~]# sort -t: -k3 /etc/passwd
root:x:0:0:root:/root:/bin/bash
student:x:1000:1000:student:/home/student:/bin/bash
```

```
qemu:x:107:107:qemu user:/:/sbin/nologin
operator:x:11:0:operator:/root:/sbin/nologin
usbmuxd:x:113:113:usbmuxd user:/:/sbin/nologin
……
```

（3）"-n"选项，按数值大小进行排序

默认情况下，sort 命令都是按字符的 ASCII 码值进行排序，可利用 "-n" 选项基于数值大小而非字符进行排序。

例如，对/etc/passwd 文件按冒号进行分隔，并以第 3 个字段按数值大小进行排序。

```
[root@localhost ~]# sort -t: -k3 -n /etc/passwd
root:x:0:0:root:/root:/bin/bash
bin:x:1:1:bin:/bin:/sbin/nologin
daemon:x:2:2:daemon:/sbin:/sbin/nologin
adm:x:3:4:adm:/var/adm:/sbin/nologin
lp:x:4:7:lp:/var/spool/lpd:/sbin/nologin
……
```

除上述选项之外，sort 命令的常用选项还有以下几种。

- -f：忽略大小写。

- -u：去除重复的行，对于重复的行只保留一份。

例如，显示/etc/passwd 文件中用户的登录 Shell，并进行去重排序。

```
[root@localhost ~]# cut -d: -f7 /etc/passwd | sort -u
/bin/bash
/bin/false
/bin/sync
/sbin/halt
/sbin/nologin
/sbin/shutdown
```

在实践中，sort 命令往往都用来配合其他命令一起使用。例如，找出系统中占用内存最多的前 10 个进程。

```
[root@localhost ~]# ps aux | sort -rnk 4 | head
mysql      112860  0.0  8.8 969540 87928 ?         Sl   6月24   0:46
/usr/libexec/mysqld --basedir=/usr --datadir=/var/lib/mysql --plugin-
dir=/usr/lib64/mysql/plugin --log-error=/var/log/mariadb/mariadb.log
--pid-file=/var/run/mariadb/mariadb.pid --socket=/var/lib/mysql/mysql.sock
named      35794  0.0  6.1 169528 61448 ?         Ssl  03:33   0:00
/usr/sbin/named -u named -c /etc/named.conf
root        7207  0.0  1.5 573824 14972 ?         Ssl  6月22   0:36
/usr/bin/python2 -Es /usr/sbin/tuned -l -P
……
```

另外，sort 命令往往还会与 uniq 命令结合在一起使用，uniq 命令的作用与 sort 命令的

"-u"选项类似，可用于去除重复出现的行。但是 uniq 命令的优势在于，通过它的"-c"(count) 选项，还可以统计出重复行出现的次数。

例如，显示/etc/passwd 文件中用户的登录 Shell，并统计出每种 Shell 的使用人数。

```
[root@localhost ~]# cut -d: -f7 /etc/passwd | sort | uniq -c
      4 /bin/bash
      1 /bin/false
      1 /bin/sync
      1 /sbin/halt
     40 /sbin/nologin
      1 /sbin/shutdown
```

7.6.4　sed 命令

sed 被誉为"文本处理三剑客"之一，也是一个强大的文本编辑工具。sed 是一种流编辑器（steam editor），一次仅处理一行文本。sed 通过文件或管道读取文件内容，但它并不直接修改源文件，而是将读取的内容逐行复制到缓冲区中，这个缓冲区被称为 sed 的模式空间（pattern space），然后在模式空间中设置匹配条件，条件符合则进行相应的编辑操作并输出处理结果；如果不符合，就不进行编辑而直接输出文件内容。

grep 命令只能实现查找，而无法对查找到的内容做进一步处理。sed 命令则可以对查找到的内容进行删除或替换等操作，因而主要用来对文本进行过滤与替换，比如要删除文件中的某一行，或者将文件中的某些内容替换为新的内容等，特别是要对多个配置文件做统计修改时，sed 的功能非常强大。

1. 语法格式

sed 命令的用法比较复杂，它的基本语法格式如下，其中的 sed 脚本即为在模式空间中所设置的匹配条件和要进行的处理动作。

sed [选项] 'sed 脚本' 文本文件

sed 命令的常用选项有以下几种。

- -r：使用扩展正则表达式。

- -n：静默模式，不输出模式空间的内容。

- -i：直接编辑源文件。

- -e：多点编辑，可以在一个 sed 命令中实现多个编辑操作。

sed 脚本一般又分为两部分：地址定界和编辑命令。地址定界是根据我们所设置的匹配条件来确定要操作的文本范围，编辑命令则用于指定要进行的处理动作。

地址定界有以下几种表示方法（#用具体数字代替）。

- 如果不指定地址，那么默认表示全文编辑。

- 单地址：#表示第几行，$表示最后一行。

- /PATTERN/：表示被此模式所匹配到的行，PATTERN 可以是正则表达式。

- 地址范围："#,#"表示从第几行到第几行，"#,+#"表示从第几行向下几行。

- 步进："#~#"表示从第几行开始的每几行。

编辑命令主要包括以下几种。

- d：表示删除。

- p：表示输出模式空间中被匹配到的内容。

- a：表示在指定行之后追加内容。

- i：表示在指定行之前插入内容。

- c：表示将指定的行替换为新的内容。

- w：表示将指定的内容另存为新的文件。

- r：表示读取某文件的内容至指定的行之后。

- !：表示取反。

- "s///"：表示查找并替换指定字符串，其中的分隔符"///"也可以用@@@或###代替，与 Vim 中的替换命令非常相似。

下面会通过一些实例来进行说明。

2. 删除指定内容

删除内容需要使用编辑命令 d。

例如，删除/etc/fstab 文件中的第 10 行，可以执行命令"sed '10d' /etc/fstab"。命令执行之后，屏幕上显示的是第 10 行被删除之后剩下的内容。需要注意的是，默认情况下，sed 命令并不会直接修改源文件的内容，而只是影响输出。

```
root@localhost ~]# sed '10d' /etc/fstab

#
# /etc/fstab
```

```
# Created by anaconda on Wed Sep  5 18:22:56 2018
#
# Accessible filesystems, by reference, are maintained under '/dev/disk'
# See man pages fstab(5), findfs(8), mount(8) and/or blkid(8) for more info
#
/dev/mapper/centos-root /                       xfs     defaults        0 0
/dev/mapper/centos-swap swap                    swap    defaults        0 0
```

例如，删除/etc/fstab 文件的第 6 ~ 10 行。

```
[root@localhost ~]# sed '6,10d' /etc/fstab


#
# /etc/fstab
# Created by anaconda on Thu Feb 14 08:24:19 2019
#
/dev/mapper/centos-swap swap                    swap    defaults        0 0
```

例如，删除/etc/fstab 文件中以 UUID 开头的行。

```
[root@localhost ~]# sed '/^UUID/d' /etc/fstab
……
#
/dev/mapper/centos-root /                       xfs     defaults        0 0
/dev/mapper/centos-swap swap                    swap    defaults        0 0
```

例如，删除/etc/fstab 文件中所有的空白行。

```
[root@localhost ~]# sed '/^$/d' /etc/fstab
#
# /etc/fstab
# Created by anaconda on Thu Feb 14 08:24:19 2019
……
```

例如，删除/etc/fstab 文件中的所有内容。

```
[root@localhost ~]# sed 'd' /etc/fstab
```

如果真的希望对源文件进行改动，那么可以使用 sed 命令的 "-i" 选项。

例如，将/etc/fstab 文件复制一份作为备份，并清空备份文件中的所有内容。

```
[root@localhost ~]# cp /etc/fstab /etc/fstab.bak
[root@localhost ~]# sed -i 'd' /etc/fstab.bak
```

另外，编辑命令 "!" 表示取反。例如，删除/etc/fstab 文件中所有不是以 UUID 开头的行。

```
[root@localhost ~]# sed '/^UUID/!d' /etc/fstab
UUID=f40b97f9-ba2a-42e7-b99b-b5a509c835a1 /boot  xfs     defaults        0 0
```

3. 输出指定内容

显示输出指定内容需要使用编辑命令 p。

例如，显示/etc/fstab 文件中以 UUID 开头的行。可以发现，编辑命令 p 执行之后，文件中符合条件的内容被重复输出了两次。这是由于 sed 命令默认会输出模式空间中的内容，也就是文件的所有内容，而编辑命令 p 又将符合条件的内容输出了一次，因此才导致了重复输出。

```
[root@localhost ~]# sed '/^UUID/p' /etc/fstab

#
# /etc/fstab
# Created by anaconda on Wed Sep  5 18:22:56 2018
#
# Accessible filesystems, by reference, are maintained under '/dev/disk'
# See man pages fstab(5), findfs(8), mount(8) and/or blkid(8) for more info
#
/dev/mapper/centos-root /                       xfs     defaults   0 0
UUID=f40b97f9-ba2a-42e7-b99b-b5a509c835a1 /boot  xfs     defaults   0 0
UUID=f40b97f9-ba2a-42e7-b99b-b5a509c835a1 /boot  xfs     defaults   0 0
/dev/mapper/centos-swap swap                    swap    defaults   0 0
```

因此，编辑命令 p 通常需要与 sed 命令的"-n"选项结合起来使用。"-n"选项可以不输出模式空间中的内容，这样就会只显示编辑命令 p 所匹配的内容了。

```
[root@localhost ~]# sed -n '/^UUID/p' /etc/fstab
UUID=f40b97f9-ba2a-42e7-b99b-b5a509c835a1 /boot   xfs     defaults    0 0
```

例如，显示/etc/fstab 文件的第 3 行。

```
[root@localhost ~]# sed -n '3p' /etc/fstab
# /etc/fstab
```

例如，显示/etc/fstab 文件的第 3～5 行。

```
[root@localhost ~]# sed -n '3,5p' /etc/fstab
# /etc/fstab
# Created by anaconda on Wed Sep  5 18:22:56 2018
#
```

例如，显示/etc/fstab 文件从第 3 行开始向下 5 行的内容。

```
[root@localhost ~]# sed -n '3,+5p' /etc/fstab
# /etc/fstab
# Created by anaconda on Thu Feb 14 08:24:19 2019
#
# Accessible filesystems, by reference, are maintained under '/dev/disk'
# See man pages fstab(5), findfs(8), mount(8) and/or blkid(8) for more info
#
```

例如，显示/etc/fstab 文件从第 5 行开始直到最后一行之间的所有行。

```
[root@localhost ~]# sed -n '5,$p' /etc/fstab
#
```

```
# Accessible filesystems, by reference, are maintained under '/dev/disk'
# See man pages fstab(5), findfs(8), mount(8) and/or blkid(8) for more info
#
/dev/mapper/centos-root /                         xfs     defaults      0 0
UUID=f40b97f9-ba2a-42e7-b99b-b5a509c835a1 /boot   xfs     defaults      0 0
/dev/mapper/centos-swap swap                      swap    defaults      0 0
```

4. 追加、插入和替换指定内容

编辑命令 a 可以在指定行之后追加新的内容，编辑命令 i 可以在指定行之前插入新的内容，编辑命令 c 可以将指定内容替换为新的内容。

例如，在/etc/fstab 文件中以 UUID 开头的行之后追加新的行"Hello World"。

```
[root@localhost ~]# sed '/^UUID/a Hello World' /etc/fstab
……
UUID=f40b97f9-ba2a-42e7-b99b-b5a509c835a1 /boot    xfs     defaults      0 0
Hello World
……
```

例如，在/etc/fstab 文件中以 UUID 开头的行之前插入新的行"Hello World"。

```
root@localhost ~]# sed '/^UUID/i Hello World' /etc/fstab
……
Hello World
UUID=f40b97f9-ba2a-42e7-b99b-b5a509c835a1 /boot    xfs     defaults      0 0
……
```

例如，将/etc/fstab 文件中以 UUID 开头的行替换为"Hello World"。

```
[root@localhost ~]# sed '/^UUID/c Hello World' /etc/fstab
……
/dev/mapper/centos-root /                         xfs     defaults      0 0
Hello World
/dev/mapper/centos-swap swap                      swap    defaults      0 0
```

例如，在/etc/fstab 文件中的第 1 行之前插入新的行"Hello World"。

```
[root@localhost ~]# sed '1i Hello World' /etc/fstab
Hello World

#
# /etc/fstab
```

例如，在/etc/fstab 文件中的第 5 行之后追加新的行"Hello World"。

```
[root@localhost ~]# sed '5a Hello World' /etc/fstab

#
# /etc/fstab
# Created by anaconda on Wed Sep  5 18:22:56 2018
```

```
#
Hello World
......
```

例如，将/etc/fstab 文件中的第 10 行替换为 "Hello World"。

```
[root@localhost ~]# sed '10c Hello World' /etc/fstab
......
/dev/mapper/centos-root /              xfs       defaults        0 0
Hello World
/dev/mapper/centos-swap swap           swap      defaults        0 0
```

通过 sed 命令的 "-e" 选项可以实现多点编辑，即在一个 sed 命令中实现多个编辑操作。例如，在/etc/fstab 文件的第 1 行之前插入 "Hello World"，在第 5 行之后插入 "I love Linux"。

```
[root@localhost ~]# sed -e '1i Hello World' -e '5a I love Linux' /etc/fstab
Hello World

#
# /etc/fstab
# Created by anaconda on Wed Sep  5 18:22:56 2018
#
I love Linux
......
```

5. 另存为文件以及读取文件内容

编辑命令 w 可以将指定的内容另存为新的文件，编辑命令 r 可以读取某文件的内容至指定的行之后。

例如，将/etc/fstab 文件中以 UUID 开头的行另存到文件/tmp/fstab.txt 中。

```
[root@localhost ~]# sed -n '/^UUID/w /tmp/fstab.txt' /etc/fstab
[root@localhost ~]# cat /tmp/fstab.txt
UUID=f40b97f9-ba2a-42e7-b99b-b5a509c835a1 /boot    xfs     defaults      0 0
```

例如，将/etc/redhat-release 文件的内容读取至/etc/fstab 文件的第 5 行之后。

```
[root@localhost ~]# sed '5r /etc/redhat-release' /etc/fstab

#
# /etc/fstab
# Created by anaconda on Wed Sep  5 18:22:56 2018
#
CentOS Linux release 7.6.1810 (Core)
......
```

6. 查找并替换指定的内容

查找替换命令 s 是 sed 中的一个比较重要的编辑命令，s 命令的用法与之前介绍的 Vi

编辑器中的替换命令 s 非常相似，命令格式如下。

s/旧的内容/新的内容/替换选项

替换选项主要是选项 "g"，表示对替换范围内每一行的匹配结果都进行替换。如果省略 "g" 选项，那么将只替换每行中的第一个匹配结果。

例如，将/etc/passwd 文件中所有的 bash 都替换为 nologin。

```
[root@localhost ~]# sed 's/bash/nologin/g' /etc/passwd
root:x:0:0:root:/root:/bin/nologin
bin:x:1:1:bin:/bin:/sbin/nologin
daemon:x:2:2:daemon:/sbin:/sbin/nologin
adm:x:3:4:adm:/var/adm:/sbin/nologin
lp:x:4:7:lp:/var/spool/lpd:/sbin/nologin
sync:x:5:0:sync:/sbin:/bin/sync
……
```

从上面的命令执行结果可以看出，它不仅输出了更改过的内容，还输出了那些没更改过的内容。因此，可以使用 sed 命令的 "-n" 选项，再结合编辑命令 p，就可以达到只输出被改动过的内容的效果。

```
[root@localhost ~]# sed -n 's/bash/nologin/gp' /etc/passwd
root:x:0:0:root:/root:/bin/nologin
student:x:1000:1000:student:/home/student:/bin/nologin
```

例如，将/etc/passwd 文件从第 5 行开始直到最后一行的所有 bash 都替换为空。

```
[root@localhost ~]# sed -n '5,$s/bash//gp' /etc/passwd
student:x:1000:1000:student:/home/student:/bin/
```

例如，在/etc/passwd 文件第 1 ~ 10 行的开头加上#。

```
[root@localhost ~]# sed -n '1,10s/^/#/gp' /etc/passwd
#root:x:0:0:root:/root:/bin/bash
#bin:x:1:1:bin:/bin:/sbin/nologin
#daemon:x:2:2:daemon:/sbin:/sbin/nologin
……
```

例如，删除/etc/passwd 文件中所有的数字。

```
[root@localhost ~]# sed -n 's/[0-9]\+//gp' /etc/passwd
root:x:::root:/root:/bin/bash
bin:x:::bin:/bin:/sbin/nologin
daemon:x:::daemon:/sbin:/sbin/nologin
adm:x:::adm:/var/adm:/sbin/nologin
lp:x:::lp:/var/spool/lpd:/sbin/nologin
sync:x:::sync:/sbin:/bin/sync
……
```

为了使命令看起来更加清晰一些，可以通过 sed 命令的 "-r" 选项使用扩展正则表达式。

```
[root@localhost ~]# sed -nr 's/[0-9]+//gp' /etc/passwd
root:x:::root:/root:/bin/bash
bin:x:::bin:/bin:/sbin/nologin
daemon:x:::daemon:/sbin:/sbin/nologin
adm:x:::adm:/var/adm:/sbin/nologin
lp:x:::lp:/var/spool/lpd:/sbin/nologin
sync:x:::sync:/sbin:/bin/sync
……
```

例如，将 ifconfig 命令执行结果中的所有行开头的空格都删除。

```
[root@localhost ~]# ifconfig ens33 | sed -r 's/^[ ]+//g'
ens33: flags=4163<UP,BROADCAST,RUNNING,MULTICAST>  mtu 1500
inet 192.168.80.135  netmask 255.255.255.0  broadcast 192.168.80.255
inet6 fe80::797f:fcd3:309c:fb3c  prefixlen 64  scopeid 0x20<link>
ether 00:0c:29:85:18:6f  txqueuelen 1000  (Ethernet)
……
```

例如，在/root/test 目录下有 10 个以"test"开头的文件，要求将它们改成以"linux"开头的文件。注意，执行完该操作之后，/root/test 目录中的文件名仍以"test"开头。

```
[root@localhost ~]# ls test
test-1  test-10  test-2  test-3  test-4  test-5  test-6  test-7  test-8
test-9
[root@localhost ~]# ls test | sed 's/test/linux/g'
linux-1
linux-10
linux-2
linux-3
linux-4
linux-5
linux-6
linux-7
linux-8
linux-9
```

如果希望真的将原本的文件名修改为以"linux"开头，而不仅仅只是在屏幕上显示，那么可以借助于其他方法。

```
[root@localhost ~]# vim reName.sh
#!/bin/bash
cd /root/test
for i in $(ls test*);do
        mv $i $(echo $i | sed 's/test/linux/g')
done
```

在使用 s 命令时，符号&可以表示所匹配的内容。例如，要在/etc/passwd 文件中所有以 r 开头、t 结尾且中间是两个任意字符的字符串后面都加上 er。

```
[root@localhost ~]# sed -n 's/r..t/&er/gp' /etc/passwd
rooter:x:0:0:rooter:/rooter:/bin/bash
operator:x:11:0:operator:/rooter:/sbin/nologin
ftp:x:14:50:FTP User:/var/fterp:/sbin/nologin
```

7. 相关实例

显示/etc/passwd 文件的第 2 行内容。

```
sed -n '2p' /etc/passwd
```

显示/etc/passwd 文件的第 1～4 行内容。

```
sed -n '1,4p' /etc/passwd
```

显示/etc/passwd 文件中包含关键字"root"的行。

```
sed -n '/root/p' /etc/passwd
```

显示/etc/ssh/sshd_config 文件中所有不是空白的行。

```
sed -n '/^$/!p' /etc/ssh/sshd_config
```

删除/etc/ssh/sshd_config 文件中的所有空白行（不改动源文件）。

```
sed '/^$/d' /etc/ssh/sshd_config
```

删除/etc/passwd 文件的第 1～10 行（不改动源文件）。

```
sed '1,10d' /etc/passwd
```

在/etc/passwd 文件中所有包含"root"关键字的行后面增加新的一行"superman"（不改动源文件）。

```
sed '/root/a superman' /etc/passwd
```

在/etc/passwd 文件中所有"root"关键字的前面添加一个字符串"superman"（不改动源文件）。

```
sed -n 's/root/superman &/gp' /etc/passwd
```

7.6.5　awk 命令

awk 也属于"文本处理三剑客"之一，虽然我们通常称之为 awk 命令，但它其实是一种编程语言，功能非常强大，当然用法也比较复杂。利用 awk 既可以实现 grep 命令和 sed 命令的很多功能，也可以进行数学运算以及生成统计报表等。

awk 这个名称来自于软件作者的姓名，它由 3 个作者共同开发完成，awk 分别是他们姓氏的首字母。awk 早在 20 世纪 70 年代就出现在 UNIX 系统中，我们如今在 CentOS 7 系统中所使用的 awk 是按照它的功能所重新编写的开源版本，因而称之为 GNU AWK，简称GAWK。例如，我们执行"which awk"查找 awk 命令所对应的程序文件，然后查看该文件的详细信息，就会发现这是一个符号链接文件，所对应的源文件其实是"/usr/bin/gawk"。因而无论我们执行 awk 命令还是 gawk 命令，所运行的其实都是同一个工具。

```
[root@localhost ~]# which awk
/usr/bin/awk
[root@localhost ~]# ll /usr/bin/awk
lrwxrwxrwx. 1 root root 4 9月  5 18:26 /usr/bin/awk -> gawk
```

awk 的工作方式与数据库类似，支持对记录和字段进行处理。默认情况下，awk 将文本文件中的每一行视为一条记录，逐行放到内存中进行处理，每行中的某一部分则作为记录中的一个字段。awk 的基本语法格式如下所示，其中 pattern 部分主要通过各种模式来指定 awk 所要处理的数据范围；action 指定要执行的处理动作；大括号（{}）用于根据特定的模式对一系列动作进行分组。

```
awk option 'pattern {action}' file
```

由于 awk 的用法比较复杂，因此本书只介绍 awk 的一些基本功能。

1. 截取指定字段

awk 可以将一行文本自动分割为多个字段，并分别用$1、$2、$3、…、$n 来代表每个字段，用$0 来代表整行文本。这里虽然采用了与位置变量相同的表示方式，但是 n 没有上限，而位置变量最多只能到$9。

例如，显示/etc/fstab 文件后 3 行第一个字段的值。awk 命令里的 print 为所要执行的输出动作，用于输出指定的字段。

```
[root@localhost ~]# tail -3 /etc/fstab | awk '{print $1}'
/dev/mapper/centos-root
UUID=f40b97f9-ba2a-42e7-b99b-b5a509c835a1
/dev/mapper/centos-swap
```

awk 也可以同时显示多个字段的值，每个字段之间用逗号进行间隔。例如，显示/etc/fstab文件后 3 行第 1 个和第 3 个字段的值。

```
[root@localhost ~]# tail -3 /etc/fstab | awk '{print $1,$3}'
/dev/mapper/centos-root xfs
UUID=f40b97f9-ba2a-42e7-b99b-b5a509c835a1 xfs
/dev/mapper/centos-swap swap
```

awk 也可以在显示字段值的同时加上我们指定的字符串，将所指定的输出内容放在一对引号中，并与字段之间用逗号间隔。例如，显示/etc/fstab 文件后 3 行第 1 个和第 3 个字段的值，并在两个字段之间加上"***"。

```
[root@localhost ~]# tail -3 /etc/fstab | awk '{print $1,"***",$3}'
/dev/mapper/centos-root *** xfs
UUID=f40b97f9-ba2a-42e7-b99b-b5a509c835a1 *** xfs
/dev/mapper/centos-swap *** swap
```

awk 命令相比 cut 命令要更加灵活，例如要取出当前系统的 IP 地址，如果用 cut 命令来完成，以空格作为分隔符，那么，由于在 IP 地址所在行的行首存在多个连续空格，因此 cut 命令实现起来较为麻烦。如果用 awk 命令来完成，那么虽然 awk 同样是以空格作为字段之间的分隔符，但我们不必考虑空格的数量，直接输出 IP 地址所在行的第 2 个字段就可以了。

```
#查看 IP 地址
[root@localhost ~]# ifconfig ens33
ens33: flags=4163<UP,BROADCAST,RUNNING,MULTICAST>  mtu 1500
        inet 192.168.80.140  netmask 255.255.255.0  broadcast 192.168.80.255
        inet6 fe80::797f:fcd3:309c:fb3c  prefixlen 64  scopeid 0x20<link>
        ether 00:0c:29:85:18:6f  txqueuelen 1000  (Ethernet)
        RX packets 42689  bytes 15537547 (14.8 MiB)
        RX errors 0  dropped 0  overruns 0  frame 0
        TX packets 28004  bytes 3427400 (3.2 MiB)
        TX errors 0  dropped 0 overruns 0  carrier 0  collisions 0
#利用 grep 命令找出 IP 地址所在的行
[root@localhost ~]# ifconfig ens33 | grep -w inet
        inet 192.168.80.140  netmask 255.255.255.0  broadcast 192.168.80.255
#利用 sed 命令找出 IP 地址所在的行
[root@localhost ~]# ifconfig ens33 | sed -n '2p'
        inet 192.168.80.140  netmask 255.255.255.0  broadcast 192.168.80.255
#利用 cut 命令提取 IP 地址
[root@localhost ~]# ifconfig ens33 | grep -w inet | cut -d" " -f10
192.168.80.140
#利用 awk 命令提取 IP 地址
[root@localhost ~]# ifconfig ens33 | sed -n '2p' | awk '{print $2}'
192.168.80.140
```

例如，提取根分区的磁盘使用率信息。

```
[root@localhost ~]# df -h
文件系统                    容量      已用      可用     已用%    挂载点
/dev/mapper/centos-root     17G      3.8G      14G     22%      /
devtmpfs                   470M       0       470M     0%       /dev
tmpfs                      487M       0       487M     0%       /dev/shm
......
[root@localhost ~]# df -h | sed -n '2p' | awk '{print $5}'
22%
```

默认情况下，awk 命令以空格或 Tab（制表符）作为字段之间的分隔符，如果字段之间并非以空格作为分隔，那么可以通过 "-F" 选项指定任意字符作为分隔符。例如，以 ":" 作为分隔符，显示/etc/passwd 文件中第 1 个和第 3 个字段的值。

```
[root@localhost ~]# awk -F':' '{print $1,$3}' /etc/passwd
root 0
bin 1
daemon 2
adm 3
……
```

awk 支持使用正则表达式，例如找出/etc/passwd 中以关键字 root 开头的行，并显示其第 1 列和第 3 列。在下面这条命令中，使用了 "/^root/{print $1,$3}"，对照 awk 命令的语法格式 "pattern {action}"，"/^root/" 就是语法格式中的 "pattern" 部分，定义了 awk 所要处理的数据范围。同 sed 命令一样，正则表达式需要放在定界符 "//" 中。

```
[root@localhost ~]# awk -F':' '/^root/{print $1,$3}' /etc/passwd
root 0
```

"-F" 选项也支持正则表达式，如 "-F'[:]+'" 表示以一个（多个）冒号或空格作为分隔符。在某些版本的 Linux 系统中查看 IP 地址时，IP 地址所在行的信息可能显示为 "inet addr:192.168.80.140　Bcast:192.168.80.255 Mask:255.255.255.0" 的形式，如果想从中提取 IP 地址和子网掩码，并以 "IP/掩码" 的格式输出，那么就可以通过下面的方法来实现。

```
#将测试文本保存到 test.txt 文件中
[root@localhost ~]# echo "inet addr:192.168.80.140  Bcast:192.168.80.255
Mask:255.255.255.0" > test.txt
#以一个或多个冒号或空格作为分隔符，显示第 3 个和第 7 个字段的值，并且以 "/" 分隔
[root@localhost ~]# awk -F '[: ]+' '{print $3"/"$7}' test.txt
192.168.80.140/255.255.255.0
```

2. awk 内置变量

awk 提供了一些内置变量，灵活使用这些内置变量，可以为用户带来很多便利。下面分别介绍几个常用的 awk 内置变量，需要注意的是，在 awk 中引用变量时并不需要在变量名称前加$符号。

（1）变量 NF

NF（Number of Field），表示每行数据用分隔符分隔之后所得到的字段数量。

```
[root@localhost ~]# head -1 /etc/passwd
root:x:0:0:root:/root:/bin/bash
[root@localhost ~]# head -1 /etc/passwd | awk -F':' '{print NF}'
7
```

由于变量 NF 中存放的是一个数值，因此通过 "$NF" 的形式就可以来引用相应字段的值，比如 "print $NF" 就表示输出最后一个字段的值，"print $(NF-1)" 表示输出倒数第二个字段的值。

```
[root@localhost ~]# head -1 /etc/passwd | awk -F':' '{print $NF}'
/bin/bash
[root@localhost ~]# head -1 /etc/passwd | awk -F':' '{print $(NF-1)}'
/root
```

（2）变量 NR

NR（Number of Record），表示每行数据的行号。

```
[root@localhost ~]# head /etc/passwd | awk '{print NR}'
1
2
3
4
5
6
7
8
9
10
```

变量 NR 主要用于指定所要处理的数据行的范围。例如，我们希望只输出第 3 行数据中第 1 个字段的值。

```
[root@localhost ~]# head /etc/passwd | awk -F':' 'NR==3{print $1}'
daemon
```

在上面这条命令中用到了逻辑符号 "=="进行判断，因为等号 "="在 awk 中用于给变量赋值，所以等于要用双等号 "=="表示。另外，还可以使用逻辑符号>、>=、<、<=、!=进行比较判断。awk 也支持 "与"和 "或"，"逻辑与"用&&表示，"逻辑或"用||表示。

例如，输出/etc/passwd 第 3 ~ 5 行中第 1 个字段的值。

```
[root@localhost ~]# awk -F':' 'NR>=3&&NR<=5{print $1}' /etc/passwd
daemon
adm
lp
```

例如，输出/etc/passwd 中 UID 大于 500 的行（第 3 列为 UID）。

```
[root@localhost ~]# awk -F':' '$3>=500{print $0}' /etc/passwd
polkitd:x:999:998:User for polkitd:/:/sbin/nologin
colord:x:997:995:User for colord:/var/lib/colord:/sbin/nologin
saslauth:x:996:76:Saslauthd user:/run/saslauthd:/sbin/nologin
……
```

再以之前提取系统 IP 地址的操作为例，也可以通过内置变量 NR 来指定行数。

```
[root@localhost ~]# ifconfig ens33 | awk 'NR==2{print $2}'
192.168.80.140
```

（3）变量 OFS

OFS（Output Field Separator）表示输出字段分隔符。在用 print 动作输出多个字段的值时，默认都是以空格作为分隔符，通过 OFS 变量可以自行定义输出分隔符。

例如，以"#"作为输出分隔符，显示第 1 个、第 3 个和第 7 个字段的值。

```
[root@localhost ~]# head -1 /etc/passwd | awk -F':' 'OFS="#"{print $1,$3,$7}'
root#0#/bin/bash
```

3. 利用 awk 命令进行数学运算

我们编写 Shell 脚本主要是用于处理各种文本数据，在 Shell 脚本中只能实现简单的算术运算，比如在 7.2.1 节中介绍的变量算术运算只能实现整数运算，而无法实现小数（浮点数）运算。awk 支持小数运算，另外，利用 awk 命令还可以很方便地进行一些数据统计工作。

例如，利用 awk 命令进行数学运算。

```
[root@localhost ~]# echo "7.7 3.8" | awk '{print $1-$2}'
3.9
[root@localhost ~]# echo "358 113" | awk '{print ($1-3)/$2}'
3.14159
[root@localhost ~]# echo "3 9" | awk '{print ($1+3)*$2}'
54
```

下面先准备一个测试文件 test.txt，文件内容如下所示。

```
[root@localhost ~]# cat test.txt
张三 90 85 78
李四 82 93 96
王五 76 88 91
```

现在我们想在这个文件的最右侧添加新的一列，内容为第 2~4 列数值的总和，可以采用如下方法实现。

```
[root@localhost ~]# awk '{print $0,$2+$3+$4}' test.txt
张三 90 85 78 253
李四 82 93 96 271
王五 76 88 91 255
```

如果要在上面的基础上，再添加一列用于显示第 2~4 列数值的平均数，那么可以采用如下方法实现。

```
[root@localhost ~]# awk '{print $0,$2+$3+$4,($2+$3+$4)/3}' test.txt
张三 90 85 78 253 84.3333
李四 82 93 96 271 90.3333
王五 76 88 91 255 85
```

在 awk 中还支持自定义变量，定义变量时不必事先声明就可以直接使用，变量初始值默认为 0。例如，通过自定义变量将上面这条命令进行简化。在大括号"{}"中，可以同时指定多个处理动作，每个动作语句之间用分号";"间隔。

```
#定义变量 sum=$2+$3+$4
[root@localhost ~]# awk '{sum=$2+$3+$4;print $0,sum,sum/3}' test.txt
张三 90 85 78 253 84.3333
李四 82 93 96 271 90.3333
王五 76 88 91 255 85
```

4. BEGIN 模式和 END 模式

在 awk 的 pattern 部分有两种经常使用的模式：BEGIN 模式和 END 模式。BEGIN 模式用于指定在处理文本之前执行某操作，END 模式用于指定在处理完文本之后执行某操作。

仍以之前的测试文件 test.txt 为例，比如希望在输出文件内容时，在文件头部增加一行信息"姓名 语文 数学 英语"，在文件尾部增加一行修饰符"********************"，可以采用如下方法实现。在 BEGIN 模式和 END 模式后面可以分别用大括号"{}"指定它们所要执行的处理动作。

```
[root@localhost ~]# awk 'BEGIN{print "姓名","语文","数学","英语"}{print $0}
END{print "********************"}' test.txt
姓名 语文 数学 英语
张三 90 85 78
李四 82 93 96
王五 76 88 91
********************
```

例如，我们希望统计出由 sshd 服务产生的所有进程所占用的内存百分比之和。首先，我们找出由 sshd 服务产生的所有进程，其中第 4 列数据代表进程所占用的内存百分比。

```
[root@localhost ~]# ps aux | grep ssh | grep -v grep
root  58354  0.0  0.4  112756  4352 ?  Ss  13:48  0:00 /usr/sbin/sshd -D
root  58463  0.0  0.5  156632  5480 ?  Ss  13:52  0:01 sshd: root@pts/1
root  59029  0.0  0.5  156632  5472 ?  Ss  13:54  0:02 sshd: root@pts/0
root  59726  0.0  0.5  156632  5476 ?  Ss  14:07  0:01 sshd: root@pts/2
root  60498  0.0  0.5  156632  5472 ?  Ss  14:27  0:01 sshd: root@pts/3
```

然后，我们希望在以上输出内容的最后添加一行信息，显示所有这些进程所占用的内存百分比之和。在下面这条命令中使用的是"mem=mem+$4"，mem 是我们定义的一个变量，通过 mem 变量对第 4 列的数据不断累加，最后通过 END 模式输出变量 mem 的值。

```
[root@localhost ~]# ps aux | grep ssh | grep -v grep | awk '{print $0;
mem=mem+$4}END{print "占用内存百分比之和：",mem}'
```

```
root   58354   0.0   0.4   112756   4352   ?   Ss   13:48   0:00 /usr/sbin/sshd -D
root   58463   0.0   0.5   156632   5480   ?   Ss   13:52   0:01 sshd: root@pts/1
root   59029   0.0   0.5   156632   5472   ?   Ss   13:54   0:02 sshd: root@pts/0
root   59726   0.0   0.5   156632   5476   ?   Ss   14:07   0:01 sshd: root@pts/2
root   60498   0.0   0.5   156632   5472   ?   Ss   14:27   0:01 sshd: root@pts/3
占用内存百分比之和：  2.4
```

之前曾介绍过，awk 本身就是一门编程语言，在 awk 中还支持 if、for 等程序控制语句，以及函数、数组等功能。关于这些 awk 的高级用法就不再赘述了。

5. 相关实例

输出/etc/services 文件第 31～40 行中第 1 个和第 2 个字段的值。

```
awk 'NR>=31&&NR<=40{print $1,$2}' /etc/services
```

以 "/" 或 "#" 作为分隔符，输出/etc/services 文件最后 3 行中第 1 个和第 3 个字段的值。

```
tail -n3 /etc/services | awk -F'[/#]' '{print $1,$3}'
```

输出/etc/services 文件中端口号范围为 1～100 的行。

```
awk -F'[/ ]+' '$2>=1&&$2<=100{print $0}' /etc/services
```

提取出根分区的磁盘使用率，并判断是否超过 95%，超过的话输出 yes，否则输出 no。

```
[ $(df -h | awk 'NR==2{print $5}' | awk -F'%' '{print $1}') -gt 95 ] && echo
"yes" || echo "no"
```

思考与练习

操作题

1. 在 Shell 中如何检测上一条命令是否成功执行？

2. 在/tmp 目录中为/etc/passwd 文件创建一个备份，备份文件名格式为 "/etc/passwd.bak.系统当前日期"，要求自动将系统当前日期替换到文件名的指定位置。

3. 查找系统中 UID 值最大的用户的以下信息：用户名、UID、Shell 类型。

4. 删除/etc/passwd 文件的第 15 行。

5. 将/etc/passwd 文件中的 root 替换为 admin。

6. 删除/etc/passwd 文件中第 5～10 行中所有的数字。

7. 在/etc/passwd 文件的第 1 行之前插入新行 "I love Linux"。

8. 思考如何在不使用 cat、more、less、head 和 tail 等命令的前提下，输出/etc/passwd 文件的内容。要求至少写出两种方法。

9. 编写脚本程序用于监测系统服务 httpd 的运行状态，要求如下。

- 当服务状态失常时，在 "/var/log/htmon.log" 文件中记入日志信息。

- 自动将状态失常的 httpd 服务重新启动。

- 结合 crond 计划任务服务，每周一～周五每隔 15min 执行一次监测任务。

10. 用 while 循环实现以下目标。

- 创建 10 个用户，用户名格式为 user_[0~9]。

- 密码与用户名相同。

- 所有用户都属于 users 组。

11. 编写一个 Shell 脚本，判断用户输入的 IP 地址是否正确。IP 地址的规则是 n1.n2.n3.n4，其中 n1 的取值区间为[1,255]，n2 和 n3 的取值区间为[0,255]，n4 的取值区间为[1,254]。

12. 编写一个脚本，在一个目录下的所有文件（不含目录）的文件名后面加上 ".bak"。

13. 编写一个脚本，判断 192.168.1.0/24 网络中当前在线的主机有哪些（能 ping 通就认为在线）。

14. 假设在文件/root/ip.txt 里已经存放了大量不连续的 IP 地址，要求编写脚本对这些 IP 地址依次通过 ping 命令进行探测，并输出在线主机的 IP 地址。